机电专业高新技能型人才培养实训丛书

车床与数控车床
操作实训教程

吴云飞　刘　锐　主　编

陈亨贵　刘居强　副主编

北京航空航天大学出版社

内 容 简 介

本书所介绍的理论知识和操作技能是编者多年来数控教学及生产实践的经验总结,针对性强、简捷适用,并采用大量的加工实例。通过完成车工的基本操作加工,轴类、套类、复杂零件的编程及加工任务,以及自动编程和仿真软件的学习,使学生在完成每一个任务的过程中学习相关的工艺分析、编程指令和加工方法,最终掌握 FANUC 0i 数控系统及华中数控系统编程方法和加工技术。

本书可作为职业院校数控专业教材,亦可作为企业职工培训指导用书。

图书在版编目(CIP)数据

车床与数控车床操作实训教程 / 吴云飞,刘锐主编
-- 北京:北京航空航天大学出版社,2013.8
ISBN 978 - 7 - 5124 - 1183 - 8

Ⅰ. ①车… Ⅱ. ①吴…②刘… Ⅲ. ①车床—操作—教材②数控机床—车床—操作—教材 Ⅳ. ①TG511②TG519.1

中国版本图书馆 CIP 数据核字(2013)第 143489 号

车床与数控车床操作实训教程

吴云飞 刘 锐 主 编
陈亨贵 刘居强 副主编
责任编辑 金友泉

*

北京航空航天大学出版社出版发行

北京市海淀区学院路 37 号(100191) http://www.buaapress.com.cn
发行部电话:(010)82317024 传真:(010)82328026
读者信箱:goodtextbook@126.com 邮购电话:(010)82316936
北京时代华都印刷有限公司印装 各地书店经销

*

开本:787 mm×1 092 mm 1/16 印张:21.5 字数:550 千字
2013 年 8 月第 1 版 2013 年 8 月第 1 次印刷 印数:4 000 册
ISBN 978 - 7 - 5124 - 1183 - 8 定价:38.00 元

前　　言

随着科学技术和国民经济的迅猛发展,在机械制造领域数控机床得到了广泛的使用,对从业人员数控编程与操作能力的要求也越来越高。本教材主要为职业院校数控专业的学生而编写,也可作为企业编程与操作人员的学习指导用书。

模块一、二为普通车工基础训练,主要介绍利用普通车床车削加工的基本操作。

模块三为数控车床编程与操作基础,主要介绍数控车床简单零件手工编程与操作的基本方法。

模块四为轴类零件编程及加工实例,主要介绍简单轴类零件的编程与加工。

模块五为套类零件编程及加工实例,主要介绍简单套类零件的编程与加工。

模块六为复杂零件编程及加工实例,主要介绍初、中、高级工的加工实例。

模块七为自动编程与操作,主要介绍利用计算机辅助编程技术实现对复杂零件的自动编程与加工。

该教材依照国家职业标准编写,内容由浅入深、简明扼要、通俗易懂。特点是注重实践环节,理论与实际紧密结合,实用性强。

本书由吴云飞、刘锐主编,模块一、二由刘居强编写,模块三由许春年、刘锐编写,模块四由杜强编写,模块五由吴云飞编写,模块六由吴云飞、臧成阳编写,模块七由李昇、杨静编写。本书由刘克诚老师负责主审。

本教材在编写过程中得到职业技术师范大学孙爽教授、刘介臣教授的大力支持与帮助,在此表示衷心感谢。

不足之处,还望专家和读者们给予批评和指正。

编　者
2013 年 5 月

序　　言

　　职业教育是我国国民教育体系的重要组成部分,而教材建设是深化职业教育教学改革、提高职业教育教学质量的关键环节。随着科学技术和国民经济的迅猛发展,对从业人员的知识结构与实践操作能力的要求越来越高,专业课程改革如何满足学生就业的实际需求,教材建设如何适应课程改革的需要,是职业教育领域普遍面临的重要课题。

　　目前职业院校所应用的教材大多按传统的学科知识体系进行编排,过分强调学科基本知识,教材在反映知识的综合运用上有待进一步提高;教材内容老化,知识内容与行业的科技前沿有一定差距,不能完全反映现代科学技术的发展水平;教材结构和内容过于单调,陈述性语言过多,不利于激发学生的学习兴趣;内容上缺乏与相关行业和职业资格证书的衔接。这些情况直接影响了学生对专业知识的理解和掌握,妨碍学生创造力的培养,也不利于学生的自学。

　　针对目前职业教育类教材所存在的不足,天津机电工艺学院做了卓有成效的尝试,他们主动适应经济社会发展的要求,从职业能力的研究入手,紧贴企业生产实际开展教学研究,以相关职业岗位的实际需求为目标,探索更加适合当前技能人才需求的教育培养模式,着力开发一体化课程。本套丛书便是他们几年来实施教学改革研究的结晶。

　　本丛书具有"学以致用"和"做中学"的显著特征,侧重培养学生的应用能力和创新素质。体现在:学生应掌握的专业知识和技能明确、具体;根据具体教学内容的特征及其所适用的教法,设计各书的结构,选取教学案例;教学过程详实;教学手段合理;内容由浅入深、简明扼要、通俗易懂。作为同类教材中的佼佼者,希望本丛书能为机电类职业教改提供有益的借鉴和思考。

中国职业教育学会副会长
天津职业技术师范大学校长

目　　录

模块一 车床的基本操作

课题一 入门知识

学习目标:

◇ 了解车床型号、规格、主要部件和作用,了解车床的传动系统和润滑;

◇ 能够熟练调整进给速度;

◇ 车工实习安全操作规程和文明生产要求;

◇ 车床设备及保养方法;

◇ 安全操作规章制度。

任务引入

本书以 CA6140 型卧式车床为对象,介绍车床主要组成部分的名称和作用。

CA6140 型卧式车床如图 1-1-1 所示,它由主轴箱、挂轮箱、进给箱、溜板箱、床身和尾座等组成。

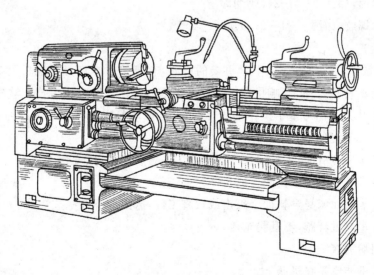

图 1-1-1 CA6140 车床的实物图

相关知识

一、车工工作内容简介

车削加工一般是利用工件的旋转运动和车刀的进给运动,改变毛坯的尺寸和形状,把它加工成所需要的零件。车削加工的基本工作内容如图 1-1-2 所示,各内容解释如下:

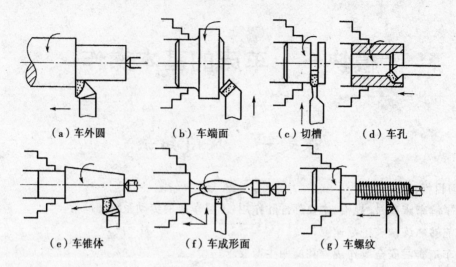

（a）车外圆　　　（b）车端面　　　（c）切槽　　　（d）车孔

（e）车锥体　　　　　（f）车成形面　　　　　（g）车螺纹

图 1-1-2　车削加工的主要内容

① 车外圆，如图 1-1-2(a)所示。

② 车端面，如图 1-1-2(b)所示。

③ 切槽（或车断），如图 1-1-2(c)所示。

④ 车孔，如图 1-1-2(d)所示。

⑤ 车削外（或内）圆锥体，如图 1-1-2(e)所示。

⑥ 车成形面，如图 1-1-2(f)所示。

⑦ 车各种螺纹，如图 1-1-2(g)所示。

二、文明生产

文明生产是工厂管理的一项十分重要的内容，它直接影响产品质量的好坏，影响设备和工、夹具及量具的使用寿命，影响操作工人技能水平的发挥。所以作为技工学校的学生——工厂的后备工人，从开始学习基本操作技能时，就要重视培养文明生产的良好习惯。因此，要求操作者在操作时必须做到以下几点：

① 保持工作环境清洁，工具、量具、图样和工件摆放整齐，位置合理。

② 未经允许不得动用任何附件或机床。

③ 不许在卡盘和床身导轨面上敲击或校直工件，床面上不准乱放物品。

④ 不准在车间里奔跑，不乱扔东西。

⑤ 不准用切削液洗手。

⑥ 工作时不准倚靠在机床上。

⑦ 及时更换磨损和损坏的刀具。

⑧ 经常保持量具清洁，用后擦净、涂油，放入盒内并及时归还工具室。

三、安全生产

安全生产需要注意如下几个方面：

① 开车前，应认真检查车床各部分是否完好，各手柄位置是否正确。开动车床后应使主轴低速空转 1～2 min，待运转正常后才能工作。

② 工作中主轴需要变速时,必须先停车再变速。

③ 工作时应穿工作服和戴套袖,女学生应戴工作帽。

④ 工作时不得戴戒指或其他饰品。

⑤ 工作时头不应靠工件太近,高速切削时,必须戴防护镜。

⑥ 工作时不准戴手套。

⑦ 不准用手刹住转动着的卡盘。

⑧ 车床转动时,不准测量工件,不准用手去触摸工件的表面。

⑨ 应该用专用的钩子清除切屑,不允许用手直接清除。

⑩ 工件装夹完毕,应随手取下卡盘扳手。棒料伸出主轴后端过长时,应使用料架或挡板。

⑪ 每个工作班结束后,应关闭机床总电源。

⑫ 发生事故时,应立即报告实习教师。

四、车床的传动系统

如图 1-1-3 所示,电动机输出动力,经 V 带传给主轴箱。变换主轴箱外手柄位置,可使箱内不同的齿轮组啮合,从而使主轴得到不同的转速。主轴通过卡盘带动工件作旋转运动。同时,主轴的旋转通过挂轮箱、进给箱、光杠(或丝杠)和齿轮齿条,使溜板带动刀架沿床身导轨作纵向进给运动;或通过齿轮带动中滑板丝杠,使中滑板作横向进给运动。车螺纹时,通过丝杠和开合螺母使溜板箱带动刀架作纵向运动。

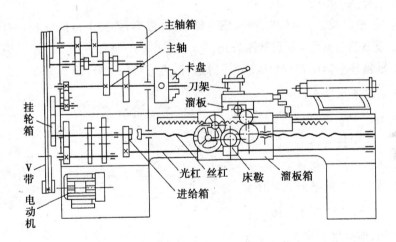

图 1-1-3 CA6140 车床的结构图

车床的传动系统框图如图 1-1-4 所示。

任务实施

车床的操作练习包括如下几个方面的工作内容。

1. 润滑保养车床

对机床的润滑保养工作包括如下几个方面。

① 油脂杯润滑:在挂轮箱处取下油脂杯,填满油脂,装上油脂杯,把杯盖旋进一圈。

② 油绳润滑:打开进给箱盖,在盛有油绳的槽中,用油壶注满机油。

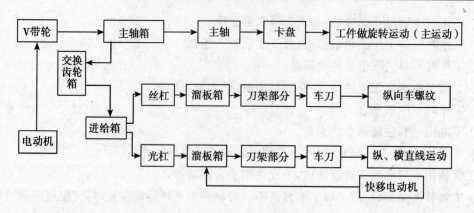

图 1-1-4　CA6140 车床传动系统方框图

③ 浇油润滑：擦净各导轨面，并用油壶浇油。

④ 弹子油杯润滑：熟记车床各处弹子油杯孔数，用油壶嘴掀下弹子浇油。

⑤ 溅油润滑：观察主轴箱上的油标孔，检查箱内油量是否合乎要求，接通电源，使车床低速旋转 1～2 min，并通过油标窗孔观察是否有油输出。主轴箱等箱体内的润滑油，一般 3 个月更换一次。换油时，先将箱体内部用煤油清洗，然后再加油。

2. 开、停车床和变速练习

① 在卡盘上装夹一根较小的棒料。

② 接通电源，抬起操纵杆，主轴正转，压下操纵杆，停车；再往下压操纵杆，主轴反转，抬起操纵杆，停车。反复进行练习，直到熟练为止。

③ 改变主轴箱外手柄位置（严禁在开车时进行）再进行一次开、停车练习。

3. 手动控制溜板练习

① 切断电源。

② 手动床鞍纵向往复移动。

③ 手动中滑板横向往复移动。

④ 手动小滑板距离的纵向往复移动。

4. 机动进给和改变进给量的练习

① 接通电源，使主轴正转。

② 检查溜板箱外手柄位置，合上机动进给手柄，使床鞍作纵向进给移动。

③ 调整进给箱外手柄位置，使进给量变小。

④ 断开机动进给箱外手柄；停车，切断电源。

任务评价

根据实训现场情况随时进行如下内容：

① 在练习中对掌握比较好的学生给予表扬。

② 对今后在练习中需要提高的地方提出具体要求。

③ 指出学生在车床操作练习中存在的问题及改正的方法。

④ 总结一下安全文明生产的情况及注意事项。

⑤ 布置课后需要复习的作业,如安全文明生产的 20 条要反复记牢。

课题二　车床的操作、找正及测量练习

学习目标:

◇ 了解三爪卡盘的工作原理、构造和用途;

◇ 掌握三爪卡盘的拆装和校正工件的方法;

◇ 掌握钢尺和游标卡尺的结构及使用方法;

◇ 用钢尺和游标卡尺进行测量练习;

◇ 掌握量具的保养方法。

相关知识

一、三爪卡盘

1. 三爪卡盘的规格

常用的三爪自定心卡盘规格有 150 mm、200 mm 和 250 mm 等,其结构如图 1-2-1 所示。

2. 三爪卡盘的工作原理

当卡盘扳手插入小锥齿轮的方孔中转动时,就带动大锥齿轮旋转。大锥齿轮的背面是平面螺纹。平面螺纹又与卡爪的端面螺纹啮合,因此就能带动 3 个卡爪同时作向心或离心移动。

3. 三爪自定心卡盘的拆装步骤

(1) 拆三爪自定心卡盘零件的步骤

① 松去 3 个定位螺钉,取出 3 个小锥齿轮。

② 松去 3 个紧固螺钉,取出防尘罩和带有平面的大锥齿轮。

(2) 安装 3 个卡爪的方法

安装时,用卡盘扳手的方榫插入小锥齿轮的方孔中顺时针旋转,带动大锥齿轮平面的螺纹转动。当平面螺纹的螺扣转到将要接近壳体槽时,将标记为 1 号的卡爪装入壳体槽内。其余两卡爪按 2 号及 3 号顺序装入,方法与装 1 号相同,如图 1-2-1 所示。

4. 三爪卡盘在主轴上的装卸

(1) 装三爪卡盘

① 擦净连接部分,加少许润滑油确保卡盘安装的准确性。

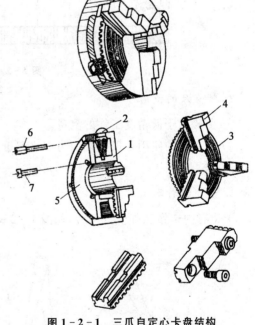

图 1-2-1　三爪自定心卡盘结构

1—壳体;2—小锥齿轮;3—大锥齿轮;4—卡爪;
5—防尘盖板;6—定位螺钉;7—紧固螺钉

② 挂上低速挡齿轮,使主轴不动。

③ 主轴孔中穿一棒料,防止装卡盘时掉下来。

④ 双手抱住卡盘(大卡盘应使用吊车)旋上主轴,并用双手慢慢旋紧,使卡盘法兰的端面和主轴端面贴紧。

(2) 卸卡盘

① 在操作者对面的卡爪与车床导轨面之间放一硬木块或软金属棒。

② 挂上最低速挡齿轮,开倒车撞击。

③ 卡盘松动后,停车,切断电源,用双手把卡盘旋下。为保证卸卡盘的安全,卸卡盘时应在主轴孔中塞一根铁棒,并在床面上垫上一块木板。

二、钢直尺

1. 钢直尺的规格

钢直尺是简单量具,其测量精度一般在±0.2 mm 左右,在测量工件的外径和孔径时,必须与卡钳配合使用。

钢直尺上刻有公制或英制尺寸,常用的公制钢直尺的长度规格有150 mm(见图1-2-2)、300 mm、500 mm、1 500 mm 和 2 000 mm 五种。

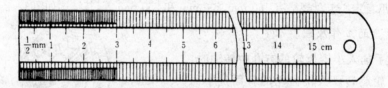

图 1-2-2　钢直尺

2. 钢直尺的使用

① 主要用于低精度工件的测量。

② 钢直尺的使用是以平端面为零线测量。

三、卡　钳

1. 卡钳的种类

卡钳有内卡钳和外卡钳两种,如图 1-2-3 所示。

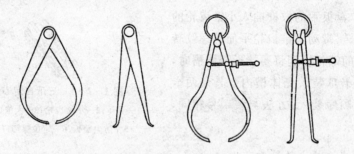

图 1-2-3　卡　钳

2. 卡钳的用途

卡钳用于测量工件的外径、孔径及长度。

3. 卡钳的使用方法

① 用卡钳测量工件的尺寸大小，测量后再到钢直尺或其他量具上读数值。

② 预先在钢直尺上对好尺寸，再用卡钳控制工件尺寸大小。

③ 用外卡钳测量工件时，卡钳两爪连线应垂直于工件中心线。测量时不能太紧或太松，应使手感到两个卡爪与工件表面有轻微摩擦，才能保证尺寸准确，如图 1-2-4 所示。

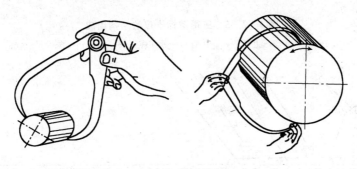

图 1-2-4 外卡钳在工件上测量的姿势

④ 用内卡钳测量工件时，两个卡爪进入内孔后，径向应有 1～2 mm 的摆动量，才能保证尺寸准确。

⑤ 工件旋转时，不能用卡钳测量，以防发生事故。

四、游标卡尺

1. 游标卡尺的种类和结构

游标卡尺是一种中等精度的通用量具，其结构简单，使用也较为方便。它可以直接测量出工件的外径、内径、长度、宽度和深度等尺寸。

（1）三用游标卡尺

主要由尺身 3 和游标 5 等组成。使用时，旋松固定游标用的紧固螺钉 4 即可测量。下量爪 1 用来测量工件的外径和长度，上量爪 2 用来测量孔径和槽宽，深度尺 6 用来测量工件的深度和台阶长度。测量时，移动游标使量爪与工件接触，取得尺寸后，最好把紧固螺钉旋紧后再读数，如图 1-2-5 所示。

（2）双面游标卡尺

为了调整尺寸和测量准确，在游标 3 上增加了微调装置 5。旋紧固定微调装置的固定微调螺钉 4，再松开紧固螺钉 2，用手指转动滚花螺母 6，通过小螺杆 7 即可微调游标 3。其上量爪 1 用来测量沟槽直径或孔距，下量爪 8 用来测量工件的外径和孔径。用双面游标卡尺测量孔径时，游标卡尺的读数值必须加下量爪的厚度 b（一般为 10 mm），如图 1-2-6 所示。

2. 游标卡尺的读数原理和读数方法

（1）原 理

游标卡尺的测量精度是利用尺身和游标尺刻线间距离之差来确定的，可分为 1:10、

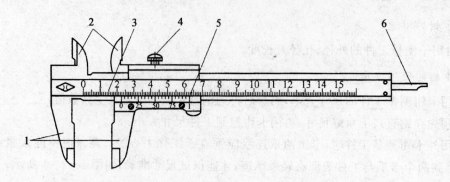

图 1 - 2 - 5　三用游标卡尺的结构组成

1—下量爪;2—上量爪;3—尺身;4—紧固螺钉;5—游标;6—深度尺

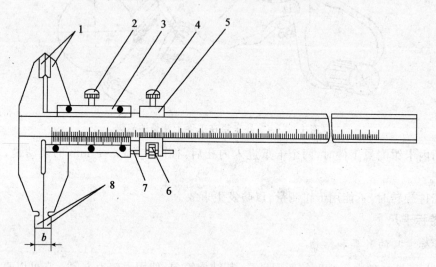

图 1 - 2 - 6　双面游标卡尺的结构组成

1—上量爪;2—紧固螺钉;3—游标;4—固定微调螺钉;5—微调装置;6—滚花螺母;7—小螺杆;8—下量爪

1:20 和 1:50 等。

例如,0.02(1:50)mm 的游标卡尺尺身每小格为 1 mm,游标刻线总长 49 mm 并等分 50 小格,因此每格为:49 mm/50＝0.98 mm。尺身和游标相对一格之差为:(1－0.98)mm＝ 0.02 mm,所以它的测量精度为 0.02 mm。

(2)读数方法

先读出游标"0"线左面的尺身整数,再看游标和尺身哪一条线对齐,得出小数,然后与整数相加即可。

3.游标卡尺的用途

游标卡尺的用途如图 1 - 2 - 7 所示。

五、千分尺

1.千分尺的种类和用途

(1)千分尺的种类

千分尺分为外径千分尺、内径千分尺、内测千分尺、深度千分尺、螺纹千分尺和壁厚千

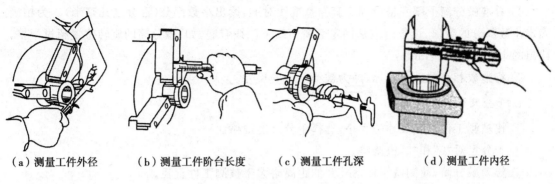

（a）测量工件外径　　（b）测量工件阶台长度　　（c）测量工件孔深　　（d）测量工件内径

图 1-2-7　游标卡尺的用途

分尺。

（2）千分尺的规格

精度一般为 0.01 mm。

常用千分尺范围为 0～25 mm、25～50 mm、50～75 mm 和 75～100 mm 等，每隔 25 mm 为一挡规格。

2. 千分尺的结构

千分尺是由尺架、测砧、测微螺杆、锁紧手柄、固定套筒、微分筒和测力装置组成，如图 1-2-8 所示。

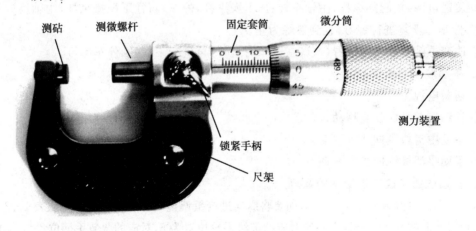

图 1-2-8　千分尺的结构

3. 千分尺的工作原理及读数方法

（1）工作原理

千分尺测微螺杆的螺距为 0.5 mm，固定套筒上的直线距离每格为 0.5 mm。当微分筒转一周时，测微螺杆就移动 0.5 mm。微分筒的圆周斜面上共刻线 50 格，因此当微分筒转一格时，测微螺杆移动距离为 0.5 mm/50＝0.01 mm，所以常用千分尺的测量精度为 0.01 mm。

（2）读数方法

① 先读出固定套筒上露出的整毫米数和半毫米数。

② 看准微分筒上哪一格与固定套筒基准线对准，读出小数部分(百分之几毫米)。为精确确定小数部分的数值，读数时应从固定套筒中线下侧线看起，如：微分筒的旋转位置超过半格，读出的小数应加 0.5 mm。

③ 将整数和小数部分相加，即为被测工件的尺寸。

4. 千分尺的使用方法

① 按被测工件直径尺寸的大小，选择千分尺的规格。

② 千分尺对"0"和"0"位调整。

③ 转动微分筒，使测微螺杆"张"开的距离略大于被测工件直径。

④ 左手握住尺架，右手大拇指和食指握住测力装置，并使测砧和测微螺杆伸入工件所测部位(须通过工件中心)。

⑤ 顺时针转动测力装置中的棘轮，同时测微螺杆作轻微的轴向窜动和径向摆动，以对准工件的直径，当棘轮发出嗒嗒响声时，就可读出工件尺寸，或锁紧螺杆，将千分尺轻轻地从被测工件表面上拉出再读数。

任务实施

一、开、停车床和变速练习

① 在卡盘上装夹一根较小的棒料。

② 接通电源，抬起操纵杆，主轴正转；压下操纵杆，停车；再往下压操纵杆，主轴反转；抬起操纵杆，停车。反复进行练习，直到熟练为止。

③ 改变主轴箱外手柄位置(严禁在开车时进行)再进行一次开、停车练习。

二、手动控制溜板练习

① 切断电源。

② 手动床鞍纵向往复移动。

③ 手动中滑板横向往复移动。

④ 手动小滑板纵向往复移动。

三、机动进给和改变进给量的练习

认真读车床进给调配表 1-2-1，如要将纵向进给量调至 0.24 mm/min。先从表 1-2-1 中找纵向走刀下面的 0.24 一栏，它左侧对应的进给手轮位置为 5，对应的叠装手柄位置为 A 和 Ⅱ。

改变进给量练习的步骤如下。

① 接通电源，使主轴正转。

② 检查溜板箱外手柄位置，合上机动进给手柄，使床鞍作纵向进给移动。溜板箱自动进给手柄有 5 个位置状态，如图 1-2-9 所示。

③ 调整进给箱外手柄位置，使进给量变小。

④ 断开机动进给箱外手柄；停车，切断电源。

四、在三爪卡盘上装夹及找正工件的方法

三爪卡盘虽是自动定心卡盘，但由于卡爪磨损和配合本身的间隙量的影响，都会产生装夹后工件有一些跳动量，需要找正。

表1-2-1　车床进给调配表

序号	米制螺纹 B (P)							英制螺纹 D (n/1)					英制蜗杆 D (Dp)						米制蜗杆 B (mπ)						纵向走刀 A /mm						横向走刀 A /mm
	I	II	III	IV				I	II	III	IV		I	II	III	IV			I	II	III	IV			I	II	III	IV	C		I
1								3¼					3¼						3.25	6.5	13	26			0.028	0.08	0.16	0.33	0.66	1.59	0.014
2	1.75	3.5	7	14	28	56	112	3½	7	14	28	56	1¾ 3½	7	14	28	56		1.75	3.5	7	14	28		0.032	0.09	0.18	0.36	0.71	1.47	0.016
3	1	2	4	8	16	32	64 128	4	8	16	32	64	1 2	4	8	16	32	64	1	2	4	8	16	32	0.036	0.10	0.20	0.41	0.81	1.29	0.018
4	2.25	4.5	9	18	36	72	144	4½	9	18	36	72	2¼ 4½	9	18	36	72		2.25	4.5	9	18	36		0.039	0.11	0.23	0.46	0.91	1.15	0.019
5					19					19					19										0.043	0.12	0.24	0.48	0.96	1.09	0.021
6	1.25	2.5	5	10	20	40	80 160	5	10	20	40	80	1¼ 2½	5	10	20	40	80	1.25	2.5	5	10	20	40	0.046	0.13	0.25	0.50	1.02	1.03	0.023
7		4.5	11	22	44	88	176		11	22	44	88	2¾ 5½	11	22	44	88		2.75	5.5	11	22	44		0.050	0.14	0.28	0.56	1.12	0.94	0.025
8	1.5	3	6	12	24	48	96 192	6	12	24	48	96	1½ 3	6	12	24	48	96	1.5	3	6	12	24	48	0.054	0.15	0.30	0.61	1.22	0.86	0.027

A=63　B=100　C=75　　A=64　B=100　C=97　　A=63　B=100　C=75

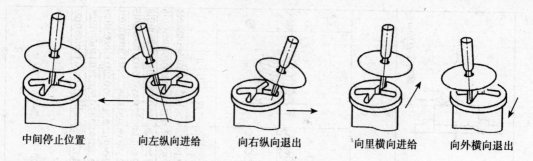

| 中间停止位置 | 向左纵向进给 | 向右纵向退出 | 向里横向进给 | 向外横向退出 |

图 1-2-9 机动手柄的调整

1. 轴类零件的装夹

轴类零件的装夹,如图 1-2-10 所示。

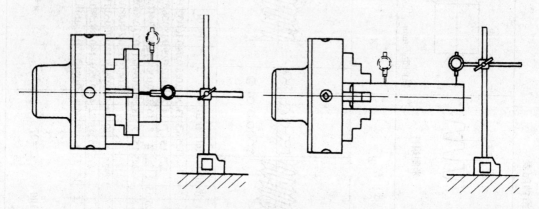

图 1-2-10 轴类零件的装夹

① 张开卡盘卡爪,使张开量大于工件直径。

② 把工件放在卡盘内,右手把住工件,使工件与卡爪平行,左手拧紧卡爪。

③ 用手转动卡盘,带动工件旋转几周,观察工件旋转中心是否与主轴中心线重合,若不重合 (通过划线)可用木锤或软金属轻敲工件找正。如图 1-2-10 所示,用划针找正工件时,用眼睛观察划针与工件之间的间隙,若间隙大,表示是工件的低点;若间隙小,表示是工件的高点。

④ 找正工件后,牢牢夹紧卡盘爪。

⑤ 装夹工件时,在满足加工的情况下,工件应尽量减少伸出量。夹紧已加工表面时,应垫铜皮。

2. 大直径工件的装夹

① 张开卡盘卡爪,张开量稍大于工件直径。

② 将工件放在卡盘卡爪中,使工件的端面靠在反爪面上。

③ 轻轻拧紧卡盘,找正后用力夹紧卡爪。

④ 装夹大直径工件时,卡爪超出卡盘外圆不要过长,防止卡盘卡爪的夹紧力不够或卡爪碰到导轨。

3. 以内孔定位工件的装夹

① 张开卡爪,使卡爪张开量小于工件孔径。

② 将工件内孔的端面靠到卡爪面上。

③ 轻轻拧紧卡盘(夹紧方向和装夹外圆相反),找正工件后用力夹紧卡爪。

五、游标卡尺的使用方法

1. 检查零位

测量面与导向面推合后,游标与尺身二者零位应重合。

2. 测量尺寸

① 测量外径:拉开卡尺两个量爪,卡入工件的所测部位。必须通过中心即大于直径范围。

② 测量内孔尺寸:使两个卡爪插入工件所测部位,再拉动尺框使测量面和导向面与工件轻轻接触,切不可预先调好尺寸,硬去卡工件。

③ 采用圆柱状内量爪测量内孔:要注意内量爪的实际尺寸,将所测结果加上内量爪尺寸。

3. 测量力的掌握

① 测量力过大会造成尺框倾斜,产生尺寸测量误差。

② 测量力过小与工件接触不良,使测量尺寸不准确。

课题三　刀具的刃磨

学习目标:

◇ 了解车刀几何角度和作用;

◇ 掌握常用车刀的种类和用途;

◇ 了解砂轮的材料和选用;

◇ 掌握90°偏刀刃磨的方法和安全技术。

任务引入

车刀切削部分共有 6 个独立的基本角度,即主偏角、副偏角、前角、主后角、副后角和刃倾角,还有两个派生角度:刀尖角和楔角,如图 1-3-1 所示。

相关知识

一、车刀的几何角度和作用

1. 车刀的组成

车刀是由刀体和刀柄两部分组成的,如图 1-3-2 所示,刀体部分担负切削工作,又称切削部分,刀柄用来装夹车刀。

刀体是一个楔形的几何体,如图 1-3-3 所示,由下列刀面和刀刃组成。

① 前刀面:切屑流过的表面。

② 后刀面:分主后刀面和副后刀面。

• 主后刀面:与工件过渡表面相对应的刀面。

• 副后刀面:与工件已加工表面相对应的刀面。

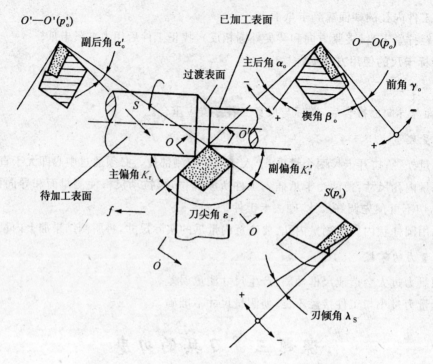

图 1 - 3 - 1　车刀切削部分主要几何角度的标注

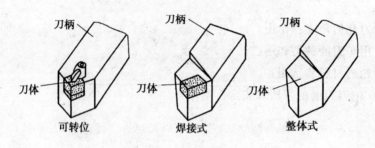

图 1 - 3 - 2　车刀的组成

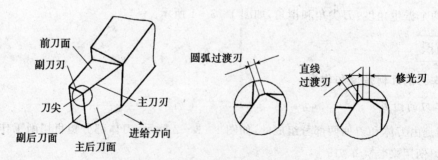

图 1 - 3 - 3　车刀切削部分的组成

③ 主切削刃:也称主刀刃,前刀面和主后刀面的交线,它担负着主要的切削工作。

④ 副切削刃:也称副刀刃,前刀面和副后刀面的交线,它担负着次要的切削工作。

⑤ 刀尖:主切削刃和副切削刃交会的一小段切削刃称为刀尖。实际上,刀尖刃磨时不是

很尖,为增加其强度总是磨成圆弧形或直线形过渡刃。

⑥ 修光刃:副切削刃近刀尖处一小段平直的切削刃称为修光刃。装刀时必须使修光刃与进给方向平行,且修光刃长度必须大于进给量,才能起修光作用。

2. 车刀主要几何角度的定义和作用

(1) 前角 γ_0

前刀面和基面的夹角。它影响刃口的锋利程度和强度,影响切削变形和切削力,影响到切削是否省力,切屑排出难易。

(2) 后角 α_0

主后角:主后刀面与主切削平面间的夹角。它减少车刀主后刀面和工件过渡表面间的摩擦。

副后角:副后刀面与副切削平面间的夹角。它减少车刀副后面和工件已加工表面间的摩擦。

(3) 主偏角 K_r

主切削刃在基面上的投影与进给方向间的夹角。它改变主切削刃的受力及导热能力,影响切削的厚度。

(4) 副偏角 K_r'

副切削刃在基面上的投影与背离进给方向间的夹角。它减少副切削刃与工件已加工表面间的摩擦。

(5) 刀尖角 ε_r

主切削刃、副切削刃在基面上的投影间的夹角。它影响刀尖强度和散热性能。

(6) 刃倾角 λ_s

主切削刃与基面间的夹角。它控制排屑方向,影响刀尖强度。

二、常用车刀的种类和用途

(1) 90°车刀(偏刀)

用来车削工件的外圆、端面。

(2) 45°车刀(弯头刀)

用来车削工件的外圆、端面和倒角。

(3) 切断刀

用来切断工件或在工件上切槽。

(4) 内孔车刀

用来车削工件的内孔。

(5) 圆头车刀

用来车削工件阶台处的圆角、圆槽或成形面工件。

(6) 螺纹车刀

用来车削螺纹。

(7) 硬质合金可转位车刀

刀片不需要焊接,用机械夹固方法,装夹在刀杆上,当刀片的切削刃磨损后,只需转过一角度即可,使刀片上的新切削刃继续切削。

任务实施

一、车刀刃磨练习

1. 砂轮的选用

常用的砂轮有白色的氧化铝和灰绿色的碳化硅两种。

① 氧化铝砂轮:适于刃磨高速钢和碳素工具钢等刀具以及硬质合金车刀的刀杆部分。

② 碳化硅砂轮:适于刃磨硬质合金的刀片部分。

2. 车刀的刃磨

车刀刃磨的步骤如图 1 - 3 - 4 所示。

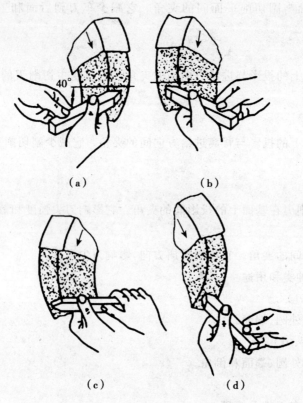

图 1 - 3 - 4　车刀的刃磨

（1）粗　磨

① 粗磨主后面,同时磨出主偏角及主后角,如图 1 - 3 - 4(a)所示。

② 粗磨副后面,同时磨出副偏角及副后角,如图 1 - 3 - 4(b)所示。

③ 粗磨前面,同时磨出前角及刃倾角,如图 1 - 3 - 4(c)所示。

（2）精　磨

① 修磨前刀面;

② 修磨主后刀面和副后刀面;

③ 修磨刀尖圆弧,如图 1-3-4(d)所示。

二、车刀的角度检测

车刀角度检测的方法有如下 3 种。

① 目测法。观察车刀角度是否合乎要求,刀刃是否锋利,表面是否有裂痕和其他缺陷。

② 用样板测量。

③ 用量角器测量。角度要求准确的车刀,用车刀量角器进行测量。

三、磨车刀的安全注意事项

磨车刀时要注意如下事项。

① 磨刀前,要对砂轮机的防护设施进行认真检查。

② 磨刀时要带防护眼镜。

③ 磨刀时应站在砂轮的侧面,以防砂轮碎裂飞出伤人。

④ 磨刀时两手握紧车刀,不能用力过大,以防打滑伤手。

⑤ 刃磨硬质合金刀,不准把刀头放入水中冷却,以防刀片碎裂。刃磨高速钢车刀,应随时用水冷却,以防车刀过热退火降低硬度。

⑥ 砂轮磨削表面须经常修整,使砂轮没有明显的跳动。

⑦ 磨刀后随手关闭砂轮机电源。

模块二　车床轴类工件加工

课题一　车削外圆、端面、阶台

学习目标：

◇ 了解车削和切削用量的基本概念；

◇ 掌握无阶台外圆和端面的切削技术；

◇ 掌握刻度盘构造原理和使用方法；

◇ 自动进刀方式粗车和精车阶台轴；

◇ 用卡尺或外卡钳测工件外径,使之达到图纸要求；

◇ 掌握车阶台轴的加工方法。

任务引入

(1)两个阶台的阶台轴的加工

加工如图 2-1-1 所示工件,可根据教学现场情况,自定毛坯大小长度,材料可重复使用。

(2)4 个阶台的阶台轴零件的加工

加工图 2-1-2 所示工件,毛坯是 ϕ50 mm 的 45 号圆钢材料,单件生产,采用车削加工。4 个直径尺寸和长度尺寸有精度要求,并有平行度要求。

其余 $\sqrt{Ra12.5}$

未注倒角C1

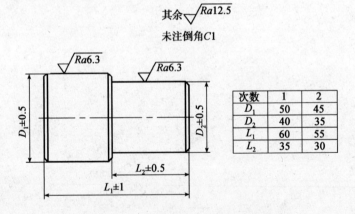

次数	1	2
D_1	50	45
D_2	40	35
L_1	60	55
L_2	35	30

图 2-1-1　两个阶台的阶台轴

任务分析

加工过程包括如下 3 部分内容：

① 手动和自动进给切削端面、外圆和倒角；

② 主轴转速,拖板楔铁松紧的调整；

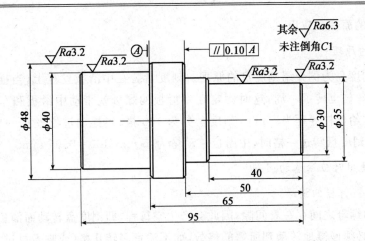

图 2-1-2　4 个阶台的阶台轴零件

③ 工件调头进行接刀车削,用划针盘校正接头处,跳动量要求在 0.2 mm 以内。

相关知识

一、车刀的装夹方法和要求

① 装夹车刀时,刀尖应对准工件中心线。有以下两种对中心的方法。

- 按车床中心高的数值,用钢直尺对中心。
- 刀尖与顶尖找平,对中心。

② 车刀伸出部分长度应尽可能短些,若伸出过长,刚性不足,容易引起振动。伸出长度约为刀杆厚度的 1~1.5 倍。

③ 刀杆中心线应与工件表面垂直,否则会引起主偏角和副偏角的数值发生变化。

④ 车刀要夹紧,至少要用两个螺钉紧固在刀架上。

⑤ 车台阶工件,通常使用 90°外圆偏刀。车刀的装夹应根据粗、精车和余量的多少来区别。如粗车时余量多,为了增加吃刀量,减少刀尖压力,车刀装夹可取主偏角小于 90°为宜(一般为 85°~90°),如图 2-1-3(a)所示。精车时为了保证台阶平面和轴心线垂直,应取主偏角大于 90°(一般为 93°左右),如图 2-1-3(b)所示。

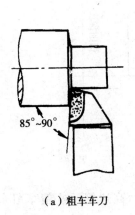

（a）粗车车刀

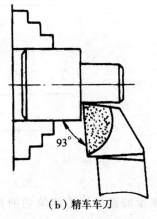

（b）精车车刀

图 2-1-3　车刀的选用

二、刻度盘的原理和应用

1. 刻度盘的原理

以中滑板刻度盘为例介绍刻度盘的原理。刻度盘装在中滑板丝杠上，当摇动手柄带着刻度盘转一周时，丝杠也转了一周，这时固定在中滑板的螺母就带动中滑板和车刀移动一个导程。如果横向进给丝杠导程为 5 mm，刻度盘分为 100 格，当摇动进给丝杠一周时，中滑板就移动 5 mm。当刻度盘转过一格时，中滑板移动量为：5 mm/100＝0.05 mm。

2. 刻度盘使用时应注意的问题

（1）中滑板空行程的消除

由于丝杠和螺母之间存在着间隙，因此会产生空行程，即刻度盘转动而溜板并没移动。

当使用时，必须慢慢地转动到所需的格数，如不注意多转几格（或吃刀量过大时，绝不能简单地退回几格，因为间隙的存在只退回几格，实际中滑板没有退回），必须向相反方向退回全部空行程，然后再转到所需要的格数。

（2）车刀切入深度的控制

由于工件的旋转，车刀从工件表面向中心进刀后，切下的部分是切削深度的两倍。因此使用中滑板刻度盘时应注意，车刀切入的深度是余量尺寸的一半。

任务实施

一、车削外圆和端面的基本操作

1. 外圆的车削方法

（1）粗　车

① 在卡盘上装夹和找正后夹紧。

② 装夹车刀，调整合理的主轴转速和进给量。

③ 将车刀摇至工件的尾端，距离工件端面 3～5 mm 处，开动车床。

④ 试切削，用中滑板刻度控制切削深度 1～2 mm，纵向进给 3 mm 左右，纵向退回车刀（横向不动），停车测量工件直径尺寸，如图 2-1-4 所示。

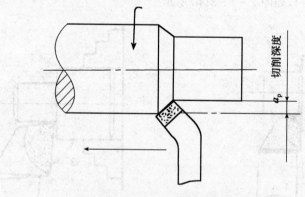

图 2-1-4　控制切削深度

⑤ 根据测量的直径尺寸调整切削深度，留精车余量，高速钢低速精车留余量为 0.1～0.2 mm；硬质合金精车留余量为 0.4～1.0 mm。

⑥ 手动或机动(合上进给手柄),纵向车至长度。

(2) 精　车

① 按要求装夹精车刀,调整合理的转数和进给量。

② 用刀尖在工件的末端外圆处对刀,以中滑板刻度盘控制切削深度 0.1～0.2 mm,试切削 3 mm 长。

③ 停车测量工件外径尺寸。

④ 根据测量的外径尺寸与图样尺寸要求,调整切削深度。

⑤ 再次合上进给手柄,纵向车至长度要求。

⑥ 停车检验尺寸,符合图样要求后卸下工件。

(3) 外圆长度尺寸的控制

根据外圆长度要求用钢直尺、卡钳或样板,量好刀尖至工件端面的距离,用刀尖车出一条线痕(称刻线痕法)。

2. 端面的车削方法

① 在卡盘上装夹工件,找正外圆、端面并夹紧。

② 按要求装夹车刀,调整合理的转速和进给量。

③ 摇动床鞍和中滑板,使刀尖离开待加工端面 2～3 mm。

④ 将床鞍在床身上锁紧。

⑤ 摇动中滑板和小滑板使刀尖接触工件端面,退回中滑板(小滑板不动)。

⑥ 将小滑板刻度对零,或记住小滑板刻度。

⑦ 用小滑板刻度,按需要调整切削深度。

⑧ 合上进给手柄,横向车削至端面中心后退刀。

⑨ 依次车削,直到车平端面或符合图样要求为止。

注　意:如果装刀时不对准工件旋转中心,在车端面至中心时会留有凸头或造成刀尖碎裂,如图 2-1-5 所示。

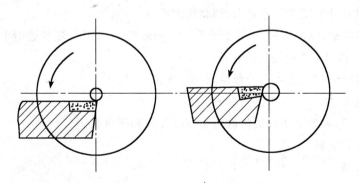

图 2-1-5　车刀装夹没对准中心

二、机动进给车外圆和端面并调头接刀

1. 机动进给车削的优点

机动进给方式具有操作省力、进给均匀、加工后表面粗糙度小等优点。

2. 机动进给车削工件的过程

机动进给车削过程可表示为：

$$工件的旋转 \rightarrow 试切削 \rightarrow 机动进给 \rightarrow \begin{cases} 纵向车外圆 \\ 横向车端面 \end{cases} \rightarrow$$

$$改用手动进给车至 \begin{cases} 长度尺寸 \\ 工件中心 \end{cases} \rightarrow 退刀 \rightarrow 停车$$

3. 接刀工件的装夹和车削方法

每当接刀工件装夹时，找正必须从严要求，否则会造成接刀偏差，影响加工质量。装夹和车削时需要注意以下几个方面。

① 车削工件第一头时，应车得长一些。

② 调头装夹时，两点间的找正距离应大一些。

③ 工件的第一头车至最后一刀时，不能直接碰到台阶，应稍离台阶处停刀。避免车刀碰到台阶后突然增加切削量，产生扎刀现象。

④ 用手动轻轻地接到台阶处。

⑤ 调头精车时车刀要锋利，最后一刀时余量要小，否则工件上容易产生凹痕。

4. 控制工件两端平行度的方法

① 以工件先车削的一端外圆和台阶平面为基准。

② 用划线盘找正，可在车削过程中用千分尺进行检查（停车测量）。

③ 检查后有偏差，应从工件最薄处用铜棒敲击逐次找正。

5. 精车方法

① 在卡盘上装夹工件，找正外圆和端面夹紧。

② 按要求装夹刀具，调整合理的主轴转速和进给量。

③ 精车第一级外圆，试切削 3 mm 长，停车测量尺寸。

④ 根据测量尺寸和图样尺寸要求，调整切削深度。

⑤ 合上进给手柄，纵向车削，当接近阶台 0.7 mm 至 1 mm 时，断开进给手柄，手动床鞍进给直到接触台阶，利用小滑板控制阶台长。

⑥ 手动中滑板以均匀速度沿阶台端面向外摇出车刀。

⑦ 停车检查尺寸。

⑧ 车多阶台轴，再按上述方法依次精车各级外圆和阶台长。

⑨ 质检合格后交验。

三、车台阶工件

1. 车台阶工件的技术要求

① 各个外圆的轴线之间的同轴度。

② 外圆和台阶平面的垂直度。

③ 台阶平面的平面度。

④ 外圆和台阶平面相交处的清角。

2. 车台阶工件的注意事项

① 装夹找正工件时,应兼顾考虑外圆和端面。

② 装夹找正和车削过程中,必须保证工件的形状精度和位置精度的要求。

③ 车削时,必须兼顾外圆的尺寸精度和阶台长度的要求。

3. 车削阶台轴的方法

(1) 车刀的装夹

① 粗车余量较小时,应使刀杆中心线与工件中心线垂直,使主偏角 $K_r = 90°$。

② 粗车余量较大时,应使 $K_r \leqslant 90°$,取 $K_r = 85° \sim 90°$。

③ 精车时,主偏角略大于 $90°$,一般取 $K_r = 91° \sim 93°$ 以保证阶台端面和中心线垂直。

(2) 粗　车

① 在卡盘上装夹工件,找正外圆,端面夹紧。

② 按要求装夹刀具,调整合理的转速和进给量。

③ 车第一级外圆,试切削 3 mm 长,停车测量外径尺寸。

④ 根据测量的外径尺寸,调整切削深度留精车余量。

⑤ 合上进给手柄,纵向车削,当接近阶台时断开进给手柄,手动床鞍进给,直到车刀接触台阶。

⑥ 手动中滑板以均匀速度沿阶台端面向外摇出车刀。

⑦ 车多阶台轴,按上述方法依次车削各级外圆。

⑧ 车阶台长度除第一级长度短 1 mm 左右以外,其余各级长度可车至尺寸。

四、两个阶台的阶台轴的加工步骤

图 2-1-1 所示两个阶台的阶台轴的加工步骤如下:

① 用三爪自定心卡盘夹住工件外圆长 20 mm 左右,并找正夹紧。

② 粗车端面及 $\phi50$ mm 外圆($\phi50$ mm、长 30 mm)留精车余量。

③ 精车端面及外圆,并倒角 C1。

④ 调头夹住 $\phi50$ mm 外圆一端,长 20 mm 左右,找正夹紧。

⑤ 粗车端面和外圆 $\phi45$ mm、长 35 mm,均留余量。

⑥ 精车端面和外圆 $\phi45$ mm、长 35 mm,倒角 C1。

⑦ 质检合格后交验。

五、4 个阶台的阶台轴零件的加工步骤

图 2-1-2 所示 4 个阶台的阶台轴零件的加工步骤如下:

① 用三爪卡盘夹住长 15 ~ 20 mm,并找正夹紧。

② 粗精车端面及外圆 $\phi30$ mm、长 40 mm,$\phi35$ mm、长 50 mm 及 $\phi48$ mm 至尺寸要求,并倒角 C1。

③ 调头夹住 $\phi30$ mm 外圆(垫铜皮)、长 40 mm 左右,找正卡爪处外圆和 $\phi48$ mm 反平面夹紧。

④ 粗精车总长至 95 mm 和 $\phi40$ mm 外圆并控制阶台长和平行度,倒角 C1。

⑤ 质检合格后卸下交验。

六、车削轴类零件时产生废品的原因及预防方法

车削轴类零件时产生废品的原因及预防方法见表 2-1-1。

表 2-1-1　车削轴类零件时产生废品的原因及预防方法

废品种类	产生原因	预防方法
尺寸精度达不到要求	(1)看错图样或刻度盘使用不当 (2)没有进行试切削 (3)量具有误差或测量不正确 (4)由于切削热的影响,使工件尺寸发生变化 (5)机动进给没及时关闭使车刀进给长度超过台阶长度	(1)必须看清图纸尺寸要求,正确使用刻度盘,看清刻度值 (2)根据加工余量算出深度,进行试切削,然后修正切削深度 (3)量具使用前,必须检查和测量零位,正确掌握测量方法 (4)加工时,要浇注切削液,降低工件温度,掌握工件的收缩情况 (5)应提前关闭机动进给,用手动进给到长度尺寸
产生锥度	(1)用小滑板车外圆时产生锥度是由于小滑板的位置不正确 (2)纵向进给车削工件产生锥度,由于车床身导轨跟主轴轴线不平行 (3)装夹时悬伸较长,因切削力的影响使前端让开,产生锥度 (4)车刀中途逐渐磨损	(1)必须事前检查小滑板的刻度是否与中滑板的刻线"0"对齐 (2)调整车床主轴与床身导轨的平行度 (3)尽量减少工件的伸出长度 (4)选用合适的刀具材料,适当降低切削深度
表面粗糙度达不到要求	(1)车刀刚性不足或伸出太长引起振动 (2)工件刚性不足引起振动 (3)车刀几何参数不合理 (4)切削用量选用不当 (5)车床刚性不足	(1)增加车刀刚性和正确装夹车刀 (2)增加工件的装夹刚性 (3)选择合理的车刀角度 (4)进给量不宜太大,精车余量和切削速度应选择合理 (5)消除或防止由于车床刚性不足而引起的振动

任务评价

两个阶台的阶台轴评分表见附表 2-1-1。4 个阶台的阶台轴零件综合评分表见附表 2-1-2。

课后练习

按图 2-1-6～图 2-1-8 所示的要求编写加工步骤:

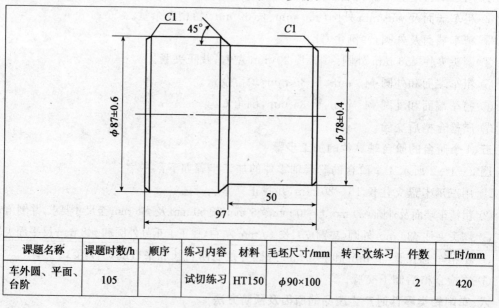

课题名称	课题时数/h	顺序	练习内容	材料	毛坯尺寸/mm	转下次练习	件数	工时/mm
车外圆、平面、台阶	105		试切练习	HT150	φ90×100		2	420

图 2-1-6　车台阶及找正平行度

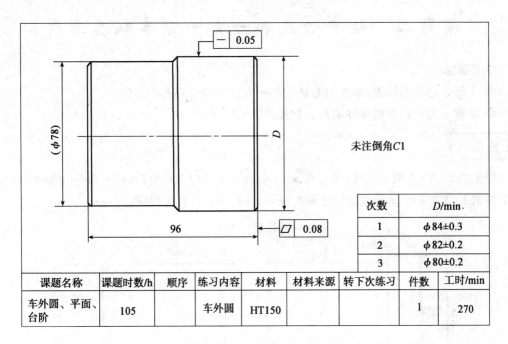

次数	D/min
1	$\phi 84\pm0.3$
2	$\phi 82\pm0.2$
3	$\phi 80\pm0.2$

课题名称	课题时数/h	顺序	练习内容	材料	材料来源	转下次练习	件数	工时/min
车外圆、平面、台阶	105		车外圆	HT150			1	270

图 2-1-7　车多台阶外圆

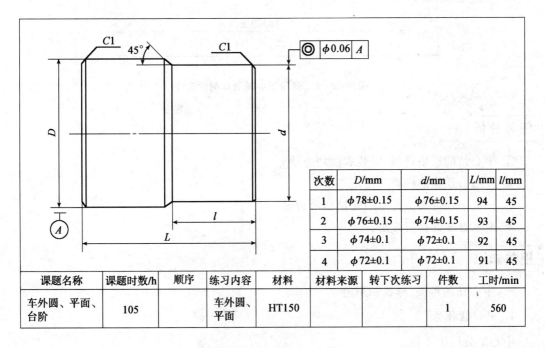

次数	D/mm	d/mm	L/mm	l/mm
1	$\phi 78\pm0.15$	$\phi 76\pm0.15$	94	45
2	$\phi 76\pm0.15$	$\phi 74\pm0.15$	93	45
3	$\phi 74\pm0.1$	$\phi 72\pm0.1$	92	45
4	$\phi 72\pm0.1$	$\phi 72\pm0.1$	91	45

课题名称	课题时数/h	顺序	练习内容	材料	材料来源	转下次练习	件数	工时/min
车外圆、平面、台阶	105		车外圆、平面	HT150			1	560

图 2-1-8　车双向台阶

课题二　钻中心孔和一夹一顶车轴类零件

学习目标：

◇ 了解中心孔的种类,掌握中心钻的使用方法及钻中心孔的方法;

◇ 掌握一夹一顶车削工件的装夹和操作方法。

任务引入

加工图 2-2-1 所示工件,毛坯是 $\phi50$ mm 的 45 号圆钢材料,采用一夹一顶装夹,顶尖辅助车削加工。对直径 D 可改变尺寸多次练习,并有圆柱度精度要求。

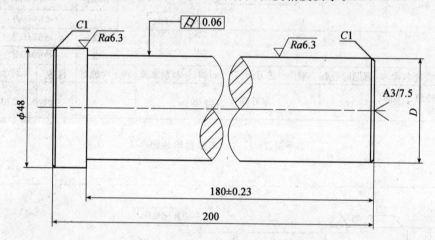

图 2-2-1　使用顶尖辅助车削的工件

任务分析

① 中心钻的规格选择、安装和使用方法;

② 介绍后顶尖的种类及使用方法;

③ 一夹一顶装夹工件车削光轴和阶台轴;

④ 消除锥度的找正方法。

相关知识

一、中心钻的种类、形状和用途

1. 中心钻种类

中心钻分以下 4 种。

① A 型中心孔:不带保护锥。

② B 型中心孔:带保护锥。

③ C 型中心孔:带保护锥和内孔。

④ R 型中心孔:带圆弧中心孔。

2. 中心钻形状和用途

各种中心钻的形状和用途如下。

① A 型：由圆柱部分和圆锥部分组成，圆锥孔为 60°。一般适用于需要多次装夹或保留中心孔零件。

② B 型：是在 A 型中心孔的端部多一个 120°的圆锥孔，目的是保护 60°锥孔不使其敲击碰伤。一般适用于多次装夹的工件。

③ C 型：外端形似 B 型中心孔，里端有一个比圆柱孔还要小的内螺纹。它用于工件之间的紧固连接。

④ R 型：是将 A 型中心孔的圆锥母线改为圆弧线，以减少中心孔与顶尖的接触面积，减少摩擦，提高定位精度。适用于轻小型精度要求高的工件。

二、中心钻使用中容易出现的问题

中心钻使用中容易出现如下 5 类问题。

① 中心钻的折断，其原因如下：

- 中心钻轴线与工件旋转轴线不一致，使中心钻受到一个附加力而折断。
- 工件端面不平整或中心处留有小凸头，使中心钻不能准确定心而折断。
- 选用的切削用量不合适，如工件的转速太低而中心钻进给太快，使中心钻折断。
- 磨钝后的中心钻强行钻入工件也易折断。
- 没有浇注充分的切削液或没有及时清除切屑，也易导致切屑堵塞而折断中心钻。
- 移动尾座时不小心使其被撞断。

② 中心孔钻偏或钻的不圆，其原因为：

- 工件弯曲未找正，使中心孔与外圆产生偏差。
- 紧固力不足，使工件移位造成中心孔不圆。
- 工件太长，旋转时在离心力作用下造成中心孔不圆。

③ 中心孔钻得太深，顶尖不能与 60°锥孔接触。

④ 车端面时，车刀没有对准工件中心使刀尖碎裂。

⑤ 中心钻圆柱部分修磨变短，造成顶尖和孔底相碰。

三、一夹一顶装夹工件

一夹一顶装夹轴类工件是利用工件一端外圆表面和一端中心孔定位，这种装夹方法刚性好，能承受较大的切削力。

1. 在工件的一端车阶台

① 用三爪（或四爪）卡盘装夹工件，伸出长度 30 mm。

② 用 90°偏刀车出长度为 20 mm 的阶台。

③ 工件调头装夹后车平端面钻中心孔。

④ 用卡盘夹住工件阶台，用后顶尖对准中心孔找正夹紧。

2. 在卡盘内装轴向限位支承

① 用三爪（或四爪）卡盘装夹工件，车平两端面，在一端钻中心孔。

② 张开卡盘卡爪,把限位支承放入主轴锥孔内。

③ 把工件一端放入卡爪内,端面靠紧支承,用后顶尖对准中心孔引正夹紧。

四、消除锥度的找正方法

1. 产生锥度的原因

一夹一顶装夹工件时,尾座中心与车床主轴旋转中心不重合,车出的工件外圆是圆锥形。

2. 消除锥度的方法

调整尾座使其与主轴旋转中心重合。

① 用棒料试车,其长度略大于工件长度。

② 粗车外圆。

③ 精车外圆,表面粗糙度达到 $Ra1.6\ \mu m$,用千分尺测量外圆的左端和右端,并记下读数。

④ 比较读数,如果左端直径比右端直径大,尾座应向背离操作者方向移动。尾座的移动量应为两端直径差的一半。如果右端直径比左端直径大,尾座应向操作者方向移动。

⑤ 调整尾座后再精车两端直径。如果两端直径误差没有完全消除,应继续调整尾座直至完全消除后,再车削。

五、钻中心孔零件的加工步骤

图 2-2-1 所示钻中心孔工件的加工步骤如下:

① 车端面,钻中心孔。

② 车端面截总长 200 mm 至尺寸,车外圆 $\phi48$ mm、长 30 mm。

③ 调头用三爪卡盘夹住 $\phi48$ mm 外圆、长 10 mm 左右,另一端用顶尖支顶。

④ 粗车 $\phi45$ mm 外圆、长 180 mm。留精车余量,并把锥度调整好,即粗车时完成车轴类工件的锥度调整。

⑤ 精车 $\phi45$ mm 外圆、长 180 mm 至尺寸要求并倒角。

六、一夹一顶装夹工件时容易产生的问题

① 一夹一顶车削时最好要求用轴向限位支承,否则在轴向切削力的作用下,工件容易产生轴向位移。如果不采用轴向限位支承,这就要求加工者随时注意后顶尖的松紧情况,并及时给予调整,以防发生事故。

② 顶尖与中心孔配合的松紧度必须合适。如果后顶尖顶得太紧,细长工件会产生弯曲变形。对于固定顶尖,会增加摩擦;对于回转顶尖,容易损坏顶尖内的滚动轴承。如果后顶尖顶得太松,工件则不能准确定心,对加工精度有一定影响;并且车削时易产生振动,甚至会使工件飞出而发生事故。

③ 不准用手拉切屑,以防割破手指。

④ 台阶处应保持垂直、清角并防止产生凹坑和小台阶。

⑤ 注意工件锥度的调整方向。

任务实施

钻中心孔的方法介绍如下。

1. 中心钻

中心孔通常是用中心钻钻出,中心钻一般是用高速钢制成,常用中心钻有 A 型和 B 型两种。

2. 中心钻的装夹方法

中心钻一般在钻夹头上装夹,钻夹头装在车床尾座锥孔内。中心钻装夹步骤如下:

① 选择正确尺寸的中心钻。

② 逆时针方向旋转钻夹头的外套,使 3 个爪张开。

③ 把中心钻插入钻夹头,伸出部分应尽量短些。

④ 顺时针方向旋转钻夹头外套,并用钻夹头扳手夹紧。

3. 钻中心孔的步骤与方法

① 在卡盘上装夹及找正工件后夹紧,装夹好中心钻,调整合理的主轴转数。

② 车平端面,中心不留凸头。

③ 移动尾座使中心钻接近工件端面后锁紧尾座。

④ 开动车床,观察中心钻的中心线是否与工件的中心线一致,如果不一致将钻夹头转换一个角度装夹或尾座找正。

⑤ 手动尾座手轮进给,进给不要太快,要缓慢均匀并充分浇注切削液。

⑥ 钻到中心孔深度时,停止进给 2~3 s 后快速退出中心钻。

任务评价

使用顶尖辅助车削的工件评分表见附表 2-2-1。

课题三   两顶尖装夹车轴类零件

学习目标：

◇ 了解后顶尖的使用方法;

◇ 掌握转动小滑板,车前顶尖的方法;

◇ 掌握两顶尖车削工件的装夹和操作方法。

任务引入

加工图 2-3-1 所示工件,毛坯是 ϕ35 mm 的 45 号圆钢材料,采用装夹两顶尖装夹。对直径 D、d 可改变尺寸多次练习,两端要求钻有中心孔。

相关知识

对于同轴度要求较高的阶台轴或必须经过多次装夹的轴类工件,须采用两顶尖装夹。两顶尖装夹工件操作方便,不需要找正,车出的各级外圆同轴度高。

顶尖的主要作用是利用工件端面的中心孔定心支承工件,车削时承受切削力。顶尖分前顶尖和后顶尖两种。

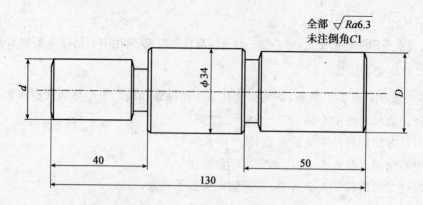

全部 $\sqrt{Ra6.3}$
未注倒角C1

图 2 - 3 - 1　两顶尖装夹车轴类零件

1. 前顶尖

前顶尖随同工件一起旋转，与中心孔无相对运动，与工件不产生摩擦。

前顶尖有两种：一种是插入主轴锥孔内的前顶尖，另一种是装在卡盘上的前顶尖。一般是用 45 号钢车出，此顶尖装夹一次，就必须重新车一次 60°圆锥，以使前顶尖与旋转中心重合。

2. 后顶尖

插入尾座套筒内的顶尖称为后顶尖。后顶尖分为固定顶尖和回转顶尖两种。

(1) 固定顶尖

优点：定心准确，装夹精度高，刚性好，切削时不易振动。

缺点：与工件中心孔产生滑动摩擦，易发热烧坏顶尖和中心孔。

适用于低速车削精度要求较高的轴类零件。

(2) 回转顶尖

回转顶尖内部的滚动摩擦代替顶尖与工件中心孔的滑动摩擦。

优点：能承受高速，又可消除滑动摩擦产生的热量。

缺点：定心精度和刚性不如死顶尖。

适用于低速和高速车削精度要求不高的轴类零件。

任务实施

一、工件的装夹

1. 前顶尖装夹方法

前顶尖的装夹有以下两种方法。

(1) 利用死顶尖装夹

① 将拨盘装到车床主轴上。

② 擦净前顶尖的锥柄部和主轴锥孔。

③ 将顶尖放入主轴锥孔内，使锥面贴合夹紧。

④ 中速开动车床，观察前顶尖是否跳动。

(2) 利用 45 号钢在卡盘上车出 60°前顶尖

① 在卡盘上夹一棒料 $\phi30$ mm、长 30 mm，夹住 10 mm 长左右。

② 车一限位阶台 $\phi 24$ mm、长 15 mm 左右。

③ 调头夹住 $\phi 24$ mm、长 15 mm 处，找正夹紧。

④ 转动小滑板，车出 60°前顶尖。

2. 后顶尖装夹步骤

① 摇出(或摇进)尾座套筒，使其伸出长度约 50 mm。

② 擦净顶尖锥柄和尾座套筒锥孔。

③ 将顶尖放进尾座锥孔中，使锥面贴合装紧。

3. 夹头装夹步骤

① 按工件尺寸选择一个合适的对分夹头或鸡心夹头。

② 用手垂直握住工件一端，留出夹头厚度位置。

③ 在工件上装上夹头，若工件表面是已加工表面应垫铜皮。

④ 拧紧夹头的固定螺钉。

4. 工件在两顶尖间的装夹步骤

① 移动尾座使两顶尖的距离大于工件长度并将尾座锁紧。

② 将工件装有夹头一端的中心孔置于前顶尖上，使夹头拨杆置于拨盘的开口槽中，或靠到卡爪上。

③ 用左手握持工件，使其大致水平，用右手摇尾座手轮，使后顶尖对准并进入工件中心孔内。

④ 转动尾座手轮，调节轴向力使工件既能自由转动又无轴向间隙，锁紧尾座套筒。

二、尾座中心的找正方法

在两顶尖间加工工件，需要找正尾座的偏移量，使前后顶尖的中心线重合，否则车出工件是圆锥体而不是圆柱面。尾座中心的找正的步骤如下：

① 把检验棒装夹在两顶尖间，检验棒在两顶尖间能转动，且无明显轴向间隙。锁紧尾座套筒。

② 把百分表垂直于检验棒放置，保证触头水平在检验棒中心高上，然后将百分表夹紧在刀架上。

③ 将床鞍和百分表移至床身左端。

④ 移动中滑板，使百分表指针旋转半圈，百分表调"0"位。

⑤ 向尾座方向移动床鞍，注意读数变化，记下百分表指针摆动方向和误差数值。

⑥ 如果百分表的读数从主轴到尾座是正数，尾座应向离开操作者方向移动。反之，尾座应向靠近操作者方向移动。

⑦ 百分表测量时，前后两端数值用百分表测量后数值之差的 1/2 是尾座的偏移量。用百分表头顶住尾座套筒，把尾座向所需方向移动。

⑧ 调整尾座后重新车一次外圆，测量直至前后两端相等为止。

三、工件粗车找正方法

工件粗车时的找正步骤如下：

① 用车刀在工件靠近尾座处和卡盘跟前处，记下相同的进给深度并各车一"子口"(能用千分尺测量)。

② 用千分尺测量前后两"子口"尺寸,如尺寸不一致,即尾座"子口"尺寸一端大于卡盘"子口"尺寸一端,则尾座向靠近操作者方向移动。反之,尾座向离开操作者方向移动。

③ 移动量是前后两端之差的一半。

④ 粗调后,车一刀外圆尺寸后测量前后两端,如还有误差,可重复上述内容,直至前后两端直径相等为止。

四、两顶尖间车削轴类零件的方法

两顶尖间车削图 2-3-1 所示轴类零件的步骤如下:

① 用三爪卡盘装夹毛坯,车平端面,总长至图样尺寸。

② 在两端面钻中心孔。

③ 采用一夹一顶装夹,粗车外圆各留 1 mm 余量。

④ 在外圆处装鸡心夹,将工件装夹在车床两顶尖间。

⑤ 选择合理的主轴转速和进给量。

⑥ 精车右端外圆至图样要求。

⑦ 精车 $\phi34$ mm 外圆至图样要求。

⑧ 精车右端外圆长度尺寸至图样要求。

⑨ 卸下工件,再卸下鸡心夹头。

⑩ 在已加工外圆上垫铜皮,装上鸡心夹头。

⑪ 将工件装夹在车床两顶尖间。

⑫ 精车左端外圆至图样尺寸。

⑬ 精车左端外圆长度至图样要求。

⑭ 停车,检验工件尺寸。

五、操作练习

加工图 2-3-2 所示中心孔,每组分 4 个人进行,每个同学各做表中一组尺寸。

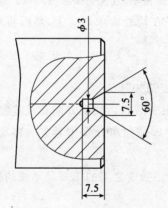

次数	D
1	$\phi47^{0}_{-0.10}$
2	$\phi46^{0}_{-0.062}$
3	$\phi44^{0}_{-0.052}$
4	$\phi42^{0}_{-0.052}$

图 2-3-2　钻中心孔

任务评价

两顶尖装夹车轴类零件综合评分表见附表 2-3-1。

课题四　车外沟槽与切断

学习目标：

◇ 掌握切断刀的几何角度特点及要求；

◇ 掌握切断刀的刃磨方法和操作技术；

◇ 掌握切断刀车槽时切削用量的选择和安全技术。

相关知识

一、切断刀的几何形状

切断刀以横向进给为主，前面的横刃是主切削刃，两侧的刀刃是副切削刃。一般切断刀的主切削刃较窄，刀头较长，强度差。

1. 高速钢切断刀的主要几何角度

高速钢切断刀的主要几何角度和几何参数的选择见表 2-4-1。

表 2-4-1　切断刀几何参数的选择

角　度	符　号	数据和公式
主偏角	K_r	$K_r = 90°$
副偏角	K_r'	$K_r' = 1° \sim 1°30'$
前　角	γ_0	切断中碳钢工件时，通常取 $\gamma_0 = 20° \sim 30°$；切断铸铁工件时，取 $\gamma_0 = 0° \sim 10°$。前角由 $R75$ mm 的圆弧形前面自然形成
主后角	α_0	一般取 $\alpha_0 = 5° \sim 8°$
副后角	α_0'	切断刀有两个后角 $\alpha_0' = 1° \sim 2°$

2. 硬质合金切断刀的主要几何角度

硬质合金切断刀的前角 γ_0 取 $0° \sim 10°$，主后角 α_0 取 $5° \sim 7°$。其他角度数值和高速钢切断刀相同。

3. 切断刀刀头长度和宽度的选择

切断刀刀头长度和宽度的选择介绍如下。

(1) 切断刀主切削刃宽度 a

$$a \approx (0.5 \sim 0.6)\sqrt{D}$$

式中，a 为主切削刃的宽度（mm），D 为被切断工件的直径（mm）。

(2) 车槽刀宽度 a

当槽宽较窄时：$a =$ 槽宽。

当槽宽较宽时：$a \approx (0.5 \sim 0.6)\sqrt{D}$。

(3) 切断刀刀头长度 L

切断实心材料：$L = \dfrac{1}{2}D + (2 \sim 3)$，单位为 mm。

切断空心材料：$L＝$被切工件壁厚＋$(2\sim3)$，单位为 mm。

（4）车槽刀刀头长度 L

$L＝$槽深＋$(2\sim3)$，单位为 mm。

二、切断刀的刃磨要求

切断刀刃磨时要求达到的以下要求：

① 主切削刃平直且垂直于刀体中心线。

② 副后刀面平直且副后刀面对称。

③ 两个副偏角相等且对称。

④ 两刀尖等高并各磨一个小圆弧过渡刃。

三、刃磨切断刀注意事项

① 刃磨高速钢切断刀，应随时沾水冷却，防止车刀退火。

② 刃磨硬质合金切断刀，不能用力过猛，防止刀片焊接处产生高热脱焊。同时不能在水中冷却，以防止刀片崩裂。

③ 切刀卷削槽不宜磨得太深，一般为 $0.75\sim1.5$ mm，否则会使刀头强度减弱。

④ 不能把前刀面磨低或磨成阶台形。

⑤ 刃磨切断刀两侧副后角，应以车刀底面为基准，用钢直尺或直角尺检查。

⑥ 切断刀常见的几种错误磨法，如图 2－4－1 所示。图 2－4－1(a)所示为副偏角过大，刀头强度变差，容易折断；图 2－4－1(b)所示为副偏角为负值，不能用直进法切削；图 2－4－1(c)所示为副刀刃不平直，不能用直进法切削；图 2－4－1(d)所示为车刀左侧磨去太多，不能切割有高台阶的工件。

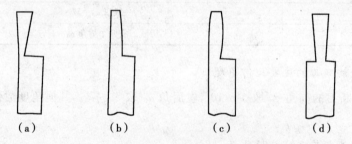

（a）　　　　（b）　　　　（c）　　　　（d）

图 2－4－1　切断刀常见的几种错误磨法

任务实施

一、切断刀的刃磨方法

1. 高速钢切断刀的刃磨

刃磨切断刀砂轮面要平整，握刀压力要均匀，移动要平稳。

（1）粗　磨

选用粗粒度氧化铝砂轮，粗磨两侧面副后刀面、主后刀面和前刀面，使刀头成形，如图 2－4－2所示。

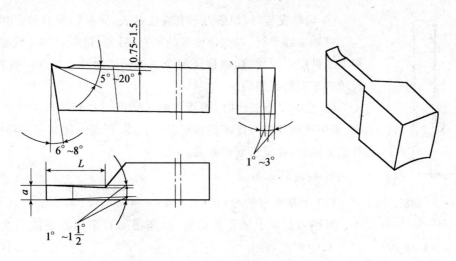

图 2-4-2　切断刀几何角度刃磨练习图

（2）精　磨

选用细粒度氧化铝砂轮进行精磨。

① 精磨前刀面，磨好前角和圆弧型断削槽，如图 2-4-3 所示。

② 精磨副后刀面，磨好副后角和副偏角，如图 2-4-4 和图 2-4-5 所示。

③ 精磨主后刀面，磨好主后角，如图 2-4-3 所示。

④ 刀尖轻轻接触砂轮表面，左右微量摆动，磨好刀尖圆弧。

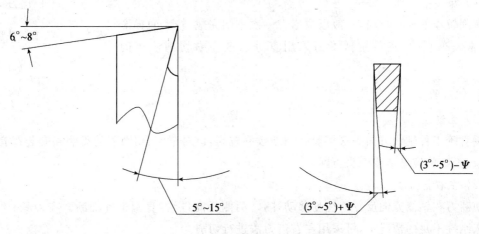

图 2-4-3　切断刀的主后角和前角　　　　　**图 2-4-4　切断刀的副后角**

2. 硬质合金切断刀的刃磨

硬质合金切断刀的刃磨，基本上与高速钢切刀刃磨方法相同。不同的是刃磨硬质合金切断刀应先用氧化铝砂轮粗磨刀杆的刀头部分成形，再用碳化硅砂轮粗磨和精磨硬质合金刀片。

二、切断与车槽的方法

1. 切槽刀的安装方法

切槽刀安装时的要求如下：

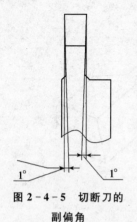

图 2-4-5　切断刀的
副偏角

① 切槽安装时,切断刀不宜安装过长,同时切断刀的主切削刃应与工件轴心线平行,以保证槽底的平直;另外,切断刀中心线也必须装得与工件中心线垂直,以保证两个副偏角的对称。装夹时可用 90°角尺检查车刀的副偏角。

② 切断实心工件时,切断刀的主切削刃必须装得与工件中心等高,可用尾座顶尖高度找正切断刀中心高,否则不能车至工件中心,而且也易崩刀,甚至折断切断刀。

2. 切槽的方法

(1) 宽度较窄的槽的加工方法

可用刀宽等于槽宽的切断刀(车槽刀),采用直进法一次进给车出,如图 2-4-6 所示。

(2) 精度要求高的槽的加工方法

一般采用二次进给完成。第一次进给车槽时,槽壁两侧留有精车余量,第二次进给时用等宽的车槽刀修整,也可用原车槽刀根据槽深和槽宽进行精车。

(3) 宽槽的加工方法

车削较宽的矩形槽时,可用多次直进法进行切割,并在槽壁两侧留有精车余量,然后根据槽深和槽宽精车至尺寸要求。

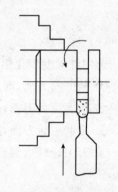

图 2-4-6　直进法切槽

(4) 梯形槽的加工方法

车削较小的梯形槽时,一般以成形刀一次车削完成,较大的梯形槽,通常先车直槽,然后用梯形刀采用直进法或左右切削法车削完成。

3. 切断的方法

(1) 直进法

垂直于工件轴线方向进行切断。切断效率较高,但对车床、切断刀的刃磨和安装都有较高的要求,否则就容易造成刀头折断。

(2) 左右借刀法

切断刀在轴线方向反复地往复移动,随之两侧径向进给,直到工件切断。在刀具、工件以及车床刚性不足的情况下,可采用左右借刀法进行切削。

(3) 反切法

反切法是指工件反转,车刀反向安装。宜用于较大直径工件的切断。

任务评价

刀具刃磨练习评分表见附表 2-4-1。

图 2-4-7 所示切槽练习评分表见附表 2-4-2。

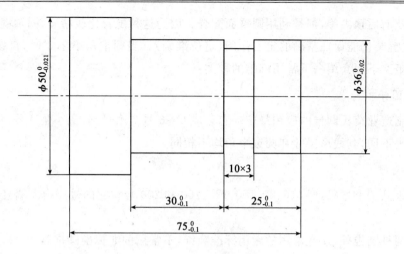

图 2-4-7 切槽练习图

课题五 车圆锥

学习目标：

◇ 熟悉圆锥体的各部分名称及主要参数，掌握小滑板转动角度和方向；

◇ 掌握使用小滑板车圆锥体的方法和圆锥体检测方法。

任务引入

加工图 2-5-1 所示工件，毛坯是 $\phi45$ mm 的 45 号圆钢材料，采用单件生产，保证锥体尺寸精度。

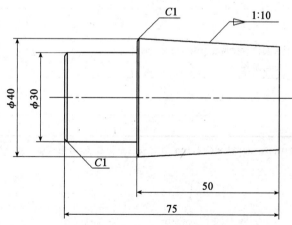

图 2-5-1 车锥体练习

相关知识

一、圆锥体的作用及种类

在机床与工具中，有很多地方应用圆锥体和圆锥孔作为配合表面。如车床的主轴孔、尾座套筒的锥孔及前后顶尖等,都是利用圆锥面配合。因为这种配合比较精确、同轴度高且装卸方便,并经多次拆装仍能保证精确的定心作用(定位准确)。当圆锥角小于 3°时,自锁性很强,可传递很大扭矩。下面介绍一下常用圆锥的种类。

1. 莫氏圆锥

在机械制造业莫氏圆锥的应用最广。它分成 0～6 号 7 个号码,最小是 0 号,最大是 6 号。莫氏圆锥号码不同,其线形尺寸和圆锥半角均不相同。

2. 米制圆锥

米制圆锥共 7 个号码,即 4、6、80、100、120、160 和 200 号。它的号码指大端直径,锥度 $C=$ 1∶20。

除上述两种圆锥外,还有常用的专用标准圆锥,不常用的非标准圆锥等。

二、圆锥体各部尺寸计算

圆锥的基本参数如图 2-5-2 所示,不管是外圆锥还是内圆锥,其基本参数与各部分计算都是相同的,见表 2-5-1。

表 2-5-1　圆锥各部分尺寸的计算

名称术语	代　号	定　义	计算公式
圆锥角	α	在通过圆锥轴线的截面积内,两长素线之间的夹角	—
圆锥半角	$\alpha/2$	圆锥角的一半	$\tan\dfrac{\alpha}{2}=\dfrac{D-d}{2L}=\dfrac{C}{2}$ $\dfrac{\alpha}{2}\approx 28.7°C=28.7°\dfrac{D-d}{L}$
最大圆锥直径	D	简称大端直径	$D=d+CL=d+L\tan\dfrac{\alpha}{2}$
最小圆锥直径	d	简称小端直径	$d=D-CL=D-2L\tan\dfrac{\alpha}{2}$
圆锥长度	L	最大圆锥直径与最小圆锥直径之间的轴向距离	$L=\dfrac{D-d}{C}=\dfrac{D-d}{2\tan(\alpha/2)}$
锥度	C	圆锥大、小端直径之差与长度之比	$C=\dfrac{D-d}{L}$
工件全长	L_0	—	—

注意:表中公式 $\tan(\alpha/2)=(D-d)/2L=C/2$,计算时需查三角函数表,可用近似公式计算:$\alpha/2\approx 28.7°\times(D-d)/L$ $=28.7°$。

任务实施

一、转动小滑板车削圆锥体的方法

1. 转动小滑板车削圆锥体的特点

① 可以车削各种角度的内外圆锥。

② 能车削整圆锥。

③ 只能手动进给,表面粗糙度较难控制。

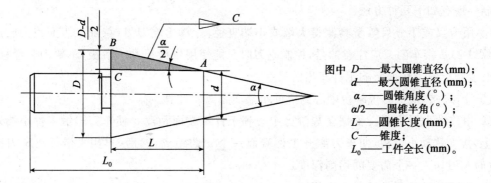

图中 D——最大圆锥直径(mm)；
d——最大圆锥直径(mm)；
α——圆锥角度(°)；
$\alpha/2$——圆锥半角(°)；
L——圆锥长度(mm)；
C——锥度；
L_0——工件全长(mm)。

图 2-5-2　圆锥体各部尺寸计算

2.转动小滑板车削圆锥体的方法

①转动小滑板角度的计算。小滑板旋转的角度应等于圆锥半角。当圆锥半角 $\alpha/2<6°$ 时,可用近似公式计算:

$$\alpha/2\approx28.7°\times(D-d)/L=28.7°C$$

注意:•圆锥半角应在 6°以内。

•计算出来的单位是(°),度以下的小数部分是十进制的,而角度是 60 进制的,应将小数部分转化为分和秒。

②车刀的安装。车削圆锥体的车刀安装时必须对准工件中心,否则车削的圆锥母线不直,形成双曲线误差。

③转动小滑板方法。松开小滑板圆盘两侧的紧固螺钉,使"0"线对准所车工件的圆锥半角。转好角度后,紧固两侧螺钉,试切削。按照车出的实际角度与图纸要求角度进行微调直至校准。

④车削前检查并调整小滑板镶条的松紧,过紧手动时吃力,过松车出的圆锥母线不直。

⑤根据工件长度,调整小滑板行程长度。

⑥车正外圆锥体(工件大端靠主轴,小端靠尾座)小滑板应逆时针旋转一个圆锥半角;反之,相反。

⑦手动小滑板走刀,操作时左右两手交替转动手柄,使车刀连续不停移动,尽量控制走刀速度均匀。

3.检查锥度的方法

①用游标万能角度尺测量。

②用角度样板检验。

③用正弦规测量。

④用涂色法检验。

4.车削锥体的尺寸控制

圆锥体的 4 个基本参数,即 D、d、$\alpha/2$、L 是相互关联的。在加工过程中控制住其中 3 项,另一项自然也控制住了。一般情况下大端直径和长度较容易测量。对于背吃刀量(吃刀深度)

的控制一般有如下几种方法：

①　用卡尺或千分尺等量具测得大端或小端直径，计算出吃刀量（待加工表面减去已加工表面除以2)直接车削。应注意的是，控制吃刀时只能使用中滑板和小滑板，不要动大滑板，不然会改变实际吃刀量而影响工件车出的尺寸。

②　计算法。根据套规阶台中心到工件小端面距离 a 计算。

③　用移动大滑板法。根据套规阶台中心到工件小端面距离 a 使车刀轻触工件小端外圆表面上，接着移动小滑板，使车刀离开工件端面一个 a 的距离，然后，再用大滑板将车刀移回来，这时车刀切入一个需要的切削深度。

二、车锥体练习零件的加工步骤

图 2-5-1 所示车锥体零件的加工步骤如下：

①　夹住 ϕ42 mm 毛坯面，伸出长度 35 mm，找正夹紧。

②　粗精车 ϕ30 mm 外圆，长 25 mm。

③　调头垫铜皮夹住 ϕ30 mm 处，找正夹紧。

④　粗车 ϕ40 mm 外径，平端面，截总长 75 mm。

⑤　精车 ϕ40 mm 外径。

⑥　粗车 1:10 圆锥体。

⑦　精车 1:10 圆锥体。

三、产生废品的原因及预防措施

车圆锥面时产生废品的原因及预防措施如表 2-5-2 所列。

表 2-5-2　车圆锥时产生废品的原因及预防措施

废品种类	产生原因	预防方法
锥度（角度）不正确	用转动小滑板法车削时 (1)角度计算错误 (2)小滑板移动时松紧不匀	(1)仔细计算小滑板应转的角度和方向，并反复试车找正 (2)调整塞铁使小滑板移动均匀
	用偏移尾座法车削时 (1)尾座偏移位置不正确 (2)工件长度不一致	(1)重新计算和调整尾座偏移量 (2)各件的长度必须一致
双曲线误差	车刀刀尖没有对准工件轴线	车刀刀尖必须严格对准工件轴线

任务评价

车锥体练习评分表见附表 2-5-1。

课题六　滚花与成形面加工

学习目标：

◇　掌握滚花刀的种类；

◇　掌握滚花加工的方法及注意事项；

◇ 掌握滚花刀的调整方法；

◇ 成形面的车削方法；

◇ 成形面的修饰及检验方法；

◇ 车床上使用锉刀的安全知识。

任务引入

加工图 2-6-1、图 2-6-2 所示工件，根据现场教学情况，可采用不同毛坯加工滚花及成形面加工。

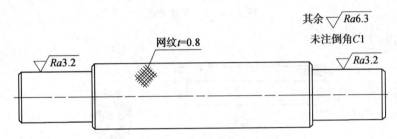

图 2-6-1 滚花练习图

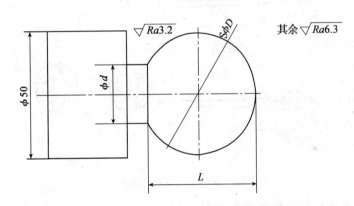

图 2-6-2 成形面练习图

相关知识

在机器零件中和工具中的手捏部位表面上，经常看到滚有不同花纹，如车床大、中滑板刻度盘，锥度塞规手柄和千分尺的套管上。各种滚花都是在车床上完成的。

一、花纹的种类和滚花刀

花纹一般有直花纹、斜花纹和网花纹 3 种，如图 2-6-3 所示。

花纹的粗、细由节距来决定。节距 1.2 mm 和 1.6 mm 的是粗纹，0.8 mm 的是中纹，0.6 mm 的是细纹。

滚花刀一般有 3 种：单轮（见图 2-6-4(a)）、双轮（见图 2-6-4(b)）和六轮滚花刀（见图 2-6-4(c)）。单轮滚花刀是滚直纹和斜花纹用的。双轮滚花刀是滚网花纹用的，它是由节距相同的一个左旋和右旋滚花刀组成。六轮滚花刀是把 3 组节距不同的滚轮，装在一个特

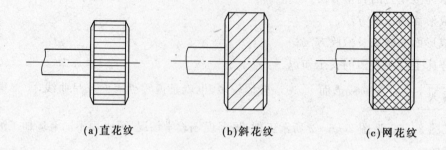

(a)直花纹　　　　　(b)斜花纹　　　　　(c)网花纹

图 2-6-3　花纹种类

制刀架上,分粗、中和细 3 种。

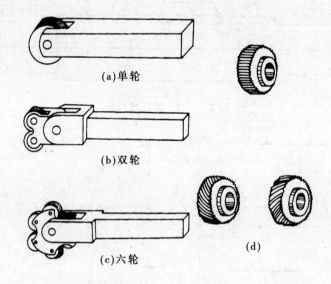

(a)单轮

(b)双轮

(c)六轮　　　　　　　(d)

图 2-6-4　常用的滚花刀

二、滚花时容易产生的问题和注意事项

① 滚花时产生废品的主要原因是乱纹,产生乱纹的原因有如下几种,针对不同原因应采取相应措施以防止乱纹:

· 工件外径不能被滚花刀节距整除,遇此情况可把工件外圆略车小些。

· 滚花刀开始压入工件时接触面太大,使单位面积减少,刻出花纹太浅,也容易乱纹,可使滚轮倾斜一些切入。

· 滚轮转动不灵活或支承滚轮的小轴严重磨损,也易乱纹。使用前滚花刀需经检查,小轴若不合适,需调换新的。

· 车床转速过高,需降低转速。

· 滚花中没有清除细屑或滚花刀齿部磨损,这时应清除切屑或更换滚轮。

② 滚直纹花时,滚花刀齿数必须和工件轴心线平行,否则滚花纹不直。

③ 细纹和薄壁零件在滚花时要防止顶弯和变形。

④ 滚花时不能用手去摸工件以防挤手出事故,也不准用毛刷接触,否则咬坏毛刷,甚至造

成乱纹、弯曲和变形等废品。

三、成形面的概念

在机器中,有些零件表面的轴向剖面呈曲线形,如手柄和圆球;有些零件的表面与其轴线垂直的断面呈非圆形,如凸轮等。具有这些特征的表面称为成形面或特形面。

在车加工中常见的成形面,一般回转体较多,也就是说零件表面虽呈曲线,它都围绕一个中心旋转而成。

四、简单介绍几种成形面的车削方法

1. 双手控制法车削

在生产中常遇到数量较少或单件生产而精度要求不高的成形面零件,如摇手柄和球状手柄等,可采用双手控制的车削方法完成。就是用双手同时摇动中、小滑板或大、中滑板手柄,通过双手配合运动,车出所要求的成形面形状,这种方法称为双手控制法。

双手控制法也是车工的基本功,双手配合的熟练程度,决定了车出工件的质量高低和车削速度的快慢。

2. 样板刀法车削

批量生产的成形面零件,可采用样板刀进行车削。把车刀刃磨的形状跟工件的表面形状相同的车刀叫样板刀。样板刀有普通样板刀、棱形样板刀和圆形样板刀。对精度较高的成形样板刀则需要在工具磨床或曲线磨床上进行刃磨。

3. 靠模法

大批量生产(成形面)零件往往采用靠模法。应用靠模法需要将普通车床刀架部分进行改装,抽掉中滑板丝杠,装上弹簧,在床身或尾座上安装上靠板或靠模,使刀架沿标准的模具曲线移动以达到车削成形面,如图 2-6-5 所示。

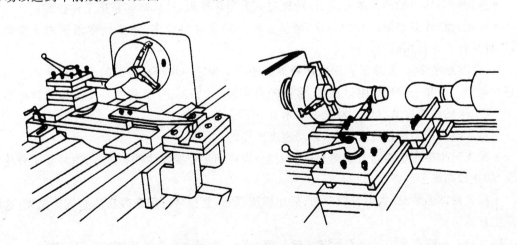

图 2-6-5　用靠模法车削成形面

4. 专用工具车削成形面

采用专用工具车削成形面,也是一种大批量车削成形面的方法。如采用蜗轮蜗杆车圆球装置车单球手柄,采用筒形车刀车圆球,用旋风切削法车圆球等,都是用专用工具车成形面的

方法。这些方法适合大批量生产,在这里不做太详细的介绍了。

下面,具体讲解用双手控制法车单球手柄的步骤。

五、用双手控制法车单球手柄

用双手控制法车图 2-6-2 所示单球手柄的步骤如下。

① 先计算出 L 长度。因圆球手柄球部和柄部相贯连接后,球部的长度并不等于球的直径。其计算公式为

$$L=\frac{1}{2}\left(D+\sqrt{D^2-d^2}\right)$$

式中:L 为圆球部分的长度;

　　　D 为圆球的直径;

　　　d 为柄部的直径。

② 车单球手柄时,一般先车圆球直径 D 和柄部直径 d 以及 L 长度(留精车余量 0.15 mm 左右)。

③ 用 $R2$ mm~$R3$ mm 的圆头车刀逐步把余量车去,方法是从最高点,向左、向右逐步把余量车去。总之,技术在于双手控制滑板使车刀走一个正圆弧曲线轨迹,使车出工件为球状。

④ 经常用样板检验,使球部外形轮廓和样板相符。

⑤ 当球部车至和样板基本相符时,开始表面修整及抛光,先用锉刀修整,锉掉高低不平的刀纹痕迹。可先用细纹锉刀锉削,再用特细纹锉刀(油光锉)锉削,使球形更接近样板。

锉削时的技术知识和安全知识如下:

•不准使用无柄锉刀,防止无柄锉刀捅手造成工伤。锉削时不要沾机油,防止打滑,锉削的姿势最好采用左手握住柄部,右手扶住锉刀前端,这样手臂能避开卡盘,操作起来比较安全。

•锉削时车床主轴的转速要适当,转速过高会磨坏锉齿,过低则容易把工件锉扁。

•锉削时在锉刀上涂一些粉笔末,能防止铁屑滞塞在齿纹中,还要经常用铜刷子清理齿缝,以保证锉刀在使用时不打滑。

⑥ 经过锉光修整,使球形表面与样板更加相符。为进一步提高表面的光洁程度还要用纱布进行抛光。砂布一般用金刚砂制成,常用的有零号、一号、一号半和二号。其号数越小砂布越细,抛出来的粗糙度值越低。抛光的技术有以下几点:

•抛光时车床主轴转数取高些,移动速度要均匀。

•抛光时把砂布垫在锉刀下抛光比较安全,也可用手直接捏住砂布进行,这样要十分注意安全,防止砂布裹手而挤伤。

•抛光视球面情况,先用较粗砂布,后用较细砂布,到最后可用细砂布沾些机油抛光,这样效果更好。

图 2-6-6 所示手摇手柄的加工步骤见图 2-6-7 所示的手摇手柄工步示意图:

① 夹住外圆车平面和钻中心孔。

② 工件伸出长约 110 mm 左右,一夹一顶,粗车外圆 $\phi24$ mm、长 100 mm、$\phi16$ mm、长 45 mm 和 $\phi10$ mm、长 20 mm(各留精车余量 0.1 mm 左右)。

③ 从 $\phi16$ mm 外圆的平面量起,长 17.5 mm 为中心线,用小圆头刀车 $\phi12.5$ mm 的定位槽。

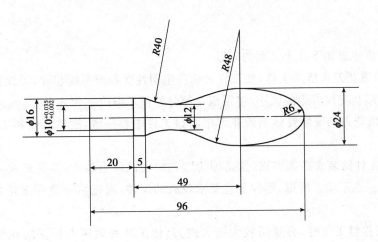

图 2 - 6 - 6　手摇手柄

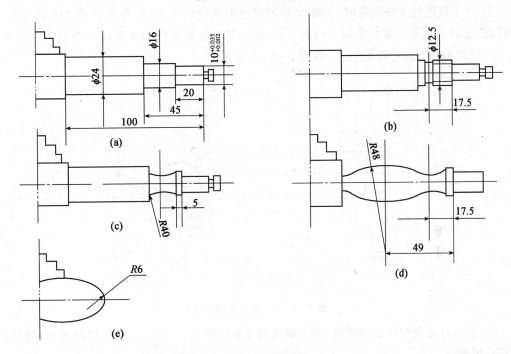

图 2 - 6 - 7　手摇手柄工步示意图

④ 从 $\phi16$ mm 外圆的左侧端面量起，长大于 5 mm 向 $\phi12.5$ mm 定位槽处移动，车 R 40 mm圆弧面。

⑤ 从 $\phi16$ mm 外圆的左侧端面量起，大于 49 mm 为中心线，在 $\phi24$ mm 外圆上向左、右方向车 R48 mm 圆弧面。

⑥ 精车 $\phi10_{+0.002}^{+0.035}$ mm、长 20 mm 至尺寸要求，并精车 $\phi16$ mm 外圆。

⑦ 用锉刀和砂布修整抛光。

⑧ 松去顶尖，用圆头车刀车 $R6$ mm，并切下工件。

⑨ 调整垫铜皮，夹住 $\phi24$ mm 外圆找正，用车刀或锉刀修整 $R6$ mm 圆弧，并用砂布抛光。

任务实施

滚花过程中应注意如下几个方面的问题。

① 滚花是用滚花刀来挤压工件,使工件表面产生塑性变形而形成花纹,因此在滚花前,根据工件材料的性质和花纹节距的大小,将需滚花部分外径车小约 0.25~0.5 mm。

② 滚花时,滚花刀的安装要做到滚花刀中心跟工件中心一致,滚轮表面和工件滚花表面平行。

③ 滚花时,工件的装夹必须牢固,这是因为滚花时径向压力较大,容易造成工件的走动。即使装牢也难免一点不动。所以,形位公差要求较高的工件,应把精车放在滚花之后,重新校正工件再精车。

④ 在滚花刀接触工件时,必须用较大压力进刀,使工件表面压出较深的花纹,再纵向走刀,不然就产生乱纹。

⑤ 对于较硬的工件滚花时,为减少开始时过大的径向压力,可先用滚轮宽度的一半与工件接触,或者把滚花刀装的稍向右倾斜一点,使滚轮宽度跟工件表面形成一个很小的夹角(如同车刀的副偏角),这样容易切入,如图 2-6-8 所示。

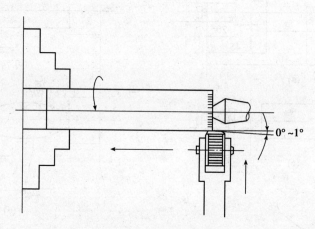

图 2-6-8 滚花方法示意图

⑥ 滚花时必须经常加润滑油,减少滚轮与小轴间磨损,并浇注充分的切削液以冲掉切屑,使花纹清晰。

⑦ 滚花时采用的转数应慢些,其主要目的是不让滚轮因转动过快发热被研坏,也避免打滑使滚出花纹不清和乱纹。

⑧ 对花纹有质量要求的零件如仪器或相机零件,应用高质量的滚花刀,一般需用经过磨齿的滚轮才能保证花纹的高质量。

任务评价

滚花练习图评分表见附表 2-6-1。成形面练习图评分表见附表 2-6-2。

课后练习

课后进行图 2-6-9~图 2-6-12 加工工艺的编写。

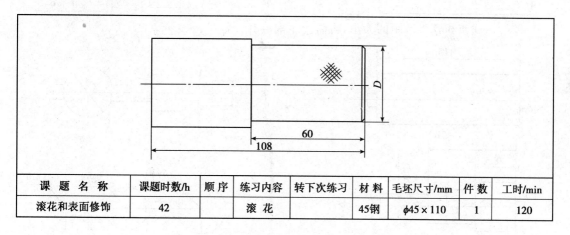

课题名称	课题时数/h	顺序	练习内容	转下次练习	材料	毛坯尺寸/mm	件数	工时/min
滚花和表面修饰	42		滚花		45钢	φ45×110	1	120

图 2-6-9 滚花的强化练习

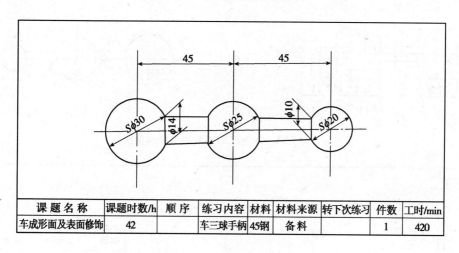

课题名称	课题时数/h	顺序	练习内容	材料	材料来源	转下次练习	件数	工时/min
车成形面及表面修饰	42		车三球手柄	45钢	备料		1	420

图 2-6-10 车三球手柄的强化练习

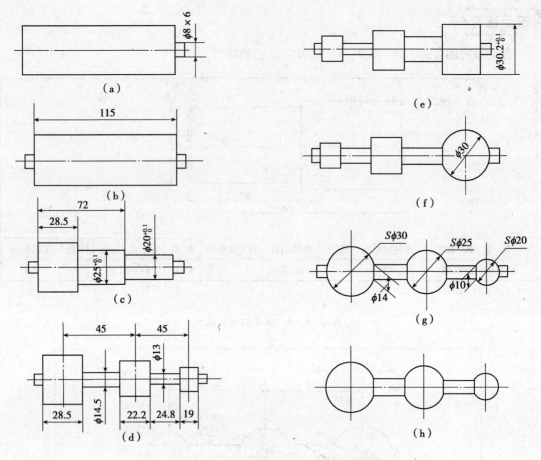

图 2 - 6 - 11　车削三球手柄的工步示意图

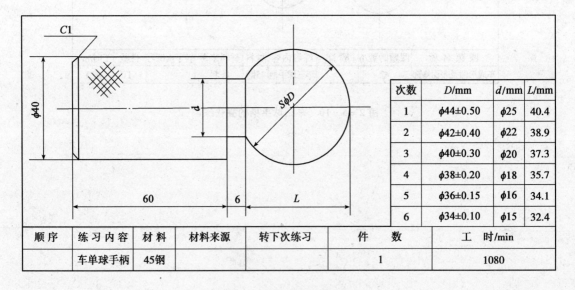

次数	D/mm	d/mm	L/mm
1	φ44±0.50	φ25	40.4
2	φ42±0.40	φ22	38.9
3	φ40±0.30	φ20	37.3
4	φ38±0.20	φ18	35.7
5	φ36±0.15	φ16	34.1
6	φ34±0.10	φ15	32.4

顺　序	练习内容	材料	材料来源	转下次练习	件　　数	工　时/min
	车单球手柄	45钢			1	1080

图 2 - 6 - 12　综合练习图

课题七　车外三角螺纹

学习目标：

◇ 了解外螺纹车刀的几何形状；

◇ 掌握外螺纹车刀的刃磨方法和安全技术要求；

◇ 了解三角形螺纹的种类和各部分名称，掌握其主要尺寸的计算；

◇ 掌握低速车削外螺纹的方法。

任务引入

用普通车床加工图 2-7-1 所示三角螺纹零件，毛坯为 ϕ35 mm 的 45 号圆钢材料，保证螺纹精度要求。

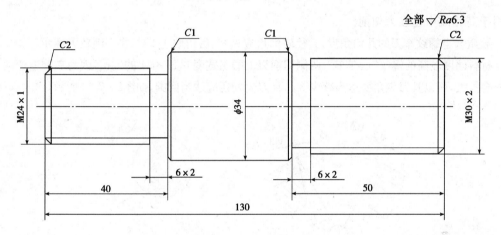

图 2-7-1　三角螺纹练习

相关知识

一、螺纹车刀材料的选择

螺纹车刀材料的选择是否合理，对生产效率和加工质量有很大影响。目前，工厂中广泛采用的螺纹车刀材料一般有高速钢和硬质合金两种。

1. 高速钢螺纹车刀

刃磨比较方便，容易得到锋利的刃口，而且韧性较好，刀尖不容易崩裂。常用于加工塑性材料的螺纹工件。对于大螺距的螺纹和精密丝杠等工件的加工，也多采用高速钢螺纹车刀。高速钢螺纹车刀的缺点是刃磨时容易退火，在高温下和粗车时容易磨损。所以加工脆性材料（铸铁类）或高速车削螺纹时不采用高速钢螺纹车刀。

高速钢螺纹车刀的几何角度如图 2-7-2 所示。

2. 硬质合金螺纹车刀

由于硬质合金螺纹车刀韧性较差、脆性高且怕冲击，容易崩裂，所以低速车削中很少采用，

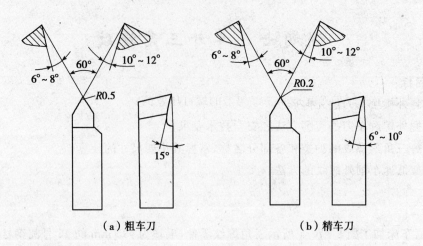

（a）粗车刀　　　　　　　　　（b）精车刀

图 2 - 7 - 2　三角螺纹车刀

常用于高速或中速强力切削。

　　硬质合金螺纹车刀的几何角度,其径向前角应为 0°,后角取 4°~6°,在车削较大螺距($P>2$ mm)以及材料硬度较高的螺纹时,在车刀两侧切削刃上磨出宽度 0.2~0.4 的倒棱,因为在调整切削下牙型角会扩大,所以其刀尖角要适当减少 30′,且刀尖处还应适当倒圆,如图2-7-3所示。

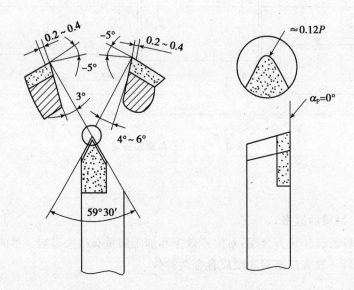

图 2 - 7 - 3　硬质合金螺纹车刀的几何角度

二、三角螺纹车刀的几何角度

图 2-7-2 所示三角形螺纹车刀的几何角度有如下 3 种。

　　① 刀尖角 ε 等于牙型角,米制螺纹为 60°,英制螺纹为 55°。

　　② 前角 γ 在粗车时为 5°~15°,精车时为 6°~10°。

　　③ 后角 α 为 5°~10°,因受螺纹升角 Ψ 的影响,两后角大小不相同。根据螺纹左右旋方向,进刀方向稍大些。小螺距螺纹的螺纹升角 Ψ,这种影响可忽略不计。

三、螺纹的种类和用途

在机械制造业中,有许多零件具有螺纹,螺纹一般有下列4种用途:

① 作为连接零件用。如车床的主轴和卡盘上的法兰盘就是通过螺纹连接在一起的。

② 作为传动用。如车床的丝杠和拖板箱上的开合螺母配合,把走刀箱的运动传递给拖板箱。

③ 作为紧固用。如车刀就是依靠刀架上的螺钉压紧的。

④ 作为测量零件用。如千分尺就是利用螺纹原理来测量工件的。

四、螺纹的分类

1. 螺纹按用途分类

分为紧固螺纹(三角形螺纹)、管螺纹和传动螺纹。

(1) 紧固螺纹(三角形螺纹)

① 普通螺纹:分为粗牙普通螺纹(见表2-7-1)和细牙普通螺纹。

表 2-7-1 常用普通螺纹螺距一览表

螺纹代号	螺距 P/mm	螺纹代号	螺距 P/mm	螺纹代号	螺距 P/mm
M5	0.80	M12	1.75	M20	2.50
M6	1.00	M14	2.00	M22	
M8	1.25	M16		M24	3.00
M10	1.50	M18	2.50	M27	

② 小螺纹(公称直径范围为:0.3~1.4mm)。

③ 英制螺纹。

(2) 管螺纹(三角形螺纹)

分为55°非密封管螺纹、55°密封管螺纹、60°密封管螺纹和米制锥螺纹。

(3) 传动螺纹

分为梯形螺纹、锯齿形螺纹、矩形螺纹和圆螺纹。

2. 按牙型分类

分为三角形螺纹、矩形螺纹、圆形螺纹、梯形螺纹和锯齿形螺纹。

3. 按螺旋线方向分类

分为右旋螺纹和左旋螺纹。

4. 按螺旋线线数分类

分为单线螺纹和多线螺纹。

5. 按母体形状分类

分为圆柱螺纹和圆锥螺纹。

五、公制三角螺纹各部分尺寸计算

1. 主要尺寸名称代号

普通螺纹的几何参数如图2-7-4所示。

① 螺纹的公称直径是指大径的基本尺寸(D 或 d)。

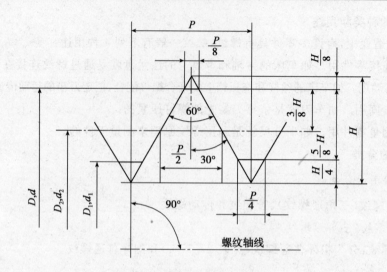

图 2-7-4　普通螺纹的几何参数

② 原始三角形高度(H)。

③ 中径(D_2 或 d_2)。

④ 削平高度。外螺纹牙顶和内螺纹牙底均在 $H/8$ 处削平,外螺纹牙底和内螺纹牙顶均在 $H/4$ 处削平。

⑤ 牙形高度(h_1)。

⑥ 外螺纹小径(d_1)。

⑦ 内螺纹小径(D_1)。

⑧ 螺纹接触高度(h)。

2. 计算公式

普通螺纹的计算公式见表 2-7-2。

表 2-7-2　普通螺纹的计算公式

基本参数	代　号		计算公式
	外螺纹	内螺纹	
牙型角	α		$\alpha = 60°$
螺纹大径(公称直径)	d	D	$d = D$
螺纹中径	d_2	D_2	$d_2 = D_2 = d - 0.6495P$
牙型高度	h_1		$h_1 = 0.5413P$
原始三角形高度	H		$H = 0.866P$
螺纹小径	d_1	D_1	$d_1 = D_1 = d - 1.0825P$

表 2-7-2 中公式的推导过程如下:

$$H = \frac{P}{2}\cot 30° = 0.866P$$

$$d_2 = D_2 = d - 2\left(\frac{3}{8}H\right) = d - 0.6495P$$

$$h_1 = H - \frac{H}{8} - \frac{H}{4} = \frac{5}{8} H = \frac{5}{8} \times 0.866P = 0.541\ 3P$$

$$d_1 = D_1 = d - 2h_1 = d - 2 \times 0.541\ 3P = d - 1.082\ 5P$$

任务实施

一、三角螺纹车刀的刃磨

下面介绍图 2-7-2 所示三角形螺纹车刀的刃磨。

1. 刃磨步骤及方法

① 粗磨后刀面(使刀尖角初步形成)。刃磨左刀刃时右手在前左手在后,以右手为支持,左手把握角度,使刀体与砂轮呈 15°夹角,磨时稍加移动使刀刃平直。磨右刀刃时左手在前右手在后,从另一方向使车刀与砂轮呈 15°夹角,要做到两刃对称,不倾斜。参照样板使刀尖角基本等于牙形角,如图 2-7-2(a)所示。

② 粗、精磨前刀面形成前角。粗磨时先让刀刃尾端处接触砂轮,逐渐使前角形成。因为刀尖处的磨量小,三角形底边处磨量大,所以手的推力由刀刃尾端至前端是递减的(磨得好的螺纹刀,刀尖比刀体平面稍低)。前角形成后,轻轻地精磨前面,使前面平整而光洁,如图 2-7-2(b)所示。

③ 前刀面磨好后,由于前角形成使粗磨后刀面形成的刀尖角略微减小了一些,在精磨两后刀面时稍带修整。这时要严格把握刀尖角的准确性,用角度样板仔细检查,对准光源认真观察两边的贴合间隙(见图 2-7-5),检查时要使样板平行于刀体平面(见图 2-7-5(a)),而不应该平行刀刃(见图 2-7-5(b)),这样才能使刀尖角准确。

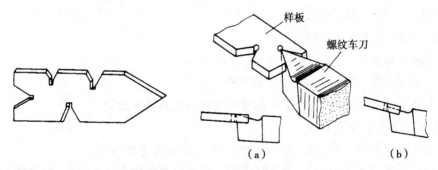

（a）　　　　　　　　　　　　（b）

图 2-7-5　用角度样板检查

④ 轻轻地磨好刀尖倒棱,宽度为 0.1×螺距(mm)。

⑤ 用油石研磨,背除刀刃虚刺,提高前刀面和两个后刀面光洁度,使刀刃锋利,耐用。

2. 刃磨要求及注意事项

① 选用 80 号氧化铝砂轮,磨刀时不要压力过大,并及时蘸水冷却,以免过热使白钢退火而失去硬度。

② 刃磨时稍带移动车刀,容易使刀刃平直,光洁。

③ 磨出的车刀两刃必须呈直线,无崩刃现象。两刃对称,刀尖角的平分线和刀体保持平行,不倾斜。

④ 遵守砂轮机安全使用规则,注意安全。

二、三角形外螺纹的车削

1. 车大径

先车好螺纹的外径。外径一般应车得比基本尺寸小 $0.2 \sim 0.4$ mm(约 $0.13P$)以保证车好的螺纹牙顶宽有 $0.125P$ 宽度。车好外径要倒角,倒角不小于螺纹深度。

2. 螺纹车刀的安装

① 车刀刀尖必须严格对准工件中心。

② 车刀的中心线与工件的中心线垂直,可用样板对刀。

③ 车刀伸出的长度要短些,以保证车刀有足够刚性。

3. 车床的调整

① 按需要变换主轴转速,低速车削转速取低些,在螺距不大于 2 mm 时,应在 250 r/min 以下,精车还要低些。

② 调整变速手柄位置。按照铭牌上标准的手柄位置去变换手柄。在有走刀箱车床上车削螺纹,可按工件螺距在走刀箱铭牌上找到所示手柄位置变换手柄,按铭牌所示挂轮齿数和位置挂轮。

③ 调整挂轮。无走刀箱车床上车削螺纹时,挂轮需计算速比,公式为

$$i=\frac{n_{丝}}{n_{工}}=\frac{P_{工}}{P_{丝}}=\frac{z_1}{z_2} \qquad 或 \qquad i=\frac{z_1}{z_2}\times\frac{z_3}{z_4}$$

式中,i 为速比;$n_{丝}$ 为丝杠转速;$n_{工}$ 为工件转速;$P_{工}$ 为工件螺距;$P_{丝}$ 为丝杠螺距;z_1、z_3 为主动轮齿轮;z_2、z_4 为被动轮齿轮。

调整挂轮的方法有如下 3 种:

· 切断机床电源,车头变速手柄放在空挡位置。

· 识别有关齿轮、齿数、上轴、中轴和下轴。

· 了解齿轮拆装程序及单式、复式的挂轮方法并符合搭配原则。

挂轮时还需注意以下几方面:

· 擦净齿轮套筒和小轴,它们之间是滑动配合,定期涂上润滑油。

· 轴套的长度要小于轴阶台,否则紧定轴头螺母时垫圈就会压住轴套,使齿轮不能转动,开车时会损坏齿轮或挂轮架(扇形板)。

· 各齿轮间啮合间隙保持在 $0.1 \sim 0.15$ mm 左右,过松或过紧都会损坏齿轮。

④ 调整大、中、小拖板。在车螺纹时由于拖板各配合部分间隙的影响,往往出现"扎刀"现象。在车螺纹前要对大、中、小拖板的配合部分进检查和调整:

· 检查和调整中拖板和小拖板的镶条,使松紧程度要适当,过松会在车削中产生"扎刀",过紧又会在操作过程中摇动小拖板吃力。

· 检查中拖板丝杠和丝杠螺母是否有"窜动"情况,若有,调整消除。

· 检查大拖板丝杠和开合螺母的工作情况是否正常,若有跳动或自动抬闸现象必须消除。

4. 车削方法

① 扣上开合螺母，先让刀尖轻轻接触工件表面，使工件表面浅浅地划出螺旋痕迹。然后停车用卡尺、钢尺或扣规检查螺距是否正确，如正确再开始车削螺纹，如不正确，检查手柄位置或挂轮有无错误，查出哪一环节搞错，停车纠正后再继续车削。

② 进刀方法有以下 3 种。

• 直进法。在车螺纹时，车刀两刃和刀尖同时参加工作，每次进刀只需中拖板作横向进给就可，直至把螺纹车好，称为直进法。这种方法操作简便，可以得到正确的牙型，但由于车刀 3 个面同时参加切削，切削力很大，所以只适用于小螺距的螺纹车削（一般小于 1.5 mm）和脆性材料螺纹车削。

• 斜进法。车削螺纹时车刀沿螺纹一侧面斜向进给，一侧刃不参加切削，每次进刀除中拖板进刀外，小拖板同时向一方向进刀。这种方法优点是车刀一侧刃工作，切削条件较好，适宜粗加工螺纹。缺点是牙型误差大、粗糙度低且加工精度低。

• 左右进刀法。除中拖板进刀外同时使用小拖板一刀向左，一刀向右进刀，直至牙型车好称为左右进刀法或双面赶刀法，具体进刀次数可参考表 2-7-3。

表 2-7-3 低速三角螺纹进刀次数

进刀数	M24,P=3 mm			M20,P=2.5 mm			M16,P=2 mm		
	中滑板进刀格数	小滑板赶刀格数		中滑板进刀格数	小滑板赶刀格数		中滑板进刀格数	小滑板赶刀格数	
		左	右		左	右		左	右
1	11	0		11	0		10	0	
2	7	3		7	3		6	3	
3	5	3		5	3		4	2	
4	4	3		3	2		2	2	
5	3	2		2	1		1	1/2	
6	3	1		1	0		1	1/2	
7	2	1		1	0		1/4	1/2	
8	1	1/2		1/2	1/2		1/4		5/2
9	1/2	1		1/4	1/2		1/2		1/2
10	1/2	0		1/4		3	1/2		1/2
11	1/4	1/2		1/2	0		1/4		1/2
12	1/4	1/2		1/2		1/2	1/4	0	
13	1/2		3	1/4		1/2	螺纹深度=1.3 mm,n=26 格		
14	1/2	0		1/4	0				
15	1/4		1/2	螺纹深度=1.625 mm,n=32 1/2 格					
16	1/4	0							
	螺纹深度=1.95 mm,n=39 格								

说明：1. 小滑板每格 0.04 mm；

2. 中滑板每格 0.05 mm；

3. 粗车选 100~180 r/min，精车选 44~72 r/min。

③ 吃刀深度的确定。每次吃刀深度视工件的具体情况而定，一般粗车可大些，精车小些，吃刀总深度（指中拖板横向进给）≈0.65P mm 可参考表 2-7-4。

表 2-7-4　车削三角螺纹时的切削用量

工件材料	刀具材料	螺距/mm	切削速度 v_c/(m/min)	背吃刀量 a_p/mm
45 钢	P10	2	60～90	2～3
45 钢	W18Cr4V	1.5	粗车：15～30 精车：5～7	粗车：0.15～0.30 精车：0.05～0.08
铸铁	K20	2	粗车：15～30 精车：15～20	粗车：0.20～0.40 精车：0.05～0.10

④ 中途换刀的方法。中途换刀或修磨车刀后，再进行车削时必须先对刀。方法是装好车刀后先不吃刀，按下开合螺母，待车刀移到工件表面处立即停车，摇动中拖板和小拖板，使车刀刀尖对准螺旋槽然后开车（用离合器控制慢速）注意观察车刀工作情况，直至对准，记好中拖板刻度读数，再进刀车削。

⑤ 避免乱扣的方法。前一次吃刀完毕以后，后一次按下开合螺母时，车刀刀尖已不在前一次所在的螺旋槽内，而是偏左或偏右，结果把螺纹车乱而报废称为乱扣。乱扣的原因是丝杠转一转时工件的转数不是整数转。对能否用开合螺母提起和落下的方法车削的螺纹，应事先计算一下以防乱牙。计算方法如下：

$$i = \frac{P_{\text{工}}}{P_{\text{丝}}} = \frac{n_{\text{丝}}}{n_{\text{工}}}$$

式中，P 为螺距，n 为转速。

例如，$P_{\text{工}}$ 为 4 mm，$P_{\text{丝}}$ 为 6 mm，则

$$i = \frac{P_{\text{工}}}{P_{\text{丝}}} = \frac{4}{6} = \frac{1}{1.5} = \frac{n_{\text{丝}}}{n_{\text{工}}}$$

从上式看出，$n_{\text{丝}}$ 是丝杠转数为一转时，$n_{\text{工}}$ 不是整数，即工件转数为 1.5 转，会乱牙。

然而丝杠螺距为 6 mm 时，车螺距为 1.5 mm 工件时，$i = \frac{P_{\text{工}}}{P_{\text{丝}}} = \frac{n_{\text{丝}}}{n_{\text{工}}} = \frac{1.5}{6} = \frac{1}{4}$，这时丝杠转一转工件转 4 转是整数，不会乱牙。

车容易乱牙的螺纹时，不要采用提起开合螺母法车削。可采用倒顺车法，即每次走刀不提起开合螺母而开反车使拖板返回，正车做切削走刀，这样反复往返拖板箱直至车到要求尺寸。

5. 螺纹的测量和检查

螺纹的测量和检查有如下几方面的内容。

① 大径的检查：可用千分尺和游标卡尺测量。

② 螺距的检查：用螺距规（扣规）、卡尺或钢尺。

③ 中径的测量：可用螺纹千分尺。

④ 综合测量：用螺纹环规。

三、产生废品的原因及预防方法

车螺纹产生废品的原因及预防方法见表 2-7-5。

表 2-7-5　车螺纹产生废品的原因及预防方法

废品种类	产生原因	预防方法
螺距不正确	1. 交换齿轮计算或组装错误；手柄位置扳错 2. 局部螺距不正确 (1) 车床丝杠和主轴的窜动过大 (2) 溜板箱手轮转动不平衡 (3) 开合螺母间隙过大 3. 车削过程中开合螺母抬起	1. 在工件上车出一条很浅的螺旋线，测量螺距是否正确 2. 调整好机床的轴向窜动量和开合螺母间隙，溜板箱手轮拉出，使之与传动轴脱开 3. 用重物挂在开合螺母手柄上防止中途抬起
牙型不正确	1. 车刀刃磨不正确 2. 车刀装夹不正确 3. 车刀磨损	1. 正确刃磨和测量车刀角度 2. 装刀时用样板对刀 3. 合理选用切削用量，及时磨车刀
中径不正确	1. 车刀切深不正确 2. 刻度盘使用不当	1. 经常测量中径尺寸 2. 正确使用刻度盘
表面粗糙度大	1. 产生积屑瘤 2. 刀杆刚性不够，切削时产生振动 3. 车刀纵向前角太大，中滑板丝杠螺母间隙过大产生扎刀 4. 高速切削时，切削厚度太小或切屑向倾斜方向排出，拉毛螺纹牙侧 5. 工件刚性差，而切削用量选用过大	1. 用高速钢车刀车削时，应降低切削速度，并加切削液 2. 增加刀杆截面积，并减少伸出长度 3. 减少车刀纵向前角，调整中滑板丝杠螺母间隙 4. 高速切削螺纹时，最后一刀的切削厚度，一般不要大于 0.1 mm，并使切屑垂直轴线方向排出 5. 选择合理的切削用量

任务评价

三角螺纹练习评分表见附表 2-7-1。

课题八　复合零件的加工

学习目标：

◇ 通过复合作业的练习，进一步提高车外圆、阶台、沟槽和成形面、锥体、三角螺纹的操作技能；

◇ 了解车螺纹产生废品的原因及预防方法；

◇ 独立完成复合件的加工。

任务引入

加工图 2-8-1 所示的复合零件，它包含了生产中常见零件的要素，如外圆、锥体、退刀槽、螺纹等。毛坯尺寸为 $\phi45\text{mm} \times 125\text{mm}$，材料为 45 号钢。

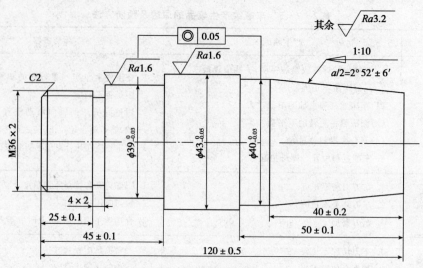

图 2-8-1　复合零件

任务分析

① 掌握复合作业多项内容的加工方法。

② 会合理编排复合作业的加工工艺。

③ 能根据螺纹加工产生废品的原因做好预防。

一、加工图纸上工件的左侧部位

加工图 2-8-1 所示工件左侧部位的步骤如下：

① 用三爪自定心卡盘装夹工件外圆,棒料伸出卡盘长度 90 mm 左右,并找正夹紧。

② 粗车端面及 ϕ36 mm,ϕ39 mm 和 ϕ43 mm 的外圆留精车余量,长度分别至 29 mm、45 mm 和 73 mm。

③ 精车端面及 ϕ36 mm,ϕ39 mm 和 ϕ43 mm 外圆,并倒角 C2(1 处),锐角倒钝 C0.3(2 处)。

④ 粗、精车三角螺纹 M36×2 至尺寸。

二、加工图纸上工件的右侧部位

加工图 2-8-1 所示工件右侧部位的步骤如下：

① 调头夹住 ϕ39 mm 外圆,工件伸出长度为 80 mm 左右,找正夹紧。

② 粗车端面、保总长(120±0.5)mm,车外圆 ϕ40 mm、长 50 mm,均留余量。

③ 偏移小滑板角度 2°52′±6′,粗、精车 1:10 外锥体至尺寸(小端面径尺寸)。

④ 锐角倒钝 C0.3(3 处)。

⑤ 检查合格后交验。

任务评价

复合零件评分表见附表 2-8-1。

模块三 数控车床编程与操作基础

课题一 数控编程概述

学习目标:

◇ 数控车床的组成及原理;

◇ 数控车床的特点。

任务引入

在生产加工中经常会遇到类似图 3-1-1 所示的复杂轴类零件,为保证加工精度,提高生产效率,一般都选择数控车床进行加工。

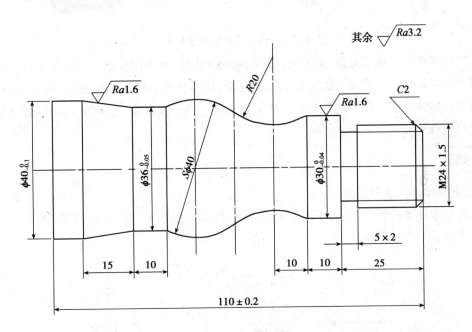

图 3-1-1 轴类零件

任务分析

数控车床是目前使用较为广泛的数控机床之一。它主要用于轴类零件或盘类零件的内外圆柱面、任意锥角的内外圆锥面、复杂回转内外曲面和圆柱、圆锥螺纹等切削加工,还可进行切槽、钻孔、扩孔、铰孔及钻孔等加工。CK6150 是新一代的经济型数控车床,数控装备选用 FANUC 0i-TC 系统,如图 3-1-2 所示。

图 3-1-2　经济型数控车床

　　该机床采用卧式机床布局,数控系统控制横(X)纵(Z)两坐标移动。主要承担各种轴类及盘类零件的半精加工及精加工。可加工内圆柱面、外圆柱面、锥面、车削螺纹、镗孔、铰孔以及各种曲线回转体。主轴箱采用变频电动机实现手动三挡无级调速,刀架为 4 刀位,适合教学及企业生产型机床。

相关知识

一、数控车床的主要组成

　　数控车床种类较多,一般由车床主体、数控装置和伺服系统 3 大部分组成,图 3-1-3 是数控车床的基本组成框图。

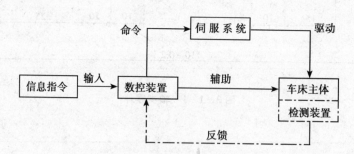

图 3-1-3　数控车床的基本组成方框示意图

1. 车床主体

　　车床主体实现加工过程的实际机械部件,主要包括:主运动部件(如卡盘和主轴等)、进给运动部件(如工作台和刀架等)、支承部件(如床身和立柱等),以及冷却、润滑、转位部件和夹紧、换刀机械手等辅助装置。

数控车床主体通过专门设计而成,各个部位的性能都比普通车床优越,如结构刚性好,能适应高速车削需要;精度高,可靠性好,能适应精密加工和长时间连续工作等。

2. 数控装置和伺服系统

数控车床与普通车床的主要区别就在于是否具有数控装置和伺服系统这两大部分。如果说,数控车床的检测装置相当于人的眼睛,那么,数控装置相当于人的大脑,伺服系统则相当于人的双手。这样,就不难看出这两大部分在数控车床中所处的重要位置了。

（1）数控装置

数控装置的核心是计算机及运行在其上的软件,它在数控车床中起"指挥"作用,如图 3-1-4 所示。数控装置接收由加工程序送来的各种信息,并经处理和调配后,向驱动机构发出执行命令。在执行过程中,其驱动、检测等机构同时将有关信息反馈给数控装置,以便经处理后发出新的执行命令。

（2）伺服系统

伺服系统通过驱动电路和执行元件（如伺服电动机等）,准确地执行数控装置发出的命令,完成数控装置所要求的各种位移。

图 3-1-4　数控装置

数控车床的进给传动系统常用进给伺服系统来工作,因此也称为进给伺服系统。

进给伺服系统一般由位置控制、速度控制、伺服电动机、检测部件以及机械传动机构 5 大部分组成。但习惯上所说的进给伺服系统,只是指速度控制、伺服电动机和检测部件 3 部分,而且,将速度控制部分称为伺服单元或驱动器。

二、数控车床的基本工作原理

数控系统通过运行零件加工程序,以实现零件的加工,如图 3-1-5 所示。

首先,数控系统将零件逐段译码,进行数据处理。数据处理又包括刀心轨迹计算和进给速度处理两部分。

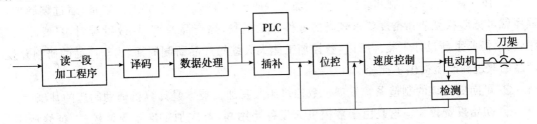

图 3-1-5　数控机床工作原理框图

系统将经过数据处理后的程序数据分成两部分。一部分是机床的顺序逻辑动作,这些数据送往 PLC,经处理后,控制机床的顺序动作。送往 PLC 的数据包括以下 3 类。

① 辅助控制功能（M 功能）指令:控制主轴旋转和停止,冷却液的开和关,以及机床的其他开关动作,如卡盘和尾座的卡紧和松开等。

② 主轴速度控制（S 功能）指令：控制主轴的转速。

③ 刀架选刀功能（T 功能）指令：控制所选刀具到达工作位置。

另一部分是机床的切削运动。程序数据经插补处理、位置控制和速度控制，驱动坐标轴进给电动机，使坐标轴作相应的运动，带动刀具作切削运动。系统将程序逐段处理，直至完成了一个完整的加工。为保证运动的连续性，要求系统要有很强的实时性，以保证零件的加工质量。

三、数控车床的特点

数控机床已越来越多的应用于现代制造业，并发挥出普通机床无法比拟的优势，数控机床主要有以下特点：

① 传动链短。与普通机床相比，其主轴驱动不再是电动机—皮带—齿轮副机构变速，而是分别由两台伺服电动机驱动运动完成横向和纵向进给，不再使用挂轮和离合器等传统部件，传动链大大缩短。

② 刚性高。为了与数控系统的高精度相匹配，数控机床的刚性高，以便适应高精度的加工要求。

③ 轻拖动。刀架（工作台）移动采用滚珠丝杠副，摩擦小，移动轻便。丝杠两端的支承式专用轴承，其压力角比普通轴承大，在出厂时便选配好；数控机床的润滑部分采用油雾自动润滑，这些措施都使得数控机床移动轻便。

④ 自动化程度高，可以减轻操作者的体力劳动强度。数控加工过程是按输入的程序自动完成的，操作者只需起始对刀、装卸工件和更换刀具，在加工过程中，主要是观察和监督机床运行。但是，由于数控机床的技术含量高，对操作者脑力劳动的要求相应提高。

⑤ 加工零件精度高、质量稳定。数控机床的定位精度和重复定位精度都很高，较容易保证同一批零件尺寸的一致性，只要工艺设计和程序正确合理，加之精心操作，就可以保证零件获得较高的加工精度，也便于对加工过程实行质量控制。

⑥ 生产效率高。数控机床加工可在一次装夹中加工多个加工表面，一般只检测首件，所以可以省去普通机床加工时的不少中间工序，如划线和尺寸检测等，减少了辅助时间，而且由于数控加工出的零件质量稳定，为后续工序带来方便，其综合效率明显提高。

⑦ 便于新产品的研制和改型。数控加工一般不需要很多复杂的工艺装备，通过编制加工程序就可把形状复杂和精度要求较高的零件加工出来，当产品改型，更改设计时，只要改变程序，而不需要重新设计工装。所以，数控加工能大大缩短产品研制周期，为新产品的研制开发、产品的改进和改型提供了捷径。

⑧ 可向更高级的制造系统发展。数控机床及其加工技术是计算机辅助制造的基础。

⑨ 初始投资较大。这是由于数控机床设备费用高，首次加工准备周期较长，维修成本高等因素造成。

⑩ 维修要求高。数控机床是技术密集型的机电一体化的典型产品，需要维修人员既懂机械，又要懂微电子维修方面的知识，同时还要配备较好的维修装备。

课题二 数控车床的编程规则

学习目标：

◇ 了解车床坐标系；

◇ 了解绝对坐标、增量坐标及混合编程；

◇ 车床基本点的定义。

任务引入

在数控机床上加工图 3-1-1 所示的零件并保证零件的加工精度，其实质是保证工件和刀具的相对运动精确无误。所以想要在编程时控制工件和刀具运动时，首先需要掌握数控机床上常用的两个坐标系：机床坐标系和工件坐标系；其次还要掌握机床参考点和换刀点等内容。

任务分析

为了简化编程和保证程序的通用性，国际上已经对数控机床的坐标系和方向、命名制定了统一的标准。

工件坐标系是编程人员在编程时使用的，将工件上的已知点定义为原点（也称程序原点），定义一个新的坐标系，称为工件坐标系。工件坐标系一旦建立便一直有效，直到被新的坐标系替代为止。

相关知识

一、坐标系的确定原则

数控车床有 3 个坐标系即机械坐标系、编程坐标系和工件坐标系。机械坐标系的原点是生产厂家在制造机床时的固定坐标系原点，也称机械零点。它是在机床装配和调试时已经确定下来的，是机床加工的基准点。在使用中机械坐标系是由参考点来确定的，机床系统启动后，进行返回参考点操作，机械坐标系就建立了。坐标系一经建立，只要不切断电源，坐标系就不会变化。编程坐标系是编程序时使用的坐标系，一般把 Z 轴与工件轴线重合，X 轴放在工件端面上。工件坐标系是机床进行加工时使用的坐标系，它应该与编程坐标系一致。能否让编程坐标系与工件坐标系一致，是操作是否顺利的关键。

数控机床上的坐标系采用右手直角笛卡尔坐标系，如图 3-2-1 所示。右手的大拇指、食指和中指保持相互垂直，拇指的方向为 X 轴的正方向，食指为 Y 轴的正方向，中指为 Z 轴的正方向。

二、运动方向的确定

规定机床某一部件运动的正方向，是增大工件和刀具之间距离的方向，如图 3-2-2 所示。

① Z 轴与主轴轴线重合，设 Z 轴远离工件，向尾座移动刀具的方向为正方向（即增大工件和刀具之间距离），向卡盘移动刀具的方向为负方向。

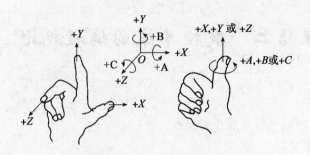

图 3 - 2 - 1　右手直角笛卡儿坐标系

② X 轴垂直于 Z 轴，X 坐标的正方向是刀具离开旋转中心线的方向，反之为负。

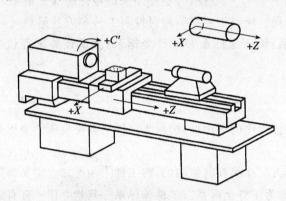

图 3 - 2 - 2　运动方向的规定

三、数控车床的相关点

1. 机床原点

数控车床的坐标系规定（见图 3 - 2 - 3），通常把传递切削力的主轴定为 Z 轴。数控车床的机床原点一般设在主轴回转中心与卡盘后端面的交线上，如图 3 - 2 - 4 中的 O 点。

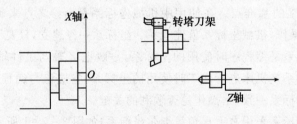

图 3 - 2 - 3　带卧式刀塔 CNC 车床坐标系

2. 机床参考点

机床参考点也是机床上一个固定的点，它是用机械挡块或电气装置来限制刀架移动的极限位置，用来给机床坐标系一个定位。因为如果每次开机后无论刀架停留在哪个位置，系统都把当前位置设定为(0,0)，这样势必造成基准的不统一，所以每次开机的第一步操作为参考点回归（或称为回零点），就是通过确定参考点来确定机床坐标系的原点(0,0)。参

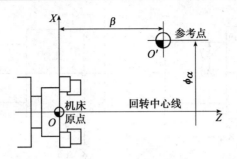

图 3 - 2 - 4　机床原点

考点返回就是使刀架按指令自动地返回到机床的这一固定点,此功能也用来在加工过程中检查坐标系的正确与否和建立机床坐标系,以确保精确地控制加工尺寸。这个点常用来作为刀具交换的点,如图 3 - 2 - 4 中的 O 点,$\phi\alpha$ 和 β 为机床 X 和 Z 方向极限行程距离,即机床的理论加工范围。

当机床刀架返回参考点之后,则刀架基准点在该机床坐标系中的坐标值即为一组确定的数值。当机床在通电之后,返回参考点之前,不论刀架处于什么位置,此时 CRT 上显示的 Z 与 X 坐标值均为 0,只有完成返回参考点操作后,CRT 上的值才立即显示出刀架基准点在机床坐标系中的坐标值,即建立了机床坐标系。

3. 工件坐标系原点

在进行数控编程时,首先要根据被加工零件的形状特点和尺寸,将零件图上的某一点设定为编程坐标原点,该点称编程原点,如图 3 - 2 - 5 中的 O 点。

只有使零件上的所有几何元素都有确定的位置,才能进行路线安排、数值处理和编程等,同时也决定了在数控加工时,零件在机床上的安放方向。从理论上讲,工件坐标系的原点选在工件上任何一点都可以,但这可能带来繁琐的计算问题,增添编程的困难。为了计算方便,简化编程,通常是把工件坐标系的原点选在工件的回转中心上,具体位置可考虑设置在工件的左端面(或右端面)上,尽量使编程基准与设计基准和定位基准重合。工件坐标系的原点可设在如下两个位置:

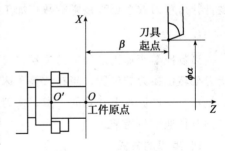

图 3 - 2 - 5　工件坐标系

① 把坐标系原点设在卡盘面上,如图 3 - 2 - 6 所示。

② 把坐标系原点设在零件端面上,如图 3 - 2 - 7 所示。

在数控机床上加工零件时,刀具与工件的相对运动必须在确定的坐标系中进行。编程人员必须熟悉机床坐标系。规定数控机床的坐标轴及运动方向,是为了准确地描述机床的运动,简化程序的编制方法,并使所编程序具有互换性。

机床坐标系是机床唯一的基准,所以必须要弄清楚程序原点在机床坐标系中的位置。通常这要在接下来的对刀过程中完成。对刀的实质是确定工件坐标系的原点在唯一的机床坐标系中的位置。对刀是数控加工中的主要操作和重要技能。对刀的准确性决定了零件的加工精

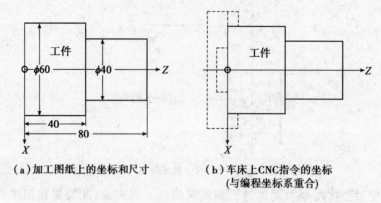

（a）加工图纸上的坐标和尺寸　　　　（b）车床上CNC指令的坐标
　　　　　　　　　　　　　　　　　　　（与编程坐标系重合）

图 3－2－6　工件原点在左端

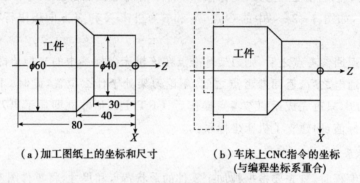

（a）加工图纸上的坐标和尺寸　　　　（b）车床上CNC指令的坐标
　　　　　　　　　　　　　　　　　　　（与编程坐标系重合）

图 3－2－7　工件原点在右端

度,同时,对刀效率还直接影响数控加工效率。

4.换刀点

当数控车床加工过程中需要换刀时,在编程时应考虑选择合适的换刀点。所谓换刀点是指刀架转位换刀的位置。当在数控车床上确定了工件坐标后,换刀点可以是某一固定点,也可以是相对工件原点上任意的一点。换刀点应设在工件或夹具的外部,以刀架转位换刀时不碰工件及其他部位为准。

四、编程的方式

编程的方式如下 3 种。

① 绝对值编程:根据预先设定的编程原点,计算出绝对值坐标尺寸进行编程的一种方法。FANUC 系统中用地址 X、Z 表示绝对值坐标,X 表示直径值。

② 增量值编程:根据与前一位置的坐标值增量来表示位置的一种编程方式。用地址 U、W 表示增量值坐标,U 表示直径增量。

③ 混合编程:绝对值和增量值编程混合起来进行编程的方法。

任务实施

一、数控车床的开机和关机

车床的开机按下列顺序操作,而关机则按相反顺序操作。

① 打开电器柜的电源总开关,接通车床主电源,电源指示灯亮,电器柜散热风扇启动。

② 开机是按车床操作面板上的 NC 系统 ON(启动)键,而关机是按 NC 系统 OFF(停止)键。接通微机系统电源,10～50 s 后,LCD 显示初始画面,等待操作。

③ 松开(关机时按下)"急停"按钮。

二、数控车床的手动操作

当车床按照加工程序对工件进行自动加工时,车床的操作基本上是自动完成的,而其他情况下,需手动对车床进行控制操作。

1. 手动返回参考点操作

当接通数控系统的电源后,操作者必须首先进行返回参考点的操作。使用绝对值编码器时,无须回零。另外,车床在操作过程中遇到急停信号或"超程"报警信号,待故障排除后,恢复车床工作时,也必须进行返回车床参考点的操作。

手动返回参考点具体操作方法如下：

① 按工作方式 MDI ⟶ PROG 程式 ⟶ INSERT(输入) ⟶ G28　U0　W0;

② 按 ⟦↑⟧ 完成回零操作 ⟶ 返回参考点指示灯亮

2. 手动进给操作

当手动调整车床时,需要手动操作车床刀架移动。其操作方法有 3 种:第一种是用点动方式使车床刀架连续运动;第二种是用点动方式使车床刀架快速运动;第三种是用手摇脉冲发生器使车床刀架运动。

(1) 手动连续进给操作

车床手动操作时,要求刀具能点动或连续移动以接近或离开工件。其操作方法如下:

① 选择 JOG(手动)方式。

② 设置"进给倍率波段"旋钮的位置,选择手动连续移动速度。

③ 按住所要移动的轴及方向所对应的点动键,车床刀架在所选择的轴向,以"进给倍率波段"旋钮设定的速度连续移动。当放开点动键时,车床刀架在所选择的轴向停止连续移动。

(2) 手动快速进给操作

车床手动操作时,要求刀具能快速移动以接近或离开工件。其操作方法如下:

① 选择 JOG(手动)方式。

② 设置"快速移动倍率波段"旋钮的位置,选择手动快速移动速度。

③ 同时按住所要移动的轴及方向所对应的移动键和"快速移动"键,车床刀架在所选择的轴向,以"快速移动倍率波段"旋钮所选择的速度快速移动。

(3) 手轮进给操作

在手动调整刀具或试切削时,可用手轮确定刀具的正确位置,此时,一面转动手轮微调进给,一面观察刀具的位置或切削情况。操作方法如下:

① 选择"手轮脉冲"方式,选择手轮 X 轴进给或 Z 轴进给位置。

② 设置"手轮移动量倍率波段"旋钮的位置,选择手轮进给移动量。

③ 顺时针或逆时针转动手轮,车床刀架在所选轴的正向或负向,以"手轮移动量倍率波段"旋钮选择的进给移动量移动。

3. 主轴的手动操作

主轴的手动操作主要包括主轴的设置和启动正转、反转及停止。

该机床为变频电动机，主轴箱外设有变速手柄共三挡转速范围。L 挡：15～140 r/min；M 挡：140～550 r/min；H 挡：450～2 200 r/min。机床刚启动时必须在 MDI 状态下设置转速，其设置方法：进入 MDI 状态输入"MO3 S_"；按"循环启动"键。注意所设置的转速必须与变速手柄所放位置的转速范围一致。手动状态下主轴的启动正转、反转及停止，通过操作面板的按键实现。

4. 手动刀架的操作

装卸和测量刀具及对刀试切削时，都要靠手动操作实现刀架的转位，其操作方法如下：

① 设置方式为 MDI(手动数据输入)位置。

② 按 PROG(程序)键，CRT 屏幕左上角显示 MDI。

③ 用 MDI 键盘上的"地址/ 数字"键，输入刀号"T0×00"，如 T0200(或 T0100、T0300)后，按 INSERT(输入)键。

④ 按"循环启动"键，"循环启动键"灯亮，即可实现刀架的转位，指定刀具转到切削位置。

三、数控车床的急停操作

车床无论是在手动或自动运行状态下，遇有不正常情况，需要紧急停止时，按"紧急停止"按钮，确保操作人员及机床的安全。按下"紧急停止"按钮后，车床的动作及各种功能立即停止执行，同时屏幕上闪烁"未准备好"的报警信号。待故障排除后，顺时针旋转"紧急停止"按钮，压下的"紧急停止"按钮自动弹起，则急停状态解除。此时应按"复位"键，使 CNC 系统复位。要恢复车床的工作，必须先进行手动返回车床参考点的操作(使用绝对值编码器可以不回零)。

四、数控车床的维护与保养

数控车床具有机、电、液集于一身的技术密集和知识密集的特点，是一种自动化程度高、结构复杂且又昂贵的先进加工设备。为了充分发挥其效益，减少故障的发生，必须做好日常维护工作，所以要求数控车床维护人员不仅要有机械、加工工艺以及液压、气动方面的知识，也要具备电子、计算机、自动控制、驱动及测量技术等知识，这样才能全面了解、掌握数控车床，及时搞好维护工作。主要的维护工作有下列内容：

① 选择合适的使用环境。数控车床的使用环境(如温度、湿度、振动、电源电压、频率及干扰等)会影响机床的正常运转，故在安装机床时应严格做到符合机床说明书规定的安装条件和要求。在经济条件许可的条件下，应将数控车床与普通机械加工设备隔离安装，以便于维修与保养。

② 应为数控车床配备数控系统编程、操作和维修的专门人员。这些人员应熟悉所用机床的机械、数控系统、强电设备、液压、气压等部分及使用环境、加工条件等，并能按机床和系统使用说明书的要求正确使用数控车床。

③ 伺服电动机的保养。对于数控车床的伺服电动机，要 10～12 个月进行一次维护保养，加速或者减速变化频繁的机床要 2 个月进行一次维护保养。维护保养的主要内容有：用干燥的压缩空气吹除电刷的粉尘，检查电刷的磨损情况，如需更换，需选用规格型号相同的电刷，更换后要空载运行一定时间使其与换向器表面吻合；检查并清扫电枢整流子以防止短路；如装有测速电动机和脉冲编码器时，也要进行检查和清扫。

④ 及时清扫。如空气过滤器的清扫、电气柜的清扫、印制线路板的清扫,表 3－1－1 为一台数控车床保养一览表。

⑤ 机床电缆线的检查。主要检查电缆线的移动接头、拐弯处是否出现接触不良、断线和短路等故障。

⑥ 有些数控系统的参数存储器是采用 CMOS 元件,其存储内容在断电时靠电池供电保持。一般应在一年内更换一次电池,并且一定要在数控系统通电的状态下进行,否则会使存储参数丢失,导致数控系统不能工作。

⑦ 长期不用数控车床的保养。在数控车床闲置不用时,应经常给数控系统通电,在机床锁住的情况下,使其空运行。在空气湿度较大的梅雨季节应该天天通电,利用电器元件本身发热驱散数控柜内的潮气,以保证电子部件的性能稳定可靠。

表 3－1－1　数控车床保养

序号	检查周期	检查部位	检查要求
1	每天	导轨润滑油箱	检查油量,及时添加润滑油,润滑油泵是否定时启动打油及停止
2	每天	主轴润滑恒温油箱	工作是否正常,油量是否充足,温度范围是否合适
3	每天	机床液压系统	油箱泵有无异常噪声,工作油面高度是否合适,压力表指示是否正常,管路及各接头有无泄漏
4	每天	压缩空气源压力	气动控制系统压力是否在正常范围之内
5	每天	X 轴和 Z 轴导轨面	清除切屑和脏物,检查导轨面有无划伤损坏,润滑油是否充足
6	每天	各防护装置	机床防护罩是否齐全有效
7	每天	电气柜各散热通风装置	各电气柜中冷却风扇是否工作正常,风道过滤网有无堵塞,及时清洗过滤器
8	每周	各电气柜过滤网	清洗粘附的尘土
9	不定期	冷却液箱	随时检查液面高度,及时添加冷却液,太脏应及时更换
10	不定期	排屑器	经常清理切屑,检查有无卡住现象
11	半年	检查主轴驱动皮带	按说明书要求调整皮带松紧程度
12	半年	各轴导轨上镶条,压紧滚轮	按说明书要求调整松紧状态
13	一年	检查和更换电动机碳刷	检查换向器表面,去除毛刺,吹净碳粉,磨损过多的碳刷及时更换
14	一年	液压油路	清洗溢流阀、减压阀、滤油器和油箱,过滤液压油或更换
15	一年	主轴润滑恒温油箱	清洗过滤器,油箱,更换润滑油
16	一年	冷却油泵过滤器	清洗冷却油池,更换过滤器
17	一年	滚珠丝杠	清洗丝杠上旧的润滑脂,涂上新油脂

课题三　数控车床的程序功能及格式

学习目标:

◇ 了解数控系统的主要功能;

◇ 掌握各种代码的基本含义;

◇ 了解刀具半径补偿功能。

任务引入

为了在数控机床上加工出合格零件,首先需根据零件图纸的精度和技术要求等,分析确定零件的工艺过程和工艺参数等内容,用规定的数控编程代码和程序格式编制出合适的数控加工程序。

任务分析

把从数控系统外部输入的用于加工的指令代码的集合程序称为数控加工程序,简称为数控程序。针对某种数控系统,一个程序的正确性要求:程序语法要能被数控系统识别,同时程序语义能正确地表达加工工艺要求。数控系统的种类繁多,为实现系统兼容,国际标准化组织制定了相应的标准,我国也在国际标准基础上相应制定了国家标准。但由于数控技术的高速发展和市场竞争等因素,导致不同系统间存在部分不兼容,如 FANUC—0i 系统编制的程序无法在 SIEMENS 系统上运行。因此编程时必须注意具体的数控系统或机床,应该严格按机床编程手册中的规定进行程序编制。但从数控加工内容本质上讲,各数控系统的各项指令都是应实际加工工艺要求而设定的。

相关知识

数控机床在编程时,对加工过程中的各个动作,如机床主轴的开、停和换向,刀具的进给方向,冷却液的开、关等,都要用指令的形式给予规定,这类指令称为功能指令。数控程序所用的功能指令,主要有准备功能 G 指令、辅助功能 M 指令、进给功能 F 指令、主轴转速功能 S 指令和刀具功能 T 指令等几种。在数控编程中,用各种 G 指令和 M 指令来描述工艺过程和运动特征。现国际上广泛采用 ISO—1056—1975E 标准,我国根据该标准制定了 JB/T 3028—1999 标准。

一、FANUC 和华中数控系统的准备功能

1. FANUC 数控系统准备功能 G 指令

准备功能指令又称 G 指令或 G 代码,它是建立机床或控制数控系统工作方式的一种指令。这类指令在数控装置插补运算之前需预先规定,为插补运算、刀具补偿运算和固定循环等做好准备。G 指令由字母 G 和其后两位数字组成。表 3-3-1 为 FANUC 系统数控车床常用的指令的列表。

表 3-3-1　FANUC 系统数控车床常用的 G 指令

G 代码	组	功　能	G 代码	组	功　能
* G00	01	定位(快速移动)	G27	00	检查参考点返回
G01		直线切削	G28		参考点返回
G02		圆弧插补(CW,顺时针)	G29		从参考点返回
G03		圆弧插补(CCW,逆时针)	G30		回到第二参考点
G04	00	暂停	G32	01	切螺纹
G20	06	英制输入	* G40	07	取消刀尖半径偏置
G21		公制输入	G41		刀尖半径偏置(左侧)

G 代码	组	功　能	G 代码	组	功　能
G42	07	刀尖半径偏置（右侧）	G72		台阶粗切循环
G50		主轴最高转速设置（坐标系设定）	G73		成形重复循环
G52	00	设置局部坐标系	G74	00	Z 向进给钻削
G53		选择机床坐标系	G75		X 向切槽
*G54		选择工件坐标系 1	G76		切螺纹循环
G55		选择工件坐标系 2	G90		（内、外直径）切削循环
G56	14	选择工件坐标系 3	G92	01	切螺纹循环
G57		选择工件坐标系 4	G94		（台阶）切削循环
G58		选择工件坐标系 5	G96		恒线速度控制
G59		选择工件坐标系 6	*G97	02	恒线速度控制取消
G70		精加工循环	G98		指定每分钟移动量
G71		内、外径粗切循环	*G99	05	指定每转移动量

注：1. 标记"＊"的指令为开机时即已被设定的指令。

2. 属于"00 组别"的 G 指令属非模态指令，只能在一个程序段中有作用。

3. 一个程序段中可使用若干个不同组群的 G 指令，若使用一个以上同组群的 G 指令则最后一个 G 指令有效。

G 指令从功能上可分 3 种。

① 加工方式 G 代码：执行此类 G 代码时机床有相应动作。在编程格式上必须指定相应坐标值，如"G01 X60.Z0;"。

② 功能选择 G 代码：相当于功能开与关的选择，编程时不用指定地址符。数控机床通电后具有的内部默认功能一般将设定绝对坐标方式编程，使用米制长度单位量纲，取消刀具补偿及主轴和切削液泵停止工作等状态作为数控机床的初始状态。

③ 参数设定或调用 G 代码：如坐标系设定指令 G50，执行时只改变系统坐标参数；如 G54 执行时只调用系统参数，机床不会产生动作。

2. 华中数控系统准备功能 G 指令

华中数据系统准备功能 G 指令见表 3-3-2。

表 3-3-2　华中系统数控车床常用的 G 指令

G 指令	组	功　能	G 指令	组	功　能
G00		快速定位	G29	00	从参考点返回
G01		直线插补	G32	01	螺纹车削
G02	01	顺时针圆弧插补	G36		直径编程
G03		逆时针圆弧插补	G37		半径编程
G04	00	暂停指令	G40		刀具半径补偿取消
G20		英制单位设定	G41	09	刀具半径左补偿
G21	08	米制单位设定	G42		刀具半径右补偿
G28	00	中间点返回参考点	G53	00	机床坐标系选择

G 指令	组	功能	G 指令	组	功能
G54	01	工件坐标系设定	G80	01	内、外径车削固定循环
G55		工件坐标系设定	G81		端面车削固定循环
G56		工件坐标系设定	G82		螺纹切削固定循环
G57	11	工件坐标系设定	G90	13	绝对编程
G58		工件坐标系设定	G91		相对编程
G59		工件坐标系设定	G92	00	工件坐标系设定
G71	06	内、外径车削复合循环	G94	14	每分钟进给
G72		端面粗车复合循环	G95		每转进给
G73		闭环车削合循环	G96	16	恒线速度控制
G76		螺纹车削复合循环	G97		取消恒线速度控制

二、辅助功能 M 指令

辅助功能指令又称 M 指令或 M 代码。这类指令的作用是控制机床或系统的辅助功能动作,如冷却泵的开和关、主轴的正转和反转、程序结束等。M 指令由字母 M 和其后两位数组成。在同一程序段中,若有两个或两个以上辅助功能指令,则最后面的那个指令有效。

1. FANUC 系统常用的辅助功能 M 指令

FANUC 系统常用的辅助功能 M 指令见表 3 - 3 - 3。

表 3 - 3 - 3　FANUC 系统数控车床常用的 M 指令

M 功能	含　义	M 功能	含　义
M00	程序停止	M08	切削液开
M01	计划停止	M09	切削液关
M02	程序结束	M30	程序结束并返回开始处
M03	主轴顺时针旋转	M98	调用子程序
M04	主轴逆时针旋转	M99	子程序返回
M05	主轴旋转停		

2. 华中系统数控车床常用的辅助功能 M 指令

华中系统数控车床常用的辅助功能 M 指令见表 3 - 3 - 4。

表 3 - 3 - 4　华中系统数控车床常用的 M 指令

M 指令	模　态	功　能	M 指令	模　态	功　能
M01	非	程序暂停	M07	模	切削液开
M02	非	主程序结束	M09	模	切削液关
M03	模	主轴正转启动	M30	非	主程序结束返回程序头
M04	模	主轴反转启动	M98	非	调用子程序
M05	模	主轴停转	M99	非	子程序结束
M06	非	换刀			

三、FANUC 和华中数控系统的其他常用功能

一个标准的程序除了必须应用 G 指令和 M 指令外，编程时还应有 F 功能、S 功能和 T 功能。

① F 功能：也称进给功能，其作用是指定刀具的进给速度。程序中用 F 和其后面的数字组成，FANUC 数控系统的 F 码可用每分钟进给 G98 和每转进给 G99 指令来设定进给单位。华中数控系统的 F 码可用每分钟进给 G94 和每转进给 G95 指令来设定进给单位。

② S 功能：也称主轴转速功能，其作用是指定主轴的转动速度。程序中用 S 和其后的数字组成。

③ T 功能：也称为刀具功能，其作用是指定刀具号码和刀具补偿号码。程序中用 T 和其后的数字表示，依据机床装刀数的不同可采用二位或四位数字。

四、FANUC 和华中数控系统的数控编程格式

1. 数控程序编制的基本方法

（1）数控程序编制的内容及步骤

如图 3-3-1 所示，编程工作主要包括以下内容：

1）分析零件图样和制定工艺方案

对零件图样进行分析，明确加工的内容和要求；确定加工方案；选择适合的数控机床；选择或设计刀具和夹具；确定合理的走刀路线及选择合理的切削用量等。这一工作要求编程人员能够对零件图样的技术特性、几何形状、尺寸及工艺要求进行分析，并结合数控机床使用的基础知识，如数控机床的规格、性能和数控系统的功能等，确定加工方法和加工路线。

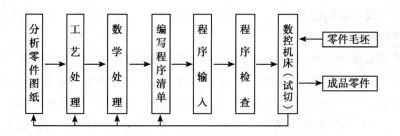

图 3-3-1　数控程序编制的内容及步骤

2）数学处理

在制定加工工艺方案后，就需要根据零件的几何尺寸和加工线路等，计算刀具中心运动轨迹，以获得刀位数据。数控系统一般均具有直线插补与圆弧插补功能，对于加工由圆弧和直线组成的较简单平面零件，只需要计算出零件轮廓上相邻几何元素交点或切点的坐标值，得出各几何元素的起点、终点和圆弧的圆心坐标值等，就能满足编程要求。当零件的几何形状与控制系统的插补功能不一致时，就需要进行较复杂的数值计算，一般需要使用计算机辅助计算，否则难以完成。

3）编写零件加工程序

在完成上述工艺处理及数值计算工作后，即可编写零件加工程序。程序编制人员使用数

控系统的程序指令,按照规定的程序格式,逐段编写加工程序。程序编制人员只有对数控机床的功能、程序指令及代码十分熟悉,才能编写出正确的加工程序。

4)程序检验

将编写好的加工程序输入数控系统,就可控制数控机床的加工工作。一般在正式加工之前,要对程序进行检验。通常可采用机床空运转的方式,来检查机床动作和运动轨迹正确性,以检验程序。在具有图形模拟显示功能的数控机床上,可通过显示走刀轨迹或模拟刀具对工件的切削过程,对程序进行检查。对于形状复杂和要求高的零件,也可采用铝件、塑料或石蜡等易切材料进行试切来检验程序。通过检查试件,不仅可确认程序是否正确,还可知道加工精度是否符合要求。若能采用与被加工零件材料相同的材料进行试切,则更能反映实际加工效果,当发现加工的零件不符合加工技术要求时,可修改程序或采取尺寸补偿等措施。

(2)数控程序编制的方法

数控加工程序的编制方法主要有两种:手工编制程序和自动编制程序。

1)手工编程

一般对几何形状不太复杂的零件,所需的加工程序不长,计算比较简单,用手工编程比较合适。

手工编程的特点是耗费时间较长,容易出现错误,无法胜任复杂形状零件的编程。据国外资料统计,当采用手工编程时,一段程序的编写时间与其在机床上运行加工的实际时间之比,平均约为 30:1,而数控机床不能开动的原因中有 20%～30%是由于加工程序编制困难,编程时间较长。

2)计算机自动编程

自动编程是指在编程过程中,除了分析零件图样和制定工艺方案由人工进行外,其余工作均由计算机软件辅助完成。

采用计算机自动编程时,数学处理、编写程序和检验程序等工作是由计算机自动完成的。由于计算机可自动绘制出刀具中心运动轨迹,使编程人员可及时检查程序是否正确,需要时可及时修改,以获得正确的程序。又由于计算机自动编程代替程序编制人员完成了繁琐的数值计算,可提高编程效率几十倍乃至上百倍,因此解决了手工编程无法解决的许多复杂零件的编程难题。因而,自动编程的特点就在于编程工作效率高,可解决复杂形状零件的编程难题。

2.FANUC 数控系统数控编程的格式

(1)程序的格式

编写加工程序就是按机床动作和刀具路线的实际顺序书写控制指令。把按顺序排列的各指令称为程序段。为了进行连续的加工,需要很多程序段,这些程序段的集合称为程序。为识别各程序段所加的编号称为顺序号,而为识别各个程序所加的编号称为程序号。一个完整的程序,一般由程序号、程序内容和程序结束 3 部分组成。其格式如下:

程序号　　　O0100；

程序内容
$$\begin{cases}
\text{N010 T0101 M03 S800；} \\
\text{N020 G00 X46.　Z2.；} \\
\text{N030 G01 Z−52.；} \\
\text{N040 X48.625；} \\
\text{N050 Z−60.；} \\
\text{N060 X85.；} \\
\text{N070 G00 X100.；}
\end{cases}$$

程序结束　　N080 M30；

　　程序号用作加工程序的开始标识。每个工件加工程序都有自己专用的程序号。不同的数控系统,程序号地址码也不相同,常用的有％、P、O 等符号,编程时一定要按照系统说明书的规定去指定,如写成％8、P10 或 O0001 等形式,否则系统不识别。程序内容由加工顺序、刀具的各种运动轨迹和各种辅助动作的若干个程序段组成。结束符号表示加工程序结束,例如,FANUC 系统中用 M02 表示;若需程序返回至程序开始处,则需使用 M30 指令。

　　程序段中的各坐标数值输入时应至少带一位小数,每段程序最后应加";"以示此段程序结束。

　　(2) 程序段的格式

　　一个程序段定义一个将由数控装置执行的指令行。程序段的格式定义了每个程序段中功能字的句法,其结构如图 3-3-2 所示。

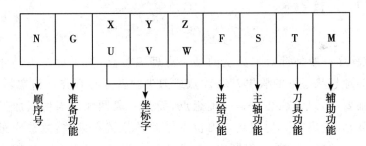

图 3-3-2　程序段的格式

　　(3) 程序指令字的格式

　　一个指令字是由地址符(指令字符)和带符号(如定义尺寸的字)或不带符号的数据组成的(如准备功能字 G 代码)。程序中不同的指令字符及其后的数据确立了每个指令字符的含义,在数控程序段中包含的常用地址见表 3-3-5。

表 3-3-5　指令字符一览表

功　能	指令字符	意　义
程序号	O	程序编号(0～9999)
程序段顺序号	N	程序段顺序号(N0～N…)
准备功能	G	指令动作方式(如直线或圆弧等)

功　能	指令字符	意　义
尺寸字	X,Y,Z,D,V,W,A,B,C	坐标轴的移动
	R	圆弧半径或固定循环的参数
	I,J,K	圆心坐标
进给功能	F	进给速度制定
主轴功能	S	主轴转速指定
刀具功能	T	刀具编号选择
辅助功能	M	机床开、关及相关控制
暂停	P,x	暂停时间指定
子程序号指定	P	子程序号指定
重复次数	L	子程序的重复次数
参数	P,Q,R,U,W,I,K,C,A	车削复合循环参数
倒角控制	C,R	自动倒角参数

3. 华中数控系统数控编程的格式

其格式与 FANUC 系统基本相似。

五、刀具半径补偿功能

刀尖圆弧半径补偿 G40,G41 和 G42 的格式为:

$$\begin{Bmatrix} G40 \\ G41 \\ G42 \end{Bmatrix} \begin{Bmatrix} G00 \\ G01 \end{Bmatrix} X\_Z\_;$$

说明:数控程序一般是针对刀具上的某一点即刀位点,按工件轮廓尺寸编制的。车刀的刀位点一般为理想状态下的假想刀尖 A 点或刀尖圆弧圆心 O 点。但实际加工中的车刀,由于工艺或其他要求,刀尖往往不是一理想点,而是一段圆弧。当切削加工时刀具切削点在刀尖圆弧上变动,造成实际切削点与刀位点之间的位置有偏差,故造成过切或少切。这种由于刀尖不是一理想点而是一段圆弧,造成的加工误差,可用刀尖圆弧半径补偿功能来消除。

刀尖圆弧半径补偿是通过 G41、G42、G40 代码及 T 代码指定的刀尖圆弧半径补偿号,加入或取消半径补偿。

① G40:取消刀尖半径补偿;

② G41:左刀补(在刀具前进方向左侧补偿),如图 3 - 3 - 3(a)所示;

③ G42:右刀补(在刀具前进方向右侧补偿),如图 3 - 3 - 3(b)所示;

④ X,Z:G00/G01 的参数,即建立刀补或取消刀补的终点;

注　意:

①G40、G41 和 G42 都是模态代码,可相互注销。

② G41/G42 不带参数,其补偿号(代表所用刀具对应的刀尖半径补偿值)由 T 代码指定。其刀尖圆弧补偿号与刀具偏置补偿号对应。

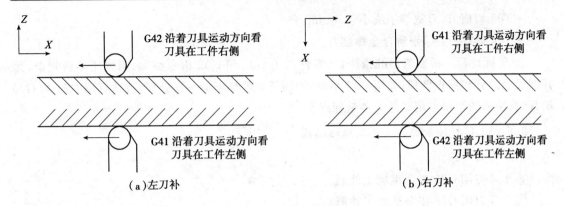

图 3-3-3　刀具补偿功能

③ 刀尖半径补偿的建立与取消只能用 G00 或 G01 指令,不得是 G02 或 G03。刀尖圆弧半径补偿寄存器中,定义了车刀圆弧半径及刀尖的方向号。

车刀刀尖的方向号定义了刀具刀位点与刀尖圆弧中心的位置关系,其从 0～9 有 10 个方向,如图 3-3-4 所示。

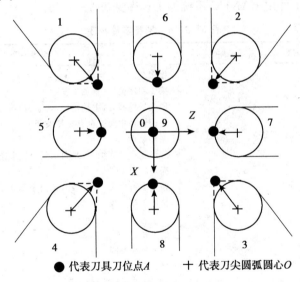

● 代表刀具刀位点 A　　＋ 代表刀尖圆弧圆心 O

图 3-3-4　刀具刀位点与刀尖圆弧中心的位置关系

> **任务实施**

一、典型零件的加工工艺

加工图 3-1-1 所示零件,毛坯为 $\phi45$ mm 长棒料,要求一次装夹并切断。

1. 工艺分析

① 该零件外形复杂,需加工螺纹、锥体、凹凸圆弧及切槽、倒角。

② 根据图形形状确定选用如下刀具。

- T01 外圆粗车刀:加工余量大,且有凹弧面,要求副偏角不发生干涉。
- T02 外圆精车刀:菱形刀片,刀尖圆弧 0.4 mm,副偏角大于 350°。

- T03 切槽刀:刀宽等于或小于 5 mm。
- T04 螺纹刀:60°硬质合金螺纹刀。

③ 坐标计算。根据选用的指令,此零件如用 G01 和 G02 指令编程,粗加工路线复杂,尤其圆弧处计算和编程繁琐;如用 G71 指令,凹圆弧处毛坯不能一次处理;故适宜用 G73 和 G70 编程,只需依图形得出精车外形各坐标点。

2. FANUC 数控系统的工艺及编程路线

① 1 号刀平端面。

② 1 号刀用 G73 指令粗加工外形。

③ 2 号刀用 G70 指令精加工外形。

④ 3 号刀用 G01 指令切槽 5 mm×2 mm。

⑤ 4 号刀用 G92 指令加工螺纹。

⑥ 3 号刀用 G01 指令切断。

3. FANUC 数控系统参考程序

图 3-1-1 所示工件用 FANUC 系统加工程序见表 3-3-6。

表 3-3-6　轴类零件程序

程序内容	程序说明
O1301;	程序名
N1;	第 1 程序段号(粗加工段)
G99 T0101 M03 S600;	换 1 号外圆刀,主轴正转,转速为 600 r/min
G00 X100. Z100. M08;	快速走到中间安全点冷却液开
G00 X47. Z2.;	循环起点
G73 U12.5 R13;	外形复合循环加工,X 向切削余量半径值 12.5 mm
	循环次数 13 刀
G73 P10 Q20 U0.5 W0.02 F0.2;	精加工程序段 N10~20,X 向余量 0.5 m,Z 向 0.02 mm
N10 G00 G42 X20.	精加工第一段
G01 Z0 F0.1;	
G01 X23.8 Z−2.;	倒　角
Z−25.;	加工螺纹外圆
X30.;	提　刀
W−10.;	加工 φ30 mm 外圆
G02 X32.34 W−22.04 R20.;	加工 R20 mm 凹圆
G03 X36. W−20.48 R20.;	加工 R20 mm 凸圆
G01 W−10.;	加工 φ36 mm 外圆
X40. W−15.;	加工锥体
Z−110.;	加工 φ40 mm 外圆
N20 G00 G40 X47.;	退　刀
G00 X100. Z100.;	回换刀点
M05;	主轴停
M08;	切削液停
M00;	程序停
N2;	第 2 段精加工
G99 M03 S800 T0202;	换 2 号刀外圆精车刀
G00 X47. Z2.;	循环起点
G70 P10 Q20 F0.1;	精加工外形

续表 3-3-6

程序内容	程序说明
GOO Xl00. Zl00.；	回换刀点
M05；	主轴停
M08；	切削液停
M00；	程序停
N3；	第 3 段切槽
G99 M03 S300 T0303；	换 3 号切槽刀
G00 X32. Z−25.；	至切槽起点（左对刀点）
G01 X20. F0. 05；	切　槽
G00 X32.；	退　刀
G00 X100. Z100.；	回换刀点
M05；	主轴停
M08；	切削液停
M00；	程序停
N4；	第 4 段车螺纹
G99 M03 S400 T0404；	换 4 号螺纹刀
G00 X26. Z5.；	螺纹循环起点
G92 X23.5 Z−23. F1.5；	螺纹切削循环
X23.；	小径 22.05 mm，牙深 0.975 mm，第一刀切深半径值 0.5 mm
X22.6；	
X22.3；	
X22.1；	
X22.05；	
X22.05；	
G00 X100. Z100.；	回换刀点
M05；	主轴停
M08；	切削液关
M30；	程序结束

4. 华中数控系统的工艺及编程路线

① 1 号刀平端面。

② 1 号刀用 G73 指令粗加工外形。

③ 2 号刀用 G73 指令精加工外形。

④ 3 号刀用 G01 指令切槽 5×2。

⑤ 4 号刀用 G82 指令加工螺纹。

⑥ 3 号刀用 G01 指令切断。

5. 华中数控系统参考程序

图 3-1-1 所示工件用华中系统加工程序见表 3-3-7。

表 3-3-7　轴类零件程序

程序内容	程序说明
％1301	程序名
N1	第 1 程序段号（粗加工段）
G95 T0101 M03 S600	换 1 号外圆刀，主轴正转，转速为 600 r/min
G00 X100 Z100 M08	快速走到中间安全点冷却液开
G00 X47 Z2	循环起点
G73 U12.5 R13 P10 Q20 X0.5 Z0.02 F0.2	外形复合循环加工，X 向切削余量半径值 12.5 mm 循环次数 13 刀

程序内容	程序说明
M03 S800	精车转速
T0202	精车刀具
N10 G00 G42 X20	精加工程序段 N10～20，X 向余量 0.5 mm，Z 向 0.02 mm
G01 Z0 F0.1	精加工第一段
G01 X23.8 Z−2	倒角
Z−25	加工螺纹外圆
X30	提刀
W−10	加工 φ30 mm 外圆
G02 X32.34 W−22.04 R20	加工 R20 mm 凹圆
G03 X36 W−20.48 R20	加工 R20 mm 凸圆
G01 W−10	加工 φ36 mm 外圆
X40 W−15	加工锥体
Z−110	加工 φ40 mm 外圆
N20 G00 G40 X47	退刀
G00 X100 Z100	回换刀点
M05	主轴停
M08	切削液停
M00	程序停
N2	第 2 段切槽
G99 M03 S300 T0303	换 3 号切槽刀
G00 X32 Z−25	至切槽起点（左对刀点）
G01 X20 F0.05	切槽
G01 X32 F0.2	退刀
G00 X100 Z100	回换刀点
M05	主轴停
M08	切削液停
M00	程序停
N3	第 3 段车螺纹
G99 M03 S400 T0404	换 4 号螺纹刀
G00 X26 Z5	螺纹循环起点
G82 X23.5 Z−23 F1.5	螺纹切削循环
X23	小径 22.05 mm，牙深 0.975 mm，第一刀切深半径值 0.5 mm
X22.6	
X22.3	
X22.1	
X22.05	
X22.05	
G00 X100 Z100	回换刀点
M05	主轴停
M08	切削液关
M30	程序结束

课题四　FANUC 系统操作面板

学习目标：

◇ 熟悉各按键的功用，如编辑键和数字键；

◇ 以表格形式列出各代码的基本功能。

任务引入

FANUC 0i-TC 数控操作面板如图 3 - 4 - 1 所示，它由 CRT /MDI 操作面板和用户操作面板两大部分组成。

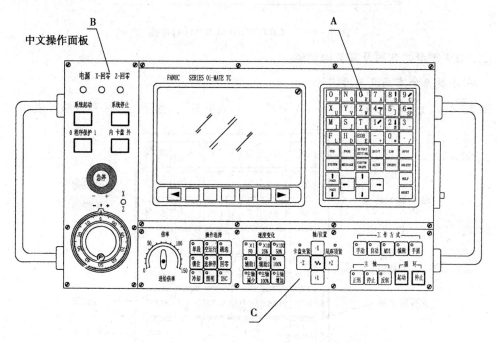

A—数控系统操作面板；B—机床操作小面板；C—机床操作触摸面板

图 3 - 4 - 1　数控操作面板

任务分析

CRT/MDI 操作面板由 CRT 显示部分和 MDI 键盘构成，见图 3 - 4 - 1 中的 A 部分，由 FANUC 系统厂家生产，在 FANUC 系列中面板操作基本相同。至于用户操作面板，由于生产厂家的不同，按键和旋钮的设置上有所不同，但功能应用大同小异，针对不同厂家的数控机床操作时要灵活掌握。

相关知识

一、CRT 显示器及软键区

CRT 显示器是人机对话的窗口（见图 3 - 4 - 2），可显示车床的各种参数和状态，如显示车床参考点坐标、刀具起点坐标、输入数控系统的指令数据、刀具补偿量的数值、报警信号和自诊断结果等。在 CRT 显示器的下方有软键操作区，共有 7 个软键，用于各种 CRT 画面的选择。

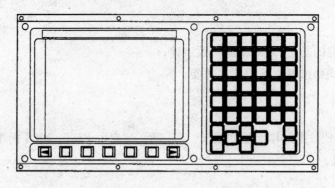

图 3-4-2   CRT/MDI(LCD/MDI)单元

二、MDI 键盘的布局及其各键功能

1. MDI 键盘的布局及各键名称

图 3-4-3 所示为 FANUC 0i-TA 系统 MDI 键的布局，各键的名称和功能见表 3-4-1。

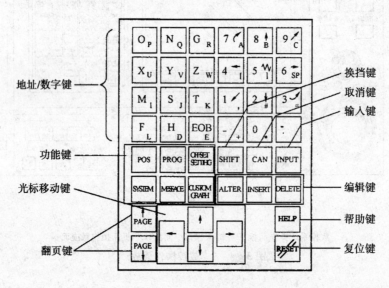

图 3-4-3   MDI 键盘功能说明

表 3-4-1   MDI 键盘功能说明

序 号	名 称	说 明
1	"复位"键 RESET	按此键可使 CNC 复位，用以清除报警等
2	"帮助"键 HELP	按此键用来显示如何操作机床，如 MDI 键的操作，可在 CNC 发生报警时提供报警的详细信息（帮助功能）

序　号	名　称	说　明
3	软　键	根据其使用场合,软键有各种功能。软键功能显示在 CRT 屏幕的底部
4	"地址和数字"键	按这些键可输入字母、数字以及其他字符
5	"换挡"键 SHIFT	在有些键的顶部有两个字符,按 SHIFT 键来选择字符当一特殊字符在屏幕上显示时,表示键面右下角的字符可以输入
6	"输入"键 INPUT	当按了地址键或数字键后,数据被输入到缓冲器,并在 CRT 屏幕上显示出来,为了把键入到输入缓冲器中的数据复制到寄存器,按 INPUT 键,这个键相当于软键的 INPUT 键,按此两键的结果是一样的
7	"取消"键 CAN	按此键可删除已输入缓冲器的最后一个字符或符号 当显示键入缓冲器数据为:>N001×100Z_时,按 CAN 键,则字符 Z 被取消,并显示:>N001×100
8	"程序编辑"键 ALTER INSERT DELETE	编辑程序时可按这些键 ALTER:替换 INSERT:插入 DELETE:删除
9	"功能"键 POS PROG	按这些键用于切换各种功能显示画面
10	光标移动键	包括 4 个不同的光标移动键 →:用于将光标朝右或前进方向移动在前进方向光标按一段短的单位移动 ←:用于将光标朝左或倒退方向移动在倒退方向光标按一段短的单位移动 ↓:用于将光标朝下或前进方协动在前进方向光标按一段大尺寸单位移动 ↑:用于将光标朝上或倒退方向移动在倒退方向光标按一段大尺寸单位移动
11	"翻页"键 PAGE↑ PAGE↓	包括 2 个翻页键 PAGE↑:用于在屏幕上朝前翻页 PAGE↓:用于在屏幕上朝后翻页

2. 功能键和软键的作用

功能键用于选择屏幕的显示功能类型。按了功能键以后,一按软键(节选或称复选择软键),与已选功能相对应的屏幕(节)就被选中。

功能键共有 6 种类型,各功能键的用途如下。

- POS 键:按此键显示位置画面。
- PROG 键:按此键显示程序画面。
- OFFSET SETTING 键:按此键显示刀偏/设定(SET-TING)画面。

- SYSTEM 键:按此键显示系统画面。
- MESSAGE 键:按此键显示信息画面。
- CUSTOM GRAPH 键:按此键显示用户宏画面(会话式宏画面)或图形显示画面。

三、FANUC 0i-TC 数控系统用户操作面板

此面板(见图 3-4-4)是由机床厂家根据机床功能和结构自行配置,在按键排列和表现形式上各不相同。一般主要功能由监控灯和操作键组成,对机床和数控系统的运行模式进行设置和监控。采用"急停"键、"进给倍率"旋钮、"主轴增加"或"主轴减少"按钮、"系统启动"键、"系统停止"键和手摇脉冲发生器等实现对机床和数控系统的控制。

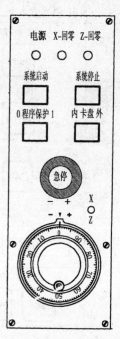

1. 机床操作小面板

该面板上各功能介绍如下:

① "急停"键:在车床手动或自动运行期间,发生紧急情况时,按下此键,车床立即停止运行,如主轴停转,刀具停止移动,切削液关等;松开时,顺时针方向转动此按钮即可自动弹起恢复正常。

② 电源开关:电源通电后指示灯亮。

③ 回零指示灯:机床返回参考点后回零灯亮。

④ "系统启动"键:在车床电源通电时,按"系统启动"键后,接通NC 系统电源。

⑤ "系统停止"键:在车床停止工作时,按"系统停止"键后,系统断电。

⑥ 程序保护开关:用钥匙开关保护程序不被修改。

图 3-4-4　机床操作小面板

⑦ 手摇脉冲发生器:通常称手轮。在手摇方式下,转动手轮,使车床 X 轴和 Z 轴按相应点动位移量移动。

2. 机床操作触摸面板

机床操作触摸面板如图 3-4-5 所示。

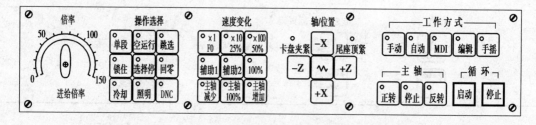

图 3-4-5　机床操作触摸面板

(1) 工作方式选择

数控系统共有 5 种工作方式,可用工作方式选择开关或按钮选择,本机床采用触摸面板按键。

① "编辑"方式:在"程序保护"开关通过钥匙接通的条件下,可以编辑、修改、删除或传输工件加工程序。

② "自动"方式:在已编辑好的工件加工程序的存储器中,选择好要运行的加工程序,设置好刀具偏置值。在防护门关好的前提下,按下"循环启动"按钮,机床就按加工程序运行。若使

机床暂停,按下"进给保持"按钮,如有意外事件发生,按下"紧急停止"按钮。

③ MDI 方式:也称为手动数据输入方式,它具有从 CRT/MDI 操作面板输入一个程序段的指令并执行该程序段的功能。

④ "手动"方式:也称为 JOG 方式。通过 X 轴和 Z 轴方向移动按钮,实现两轴各自的连续移动,并通过"进给倍率"开关选择连续移动的速度。而且还可按下"快速"按钮,实现快速连续移动。

⑤ "手摇"方式:也称为手轮/单步方式。只有在这种方式下,手摇脉冲发生器(手轮)才起作用。通过旋钮开关选择 X 和 Z 方向,同时选择好手轮的倍率。在这种方式下,也能实现单步移动功能,通过 X 和 Z 轴方向移动按钮,按下其中选择好的轴移动按钮,就按$\times 1$、$\times 10$、$\times 100$ 选择不同的单位进行移动。

(2)"进给倍率"旋钮

用于在手动或自动运行期间调整进给速度。在自动运行时,程序中由 F 代码指定的进给速度可以用此旋钮调整,调整范围为 $0\% \sim 150\%$,每格增量为 10%。但是在车削螺纹时,不允许调进给倍率。

(3)操作选择

① "单段":仅对"自动"方式有效。灯亮时有效,执行完一个程序段,机床停止运行,若按"循环起动"按钮后,再执行一个程序段,机床运动又停止。

② "空运行":仅对"自动"方式有效,机床以恒定进给速度运动而不执行程序中所指定的进给速度。该功能可用来在机床不装工件的情况下检查机床的运动。通常在编辑加工程序后,试运行程序时使用。

③ "跳选":跳过任选程序段或附加任选程序段,仅对"自动"方式有效。

④ "机床锁住":机床锁住可以在不移动机床的情况下监测位置显示的变化。所有轴机床锁住信号或各轴机床锁住信号有效,在手动运行或自动运行中,停止向伺服电动机输出脉冲,但依然在进行指令分配,绝对坐标和相对坐标也得到更新,所以操作者可以通过观察位置的变化来检查指令编制是否正确。通常该功能用于加工程序的指令和位移的检查。

⑤ "回零":使用绝对值编码器时无须回零,有机械式回零开关时选用。

机床工作前,必须返回参考点,按$+X$、$+Z$按钮后,用快速移动速度移动回零点之后,用一定速度移向参考点。机床回零时,要求先 X 轴,后 Z 轴,防止刀台等碰撞尾座。先 Z 轴回零,会出现报警提醒用户。"回零"按钮按下时,回零指示灯亮,回零方式起作用。可以用自动、编辑、MDI、JOG、手摇等方式取消回零方式。

⑥ 轴的选择:轴选择开关,用于手摇进给时 X 轴和 Z 轴选择。

⑦ "冷却"按钮:CNC 启动后,可通过"冷却"按钮控制冷却的开与停。

⑧ "照明"按钮:CNC 启动后,可通过"照明"按钮控制照明的开与关。

⑨ DNC 运行:由于模具加工这样的编程都属于三维实体,加工程序都很长,多则几十至几百兆,它们只能存放在计算机硬盘中。当需要加工时,利用电缆连接计算机和数控系统的 RS232 口,通过 DNC 软件把加工程序的一部分传递给数控系统。机床运行完一部分程序后,会请求计算机再发送一部分,这就是所谓的 DNC 运行。

(4)速度变化 X1、X10 和 X100

"手轮进给"方式下,在待移动的坐标轴通过手轮进给轴选择信号选定后,旋转手摇脉冲发生器,可以使机床进行如下方式的微量移动。

① X1:在"手轮进给"方式下,X1 按钮按下后,X1 指示灯亮,手轮进给单位为最小输入增量 X1。X1 表示手轮旋转一刻度时机械移动距离为 0.001 mm。

② X10:在"手轮进给"方式下,X10 按钮按下后,X10 指示灯亮,手轮进给单位为最小输入增量 X10。X10 表示手轮旋转一刻度时机械移动距离为 0.01 mm。

③ X100:在手轮进给方式下,X100 按钮按下后,X100 指示灯亮,此时手轮进给单位为最小输入增量 X100。X100 表示手轮旋转一刻度时机械移动距离为 0.1 mm。

(5)"循环启动"按钮

在"自动"方式下,按下"循环启动"按钮,CNC 开始执行一个加工程序或单段指令。按下"循环启动"按钮时,CNC 系统和机床必须满足一定的必要条件,如机床必须在加工原点等。

(6)"进给保持"按钮

在"自动"方式下,按下"进给保持"按钮,CNC 将暂时停止一个加工程序或单段指令。当按下 LCD/MDI 面板的"复位"键后,则终止程序暂停状态。

(7)"主轴转速比调整"开关

分为主轴降速、主轴 100% 和主轴升速(变频主轴选用)。

主轴速度必须先在"自动"方式下执行 S 码。主轴速度在"自动"方式下,由调整开关上的百分比调整主轴转速。MDI 方式下,"主轴转速比调整"开关也有效。

① 主轴降速:主轴速度可以从 150% 降到 60%。

② 主轴 100%:此按键有效时,执行 S 码的转速。

③ 主轴升速:主轴可以达到执行 S 码的 150%。

任务实施

一、程序的输入、检索、检查及修改

1. 程序的输入

将编制好的加工程序输入到数控系统中去,以实现数控车床对工件的自动加工。程序输入方法有两种,一种方法是通过 MDI 键盘自动输入,另一种方法是通过网络通信接口输入。使用 MDI 键盘输入程序的操作方法如下:

① 用钥匙打开"程序保护"开关。

② 选择 EDIT(编辑)方式,按键灯亮。

③ 按 PROG(程序)键,用 MDI 键盘上的地址/数字键,输入程序号:"O××××",按 IN-SERT(插入)键,程序名被输入。

④ 按 EOB(结束)键,再按 INSERT(插入)键,则程序结束符号";"被输入。

⑤ 用 MDI 方法依次输入各程序段,每输入一个程序段,按 EOB(结束)键,再按 INSERT 键,直到完成全部程序段的输入。

2. 程序的检索

(1)单个程序的检索

① 设置方式为 EDIT(编辑)或 AUTO(自动),相应的按键灯亮。

② 按 PROG(程序)键。

③ 用 MDI 键盘上地址/数字键,输入程序号地址"0"。

④ 用 MDI 键盘上地址/数字键,输入程序号数字××××。

⑤ 按 CURSOR↓(光标移动)键后,CRT 屏幕上显示存储器中被检索的程序,同时光标在该程序名下闪烁。

(2) 所有程序的检索

① 设置方式为 EDIT(编辑)或 AUTO(自动),相应的按键灯亮。

② 按 PROG(程序)键。

③ 用 MDI 键盘上地址/数字键,输入程序号地址。

④ 按 CURSOR↓(光标移动)键后,CRT 屏幕上显示存储器中的第一个程序,同时光标在该程序名下闪烁。

⑤ 连续重复操作③～④步骤,被存储的程序会按存储顺序一个一个地被显示,被存储的程序全部显示后,返回第一个程序显示。

3. 程序的检查

对于已输入到存储器中的程序必须进行检查,并对检查中发现的程序指令、坐标值等错误进行修改,待加工程序完全正确,才能进行实际加工操作。程序检查的操作方法有以下 3 种:

(1) 车床功能和辅助功能锁定法

① 进行手动返回车床参考点操作。

② 选择 AUTO(自动)方式,按键灯亮。

③ 按下"车床锁定"键,按键灯亮。

④ 按 PROG(程序)键,用 MDI 方法输入被检查程序的程序名,按 CURSOR↓(光标移动)键后,CRT 屏幕上显示存储器中被检查的程序。

⑤ 按"循环启动"键,程序被执行,观察 CRT 屏幕上坐标值的变化是否正确,注意:"锁定"键功能被释放后,需要重新执行返回参考点操作。

(2) 单程序段法

① 进行手动返回车床参考点操作。

② 选择"自动"方式,按键灯亮。

③ 设置"进给倍率波段"旋钮的位置。

④ 按下"单段"键,按键灯亮。

⑤ 按 PROG(程序)键,用 MDI 方法输入被检查程序的程序名。

⑥ 按 POS(位置)键,CRT 屏幕上显示机床坐标的位置画面。

⑦ 按"循环启动"键,按键灯亮。车床执行完第一段程序后停止运行,"循环启动"按键灯熄灭。

⑧ 此后,每按一次"循环启动"键,程序就往下执行一段,直到整个程序执行完毕。

(3) 图形轨迹检查

① 进行手动返回车床参考点操作。

② 设置方式为"自动"位置,按键灯亮。

③ 按"车床锁定"键。

④ 按下 GRAPH 键。

⑤ 按 CYCLE START(循环启动)键,按键灯亮。开始自动运行,CRT 屏幕上同时显示坐

标位置和加工轨迹路线图。

4. 程序的修改

程序修改的操作方法如下：

① 用钥匙打开"程序保护"开关。

② 选择 EDIT（编辑）方式，按键灯亮。

③ 按 PROG（程序）键，用 MDI 方法输入被修改程序的程序名，按 CURSOR↓（光标移动）键后，CRT 屏幕也示存储器中被修改的程序。

④ 按 CURSOR（光标移动）键，在当前的画面移动光标到要编辑的位置。若后面的画面有修改编辑的地方，可按 PAGE（翻页）键，再移动光标到要编辑的位置。

⑤ 程序编辑的操作是将光标移到要更改的字符下面，使用地址/数字键，输入要更正的新字符后，按 ALTER（修改）键，即可完成错误字符的修改。

二、刀具补偿值的输入和修改

为保证加工精度和编程方便，在加工过程中必须进行刀具位置补偿。每一把刀具的补偿量需要在车床运行加工前输入到数控系统中，以便在程序的运行中自动进行补偿。

1. 刀具几何形状补偿值的输入

当试切削工件并测量出当前外圆或长度尺寸后，其输入操作的方法如下：

① 按 OFFSET/SETTING（刀偏设置）键，CRT 屏幕上显示刀具补偿画面。

② 按"形状"键，出现"工具补正/形状"画面。

③ 按 CURSOR（光标移动）键，将光标移到与刀具号对应的"番号"行上。

④ X 补正参数的输入：键入"X"及外圆直径值，如"X50.25"，按"测量"软键。

⑤ Z 补正参数的输入：键入"Z"及长度值，如"Z0"，按"测量"软键。

⑥ R 值的输入：将光标移动到对应的 R 列中，键入数字，如"0.8"再按 INPUT（输入）键。

⑦ T 值的输入：将光标移动到对应的 T 列中，键入数字，如"3"，再按 INPUT（输入）键。

2. 刀具补偿值的修改

修改刀具补偿值的操作方法如下：

① 按 OFFSET/SETTING（刀偏设置）键，CRT 屏幕上显示刀具补偿值画面。

② 按"摩耗"软键。

③ 按 CURSOR（光标移动）键，将光标移到刀具号对应的"番号"行上。

④ 如加工后外径值比要求尺寸大 0.3 mm，则将光标移至相应 X 列中，按数字"－0.3"，再按软键"输入"，CRT 屏幕上显示"－0.3"即可。

⑤ 修改已输入摩耗值：如将"－0.3"改为"－0.2"，一是按"－0.2"再按软键"输入"，二是按数字"0.1"再按软键"＋输入"即可。

三、数控车床的自动运行操作

1. 车床的储存器运行操作

数控车床的储存器运行，是指工件的加工程序和刀具的补偿值已预先输入到数控系统的储存器中，经检查无误后，进行车床的自动运行。其操作方法如下：

① 设置"进给倍率波段"旋钮到适当位置，一般置 100%。

② 选择 AUTO（自动）方式。

③ 用 MDI 键盘上的地址/数字键,输入运行程序的程序名,按 CURSUR↓(光标移动)键。

④ 按 CYCLE START(循环启动)键,按键灯亮,车床开始自动运行。

2. 车床的 MDI 运行操作

数控车床的 MDI 运行,是用 MDI 操作面板输入一个程序段的指令并执行该程序段。其操作方法如下:

① 设置方式为 MDI(手动数据输入)位置。

② 按 PROG(程序)键,CRT 屏幕左上角显示 MDI。

③ 分别用 MDI 键盘上的地址/数字键,输入运行程序段的所有内容,按 INPUT(输入)键。

④ 按 CYCLE START(循环启动)键后,"循环启动"按键灯亮,车床开始自动运行该程序段。

课题五　华中系统操作面板

学习目标:

◇ 熟悉各按键的功用,如编辑键、数字键;

◇ 以表格形式列出各代码的基本功能。

任务引入

华中数控操作面板如图 3-5-1 所示,它由 CRT/MDI 操作面板和用户操作面板两大部分组成。

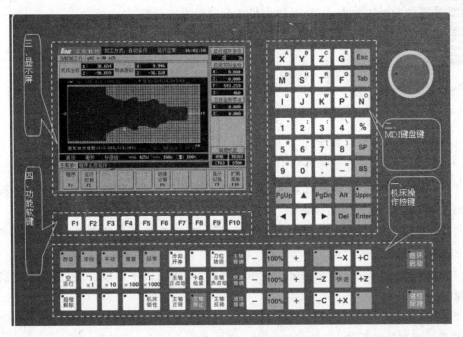

图 3-5-1　华中数控系统操作面板

任务分析

CRT/MDI 操作面板由 CRT 显示部分和 MDI 键盘、机床操作按键和功能软件构成,如图 3-5-1 所示,由华中系统厂家生产,在华中系列中面板操作基本相同。至于用户操作面板来说,由于生产厂家的不同,按键和旋钮的设置上有所不同,但功能应用大同小异,针对不同厂家的数控机床操作时要灵活掌握。

相关知识

一、机床操作按键

华中数控系统机床操作按键如图 3-5-2 所示。

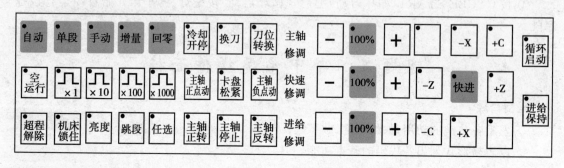

图 3-5-2 华中数控系统机床操作按键

1. 工作方式选择按键

工作方式选择按键如图 3-5-3 所示。其特点如下:
① 数控系统通过工作方式键,对操作机床的动作进行分类;
② 在选定的工作方式下,只能做相应的操作。

图 3-5-3 华中数控系统工作方式选择按键

华中数控系统有如下 5 种工作方式的选择。
① "自动"工作方式:自动连续加工工件;模拟加工工件;在 MDI 模式下运行指令。
② "单段"工作方式:自动逐段地加工工件(按一次"循环启动"键,执行一个程序段,直到程序运行完成);MDI 模式下运行指令。
③ "手动"工作方式:通过机床操作键可手动换刀,手动移动机床各轴,手动松紧卡爪,伸缩尾座和主轴正反转。
④ "增量"工作方式:定量移动机床坐标轴,移动距离由倍率调整(可控制机床精确定位,但不连续)。
⑤ "手摇"工作方式:当打开"增量"方式后,手轮有效,可连续精确控制机床的移动,机床进给速度受倍率控制("手摇"工作方式与"增量"工作方式共用一个图标)。
⑥ "回零"工作方式:可手动返回参考点,建立机床坐标系(机床开机后应首先进行回参考

点操作)。

2. 机床操作按键

华中数控系统机床操作按键如图 3-5-2 所示。

① "循环启动"键："自动"和"单段"工作方式下有效。按下该键后,机床可进行自动加工或模拟加工。注意自动加工前应对刀正确。

② "进给保持"键:自动加工过程中,按下该键后,机床上刀具相对工件的进给运动停止,但机床的主运动并不停止。再按下"循环启动"键后,继续运行下面的进给运动。

③ "机床锁住"键:按下该键后,机床的所有实际动作无效(不能手动或自动控制进给轴、主轴和冷却等实际动作),但指令运算有效,故可在此状态下模拟运行程序。注意在自动、单段运行程序或回零过程中,锁住或打开该键都是无效的。

④ "超程解除"键:当机床超出安全行程时,行程开关撞到机床上的挡块,切断机床伺服强电,机床不能动作,起到保护作用。如要重新工作,需一直按下该键,接通伺服电源,再在"手动"方式下,反向手动移动机床,使行程关离开挡块。

⑤ "任选停止"键:如程序中使用了 M01 辅助指令,当按下该键后,程序运行到该指令即停止,再按"循环启动"键,继续运行;解除该键,则 M01 功能无效。

⑥ "跳段"键:如程序中使用了跳段符号"/",当按下该键后,程序运行到有该符号标定的程序段,即跳过不执行该段程序;解除该键,则跳段功能无效。

⑦ "刀位转换"键:手动选择工作位上的刀具,此时并不立即换刀。

⑧ "换刀允许"键:按下该键,"刀位转换"所选刀具,换到工作位上。"手动"、"增量"和"手摇"工作方式下该键有效。

⑨ "冷却开停"键:按下该键冷却泵开,解除则关。

⑩ "主轴停止"键:按下该键后,主轴停止旋转。机床正在作进给运动时,该键无效。

⑪ "主轴反转"键:按下该键后,主轴反转。但主轴正在正转的过程中,该键无效。

⑫ "主轴正转"键:按下该键后,主轴正转。但主轴正在反转的过程中,该键无效。

⑬ "卡盘松紧"键:按下该键卡盘夹紧,解除则松开。主轴正在旋转的过程中该键无效。

⑭ "主轴正点动"键和"主轴负点动"键:"手动"、"增量"和"手摇"工作方式下该键有效。

⑮ 〔 **—** 〕、〔100%〕、〔 **+** 〕:通过该 3 个"速度修调"按键,对主轴转速、G00 快移速度、工作进给或手动进给速度进行修调。

⑯ 〔×1〕、〔×10〕、〔×100〕、〔×1000〕:"倍率选择"键,"增量"和"手摇"工作方式下有效。通过该类键选择定量移动的距离量。

⑰ 〔**+X**〕、〔**—X**〕、〔**+Z**〕、〔**—Z**〕、〔**+C**〕、〔**—C**〕、〔快进〕:"手动"、"增量"和"回零"工作方式下有效。"增量"时确定机床定量移动的轴和方向;"手动"时确定机床移动的轴和方向。通过该类按键,可手动控制刀具或工作台移动。移动速度由系统最大加工速度和"进给速度修调"按键确定。当同时按下方向轴和"快进"按键时,以系统设定最大加工速度移动。"回零"时确定回参考点的轴和方向。

二、MDI 键盘键

按键功能与计算机键盘按键功能一样,包括字母键、数字键和编辑键等。下面介绍图 3-5-4 所示部分按键的功能。

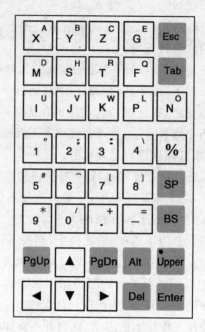

图 3-5-4　MDI 键盘键

① Esc 键:退出当前窗口。

② SP 键:光标向后移,并空一格。

③ BS 键:光标向前移并删除前面字符。

④ Del 键:删当前字符。

⑤ PgUp 键:向前翻页。

⑥ PgDn 键:向后翻页。

⑦ Enter 键:确认(回车)。

⑧ Upper 键:上挡有效。

⑨ 键:移动光标。

三、显示屏

华中数控系统显示屏如图 3-5-5 所示,包括以下内容。

① 图形显示窗口:可以根据需要,用功能键 F9 设置窗口的显示内容。

② 菜单命令条:通过菜单命令条中的功能键 F1~F10 来完成系统功能的操作。

③ 运行程序索引:自动加工中的程序名和当前程序段行号。

④ 选定坐标系下的坐标值:

• 坐标系可在机床坐标系/工件坐标系/相对坐标系之间切换。

• 显示值可在指令位置/实际位置/剩余进给/跟踪误差/负载电流/补偿值之间切换。

⑤ 工件坐标零点:工件坐标系零点在机床坐标系下的位置。

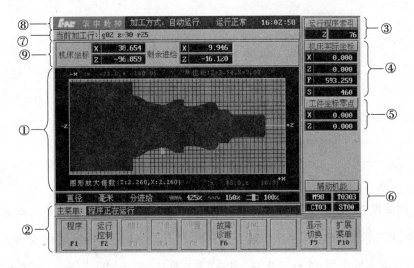

图 3-5-5 显示屏

⑥ 辅助功能：自动加工中的 M、S 和 T 代码。

⑦ 当前加工程序行：当前正在或将要加工的程序段。

⑧ 当前加工方式、系统运行状态及系统时针。

· 工作方式：系统工作方式根据机床控制面板上相应按键的状态可在自动、单段、手动、增量、回零、急停和复位等之间切换。

· 运行状态：系统工作状态在"运行正常"和"出错"间切换。

· 系统时钟：当前系统时间。

⑨ 工件加工时的坐标显示。

四、功能软键

功能软件 F1~F10，如图 3-5-6 所示。用于控制菜单命令条，完成系统功能的操作。

图 3-5-6 功能软件

⌐ 任务实施 ⌐

一、数控程序处理

1. 选择编辑数控程序

(1) 选择磁盘程序

按软键 [显示方式 F9]，根据弹出的菜单按软键 F1，选择"显示模式"，根据弹出的下一级子菜单再按软键 F1，选择"正文"。

按软键 [程序编辑 F2]，进入程序编辑状态。在弹出的下级子菜单中，按软键 [选择编辑程序 F2]，弹出菜单"磁盘程序；当前通道正在加工的程序"，按软键 F1 或用方位键 [↑]、[↓] 将光标移到"磁盘程序"上，再按 [Enter] 键确认，则选择了"磁盘程序"，弹出如图 3-5-7 所示的对话框。

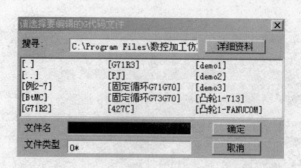

图 3 - 5 - 7　"选择要编辑的 G 代码"对话框

单击控制面板上的 Tab 键,使光标在各文本框和命令按钮间切换。光标聚焦在"文件类型"文本框中,单击 ↓ 按钮,可在弹出的下拉框中通过 ↑、↓ 选择所需的文件类型,也可按 Enter 键输入所需的文件类型;光标聚焦在"搜寻"文本框中,单击 ↓ 按钮,可在弹出的下拉框中通过 ↑、↓ 选择所需搜寻的磁盘范围,此时文件名列表框中显示所有符合磁盘范围和文件类型的文件名。光标聚焦在"文件名"列表框中时,可通过 ↑、↓、←、→ 选定所需程序,再按 Enter 键确认所选程序;也可将光标聚焦"文件名"文本框中,按 Enter 键后可输入所需的文件名,再按 Enter 键确认所选程序。

(2) 选择当前正在加工的程序

按软键 显示方式 F9,根据弹出的菜单按软键 F1,选择"显示模式",根据弹出的下级子菜单再按软键 F1,选择"正文"。按软键 程序编辑 F2,进入程序编辑状态。在弹出的下级子菜单中,按软键 选择编辑程序 F2,弹出菜单"磁盘程序;当前通道正在加工的程序"。按软键 F2 或用方位键 ↑、↓ 将光标移到"当前通道正在加工的程序"上,再按 Enter 键确认,则选择了"当前通道正在加工的程序",此时 CRT 界面上显示当前正在加工的程序。如果当前没有正在加工的程序,则弹出图 3 - 5 - 8 所示的对话框,按 Y 键确认。

图 3 - 5 - 8　"程序选择"对话框

(3) 新建一个数控程序

若要创建一个新的程序,则在"选择编辑程序"的菜单中选择"磁盘程序",在"文件名"文本框输入新程序名(不能与已有程序名重复),按 Enter 键即可,此时 CRT 界面上显示一个空文件,可通过 MDI 键盘输入所需程序。

2. 程序编辑

选择了一个需要编辑的程序后,在"正文"显示模式下,可根据需要对程序进行插入、删除、查找和替换等编辑操作。

① 移动光标:选定了需要编辑的程序,光标停留在程序首行首字符前,单击方位键 ↑ 、↓ 、← 、→ ,使光标移动到所需的位置。

② 插入字符:将光标移到所需位置,单击控制面板上的 MDI 键盘,可将所需的字符插在光标所在位置。

③ 删除字符:在光标停留处,单击 BS 按钮,可删除光标前的一个字符;单击 Del 按钮,可删除光标后的一个字符;按软键 删除一行 F6 ,可删除当前光标所在行。

④ 查找:按软键 查找 F7 ,在弹出的对话框中通过 MDI 键盘输入所需查找的字符,按 Enter 键确认,立即开始进行查找。

若找到所需查找的字符,则光标停留在找到的字符前面;若没有找到所需查找的字符串,则弹出"没有找到字符串 XXX"的对话框,按 Y 键确认。

⑤ 替换:按软键 替换 F9 ,在弹出的对话框中输入需要被替换的字符,按 Enter 键确认,在接着弹出的对话框中输入需要替换成的字符,按 Enter 键确认,弹出如图 3-5-9 所示的对话框,单击 Y 键则进行全文替换;单击 N 键则根据图 3-5-10 所示的对话框选择是否进行光标所在处的替换。

注意:如果没有找到需要替换的字符串,将弹出"没有找到字符串 XXX"的对话框,按 Y 键确认。

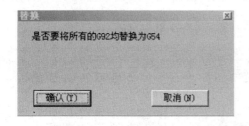

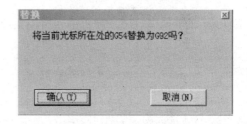

图 3-5-9　"替换"对话框　　　　　　图 3-5-10　光标所在处的"替换"对话框

3. 保存程序

编辑好的程序需要进行保存或另存为操作,以便再次调用。

① 保存文件:对数控程序作了修改后,软键"保存文件"变亮,按软键 保存文件 F4 ,将程序按原文件名、原文件类型和原路径保存。

② 另存为文件:按软键 文件 另存为 F5 ,在弹出的图 3-5-11 所示的对话框中。单击控制面板上的 Tab 键,使光标在各文本框和命令按钮间切换。光标聚焦在"文件名"的文本框中,按 Enter 键后,通过控制面板上的键盘输入另存为的文件名;光标聚焦在"文件类型"的文本框中,按 Enter 键后,通过

控制面板上的键盘输入另存为的文件类型；或者单击 ↓ 按钮，可在弹出的下拉框中通过 ↑、↓ 选择所需的文件类型，光标聚焦在"搜寻"的文本框中，单击 ↓ 按钮，可在弹出的下拉框中通过 ↑、↓ 选择另存为的路径，按 Enter 键确定后，此程序按输入的文件名、文件类型和路径进行保存。

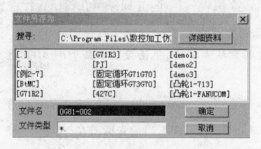

图 3 - 5 - 11　另存为文件对话框

4. 文件管理

按软键 文件管理 F1，可在弹出的菜单中选择对文件进行新建目录、更改文件名、删除文件和复制文件的操作。

① 新建目录：按软键 文件管理 F1，根据弹出的菜单，按软键 F1，选择"新建目录"，在弹出的对话框（见图 3 - 5 - 12）中输入所需的新建的目录名（方法同选择磁盘程序）。

② 更改文件名：按软键 文件管理 F1，根据弹出的菜单，按软键 F2，选择"更改文件名"，弹出如图 3 - 5 - 13 所示的对话框。单击控制面板上的 Tab 键，使光标在各文本框和命令按钮键间切换，光标聚焦在文件名列表框中时，可通过 ↑、↓、←、→ 选定所需改名的程序；光标聚焦在"文件名"文本框中，按 Enter 键可输入所需更改的文件名，输入完成后按 Enter 键确认。

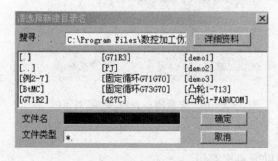

图 3 - 5 - 12　选择"新建目录名"对话框

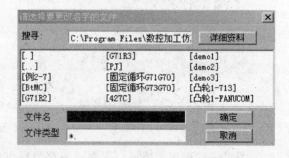

图 3 - 5 - 13　"更改文件名"对话框

在接着弹出的对话框中，在控制面板上按 Tab 键，使光标在各文本框和命令按钮间切换，光标聚焦在"文件名"的文本框中，按 Enter 键后，通过控制面板上的键盘输入更改后的文件名，按 Enter 键确认，即完成更改文件名。

③ 复制文件：按软键 文件管理 F1，根据弹出的菜单，按软键 F3，选择"拷贝文件"，在弹出的对话

框中输入所需复制的源文件名,按 Enter 键确认,在接着弹出的对话框中,输入要复制的目标文件名,按 Enter 键确认,即完成复制文件(操作类似更改文件名)。

④ 删除文件:按软键 文件管理 F1 ,根据弹出的菜单,按软键 F4,选择"删除文件",在弹出的对话框中输入所需删除的文件名,按 Enter 键确认,弹出图 3-5-14 所示的"文件删除"对话框,按 Y B 确认,按 N O 取消。

图 3-5-14 "文件删除"对话框

二、刀具补偿值的输入和修改

为保证加工精度和编程方便,在工过程中必须进行刀具位置补偿。每一把刀具的补偿量需要在车床运行加工前输入到数控系统中,以便在程序的运行中自动进行补偿。

1. 刀具几何形状补偿值的输入

当试切削工件并测量出当前外圆或长度尺寸后,其输入操作的方法如下:

① 按"刀具补偿"(F4)键,CRT 屏幕上显示刀具补偿画面;

② 按"刀偏表"(F1)键,出现"绝对刀偏表"画面;

③ 按"光标移动"键,将光标移到与刀具号对应的"番号"行上;

④ X 补正参数的输入:在试切直径栏下,输入试切直径值,按 ENTER 键确认;

⑤ Z 补正参数的输入:在试切长度栏下,输入"Z0",按 ENTER 键确认。

2. 刀具补偿值的修改

修改刀具补偿值的操作方法如下:

① 按"刀具补偿"(F4)键,CRT 屏幕上显示刀具补偿值画面;

② 按"光标移动"键,将光标移到刀具号对应的"番号"行上;

③ 如果加工后外径值比要求尺寸大 0.3 mm,则将光标移至相应 X 磨损列中,按数字"-0.3",再按 ENTER 键,CRT 屏幕上显示"-0.3"即可。

④ 修改已输入的磨耗值:如将"-0.3"改为"-0.2",按"-0.2"再按 ENTER 键。

三、数控车床的自动运行操作

1. 选择供自动加工的数控程序

(1) 选择磁盘程序

按软键 自动加工 F1 ,在弹出的下级子菜单中按软键 程序选择 F1 ,弹出下级子菜单"磁盘程序;正在编辑的程序",按软键 F1 或用方位键 ↑ 、↓ 将光标移到"磁盘程序"上,再按 Enter 键确认,则选择了"磁盘程序",弹出图 3-5-15 所示的对话框。

在对话框中选择所需要的程序,单击控制面板上的 Tab 键,使光标在各文本框和命令按钮间切换。光标聚焦在"文件类型"文本框中,单击 ↓ 按钮,可在弹出的下拉框中通过 ↑ 、↓ 选择所需的文件类型,也可按 Enter 键输入所需的文件类型;光标聚焦在"搜寻"文本框中,单击

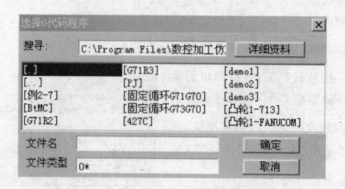

图 3 – 5 – 15　"选择 G 代码程序"对话框

↓ 按钮,可在弹出的下拉框中通过 ↑ 、↓ 选择所需搜寻的磁盘范围,此时"文件名"列表框中显示所有符合磁盘范围和文件类型的文件名。光标聚焦在"文件名"列表框中时,可通过 ↑ 、↓ 、← 、→ 选定所需程序,再按 Enter 键确认所选程序;也可将光标聚焦"文件名"文本框中,按 Enter 键可输入所需的文件名,再按 Enter 键确认所选程序。

（2）选择正在编辑的程序

按软键 [自动加工 F1],在弹出的下级子菜单中按软键 [程序选择 F1],弹出下级子菜单"磁盘程序;正在编辑的程序",按软键 F2 或用方位键 ↑ 、↓ 将光标移到"正在编辑的程序"上,再按 Enter 键确认,则选择了"正在编辑的程序",已经调用了正在编辑的数控程序。如果当前没有正在编辑的程序,则弹出图 3 – 5 – 16 所示的对话框,按 Y^B 键确认。

图 3 – 5 – 16　"选择程序"对话框

2. 自动/连续方式

（1）自动加工流程

① 检查机床是否回零,若未回零,先将机床回零。

② 检查控制面板上 [自动] 按钮指示灯是否变亮,若未变亮,单击 [自动] 按钮,使其指示灯变亮,进入自动加工模式。按软键 [自动加工 F1],切换到自动加工状态。在弹出的下级子菜单中按软键 [程序选择 F1],可选择磁盘程序或正在编辑的程序,在弹出的对话框中选择需要的数控程序。单击 [循环 启动] 按钮,则开始进行自动加工。

（2）中断运行

按软键 [停止运行 F7],可使数控程序暂停运行。同时弹出图 3 – 5 – 17 所示的对话框,按 Y^B 键表示确认取消当前运行的程序,则退出当前运行的程序;按 N^0 键表示当前运行的程序不被取消,当前程序仍可运行,单击 [循环 启动] 按钮,数控程序从当前行接着运行。

注意:停止运行在程序校验状态下无效。

退出了当前运行的程序后,需按软键 重新运行 F4,根据弹出图 3-5-18 所示的对话框,按 Y^B 键 或 N^0 键,确认或取消,确认后,单击 循环自动 按钮,数控程序从开始重新运行。

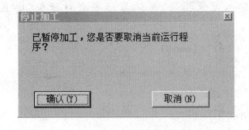

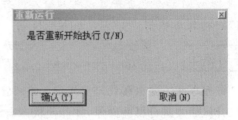

图 3-5-17 "停止加工"对话框   图 3-5-18 "重新运行"对话框

(3) 急 停

按下"急停"按钮 ,数控程序中断运行,继续运行时,先将"急停"按钮松开,再按 循环自动 按钮,余下的数控程序从中断行开始作为一个独立的程序执行。

注意:在调用子程序的数控程序中,程序运行到子程序时按下"急停"按钮 ,数控程序中断运行,主程序运行环境被取消。将"急停"按钮松开,再按 循环自动 按钮,数控程序从中断行开始执行,执行到子程序结束处停止。相当于将子程序视作独立的数控程序。

四、车床的 MDI 运行操作

① 起始状态下按软键 MDI F4,进入 MDI 编辑状态。

② 在下级子菜单中按软键 MDI运行 F6,进入 MDI 运行界面,如图 3-5-19 所示。

③ 单击 MDI 键盘将所需内容输入到输入域中,可以做取消、插入或删除等修改操作。

④ 输入指令字信息后按 Enter 键,对应数据显示在窗口内。

⑤ 输入数据后,软键 MDI清除 F7 变为有效,按此键可清除当前输入的所有字段,清除后此软键无效。

⑥ 输入完后,按"循环启动"键,系统开始运行输入的 MDI 指令,界面为图 3-5-20 所示,其中显示区根据显示模式的不同显示不同的内容。

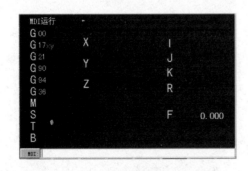

图 3-5-19 MDI 运行界面对话框   图 3-5-20 MDI 运行操作对话框

⑦ 运行完毕后,或在运行指令过程中按软键 MDI清除 F7 中止运行后,返回到如图 3-5-19 所示界面,且清空数据。

⑧ 按软键 [返回 F10] 可退回到 MDI 主菜单。

注意: 可重复输入多个指令字,若重复输入同一指令字,后输入的数据将覆盖前输入的数据,重复输入 M 指令也会覆盖以前的输入。若输入无效指令,系统显示警告对话框,按 Enter 键或 ESC 键取消警告。

思考与练习

1. 数控车床主要由哪几部分组成?各部分的作用是什么?

2. 开机后要进行哪些操作,才能使机床自动加工零件?

3. 为什么车削加工过程中要划分粗、精加工阶段?

4. 数控车床的坐标系是怎样规定的?运动方向是怎样规定的?

5. 机床零点和机床参考点有什么不同?

6. 简述工件坐标系与机床坐标系的关系。

7. 数控程序的编制工作主要包括哪些方面的内容?

8. 简述 S 代码、T 代码、F 代码和 M 代码的功能。

9. 数控车床加工零件时为什么需要对刀?简述试切法对刀的过程。

模块四　轴类零件编程及加工实例

课题一　简单轴类零件的编程及加工

学习目标：

◇ 了解轴类零件的结构特点；

◇ 能够对简单轴类零件进行数控车削工艺分析；

◇ 掌握用 G00、G01、G90 或 G80 编制圆柱面和圆锥面的加工程序；

◇ 正确选择和使用轴类零件常用的刀具及切削用量；

◇ 能够操作 FANUC-0i 系统或华中系统数车完成零件的加工。

任务引入

图 4-1-1 所示工件，毛坯是直径 ϕ50 mm 的 45 号圆钢材料，有足够的夹持长度，单件生产，采用数控车床加工。该零件外形较简单，需要加工端面、台阶外圆并切断。毛坯直径为 ϕ50 mm，对 ϕ38 外圆的直径尺寸和长度尺寸有一定的精度要求。工艺处理与普通车床加工工艺相似。

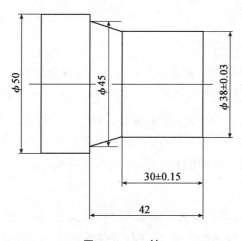

图 4-1-1　轴

任务分析

图 4-1-1 为一简单轴类零件，该零件表面由一个圆锥和一个阶台组成，零件图尺寸标注完整，符合数控加工尺寸标注要求；轮廓描述清楚完整；零件材料为 45 号钢，加工切削性能较好，无热处理和硬度要求。

轴类零件是车削加工的主要对象，它在机器中应用最为广泛。主要用来支承传动零部件、传递扭矩和承受载荷,如机床中的主轴和齿轮轴等。它们的机械性能要求具有较高的强度与较好的韧性、较高的疲劳抗力和轴颈耐磨性。轴类零件是旋转体零件,其长度大于直径,轴的长径比小于 5 的称为短轴,大于 20 的称为细长轴,大多数轴介于两者之间。轴类零件加工表面通常由内外圆柱面、内外圆锥面、端面、台阶面、螺纹、键槽、花键、横向孔及沟槽等组成。根据零件的结构形状和用途,轴类零件可分为光轴、空心轴、台阶轴、偏心轴和曲轴等,如图 4-1-2所示。

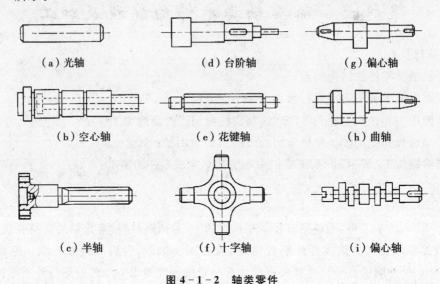

（a）光轴　　　　　　　　（d）台阶轴　　　　　　　（g）偏心轴

（b）空心轴　　　　　　　（e）花键轴　　　　　　　（h）曲轴

（c）半轴　　　　　　　　（f）十字轴　　　　　　　（i）偏心轴

图 4-1-2　轴类零件

相关知识

一、工件的装夹方案

卡盘是数控车床的通用夹具,卡盘分为三爪自定心卡盘和四爪卡盘。使用三爪自定心卡盘加工轴类零件,零件的轴心线与卡盘的中心线重合,一般不需要找正,装夹速度快,在装夹零件过程中要防止杂物(主要是切屑)夹在卡爪和工件中间。四爪卡盘使用时需要人工校正零件,四爪卡盘可以夹持非圆柱形的零件,或者被夹持部分与加工部分不同轴的零件。对于精度要求较高,大小和加工数量不同的轴类零件,常用以下装夹方法。

1. 用两顶尖装夹

对于较长的或必须经过多次装夹才能加工完成的工件,如长轴、长丝杠等的车削,或工序较多,在车削后还要铣削或磨削的工件,为了保证每次装夹时的装夹精度(如同轴度要求),可用两顶尖装夹。两顶尖装夹工件方便,不需找正,装夹精度高。

数控加工用两顶尖装夹工件,必须先在工件端面钻出中心孔。

2. 用一夹一顶安装

批量加工较长轴类零件时,采用一夹一顶安装方法更合理。用两顶尖装夹工件虽然精度高,但刚性较差,影响切削用量的提高。因此,车削一般轴类工件,尤其是较重的工件,不能用两顶尖装夹,而用一端夹住,另一端用后顶尖顶住的装夹方法。

二、刀具的选择

数控车削刀具的特点与要求是精度高、刚性好、装夹调整方便、切削性能强和耐用度高。合理选择刀具既能提高加工效率，又能提高产品质量。

1. 刀具选择的主要因素

刀具选择应考虑的主要因素有以下几点。

① 被加工工件的材料：如金属与非金属，材料的硬度、刚性、韧性及耐磨性等。

② 加工工艺类别：粗加工、半精加工、精加工和超精加工等。

③ 工件的几何形状、加工余量及零件的技术经济指标。

④ 刀具能承受的切削用量。

⑤ 机床的加工能力及零件装夹方式等。

2. 外圆车刀的结构

车刀从结构上分为 4 种形式，即整体式、焊接式、机夹式和可转位式。

加工轴类零件的车削刀具常选用焊接式车刀和可转位车刀。

（1）焊接式车刀

将硬质合金刀片用焊接的方法固定在刀体上称为焊接式车刀。这种车刀的优点是结构简单，制造方便，刚性较好。缺点是由于存在焊接应力，使刀具材料的使用性能受到影响，甚至出现裂纹。另外，刀杆不能重复使用，硬质合金刀片不能充分回收利用，造成刀具材料的浪费。刀具各切削部分的几何形状和角度参数要由操作者手工刃磨才能获得，所以刀具的寿命和切削效果主要由刃磨质量来保证，手工刃磨车刀是操作人员的基本技能之一。图 4-1-3 所示为最常用的焊接式外圆车刀。

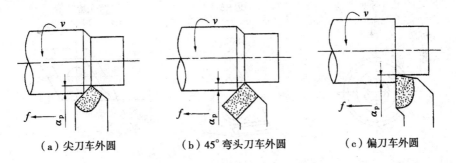

（a）尖刀车外圆　　　（b）45°弯头刀车外圆　　　（c）偏刀车外圆

图 4-1-3　常用的焊接式外圆车刀

由于焊接式刀具的刃磨、测量和更换多为人工手动进行，又多用在经济型四刀位的数控车床上，其加工稳定性和加工精度因操作者技术经验水平不同而有所差异。因此，必须合理安排刀具的排列顺序，尽量减少刀具数量，一把刀装夹后，尽量完成其所能进行的所有加工部位。粗、精加工的刀具应分开使用，以保证加工精度和刀具寿命。

（2）可转位车刀

在数控车床上，高性能的刀具是加工精度和生产效率的保障。可转位刀具是将预先制造好并带有若干个切削刃的多边形刀片，用机械夹固的方法夹紧在刀体上的一种刀具。当在使用过程中一个切削刃磨钝了后，只要将刀片的夹固松开，转位或更换刀片，使新的切削刃进入工作位置,再经夹紧就可以继续使用。其特点是刀片未经焊接,无热应力,可充分发挥刀具材料性能,耐用度高;避免了焊接刀的缺点,刀片可快换转位;节省辅助时间,生产率高;断屑稳定;刀片可涂层,特别适用于数控机床上切削,如图4-1-4所示。

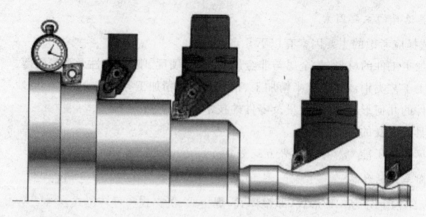

图 4-1-4　外圆可转位车刀

常用可转位车刀刀片形式,如图4-1-5所示,可根据加工内容和要求进行选择。

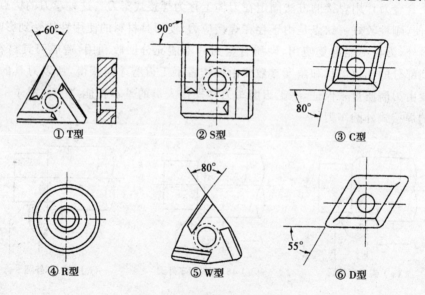

① T型　　　　②S型　　　　③C型

④R型　　　　⑤W型　　　　⑥D型

图 4-1-5　可转位车刀刀片

①　T型:3个刃口,刃口较长,刀尖强度低,在普通车床上使用时常采用带副偏角的刀片以提高刀尖强度。主要用于90°车刀,在内孔车刀中主要用于加工盲孔和台阶孔。

②　S型:4个刃口,刃口较短,刀尖强度较高,主要用于75°和45°车刀,在内孔刀中用于加工通孔。

③　C型:有两种刀尖角。100°刀尖角的两个刀尖强度高,一般做成75°车刀,用来粗车外圆和端面;80°刀尖角的两个刃口强度较高,不用换刀即可加工端面或圆柱面,在内孔车刀中一般用于加工台阶孔。

④　R型:圆形刃口,用于特殊圆弧面的加工,刀片利用率高,但径向力大。

⑤ W 型：3 个刃口且较短,刀尖角 80°,刀尖强度较高,主要用在普通车床上加工圆柱面和台阶面。

⑥ D 型：两个刃口且较长,刀尖角 55°,刀尖强度较低,主要用于仿形加工,当做成 93°车刀时,切入角不得大于 27°～30°；做成 62.5°车刀时,切入角不得大于 57°～60°,在加工内孔时可用于台阶孔及较浅的清根。

选择可转位车刀的切削刃长度时,应根据背吃刀量进行选择,一般通槽形的刀片切削刃长度选大于等于 1.5 倍的背吃刀量,封闭槽形的刀片切削刃长度选大于等于 2 倍的背吃刀量。

可转位车刀的刀尖圆弧常有 0.8 mm、1.2 mm 和 2.4 mm 等不同规格。

可转位车刀的刀片厚度选用原则是使刀片有足够的强度来承受切削力,通常是根据背吃刀量与进给量来选用的,如有些陶瓷刀片就要选用较厚的刀片。

3. 车刀材料

车刀材料是指刀头部分的材料,在数控车床上加工轴类零件时常采用高速钢、硬质合金或涂层刀具。

(1) 高速钢

高速钢是一种含有钨、钼、铬或钒等合金元素较多的工具钢。高速钢刀具制造简单,刃磨方便,磨出的刀刃锋利,而且韧性较好,能承受较大的冲击力；但高速钢的耐热性较差,因此不能用于高速切削,且在加工时需加注冷却液充分冷却。高速钢分为普通高速钢和高性能高速钢两种。

1) 普通高速钢

普通高速钢分为两种,钨系高速钢和钨钼系高速钢。

① 钨系高速钢：这类钢的典型钢种为 W18Cr4V（简称 W18）,它是应用最普遍的一种高速钢。这种钢磨削性能和综合性能好,通用性强。

② 钨钼钢：钨钼钢是将一部分钨用钼代替所制成的钢。此种钢的优点是减小了碳化物数量及分布的不均匀性,和 W18 钢相比抗弯强度提高 17%,抗冲击韧度提高 40% 以上,而且大截面刀具也具有同样的强度与韧性,它的性能也较好；缺点是高温切削性能和 W18 钢的相比稍差。

2) 高性能高速钢

是在普通高速钢中增加碳和钒含量并添加钴和铝等合金元素而形成的新钢种。此类钢的优点是具有较强的耐热性,在 630℃～650℃高温下,仍可保持 60 HRC 的高硬度,而且刀具硬度是普通高速钢的 1.5～3 倍。它适合加工奥氏体不锈钢、高温合金、铁合金和超高强度钢等难加工材料。此类钢的缺点是强度与韧性较普通高速钢低。

(2) 硬质合金

硬质合金中高熔点和高硬度碳化物含量高,因此硬质合金常温硬度很高,达到 78～82 HRC,热熔性好,热硬性可达 800℃～1 000℃以上,切削速度比高速钢提 4～7 倍。硬质合金缺点是脆性大,抗弯强度和抗冲击韧性不强,其抗弯强度只有高速钢 1/3 至 1/2,冲击韧性只有高速钢的 1/4～1/35。硬质合金分为普通硬质合金和超细晶粒硬质合金。

1）普通硬质合金

其化学成分的不同，加工性能和使用范围不同，一般可分为以下 4 类。

• 钨钴类（WC＋Co）：合金代号为 YG，对应国标 K 类。此合金钴含量越高，韧性越好，适于粗加工；钴含量低，适于精加工。

• 钨钛钴类（WC＋TiC＋Co）：合金代号为 YT，对应于国标 P 类。此类合金有较高的硬度和耐热性，主要用于加工切屑成带状的塑性材料。合金中 TiC 含量高，则耐磨性和耐热性提高，但强度降低。

• 钨钛钽（铌）类（WC＋TiC＋TaC＋(Nb)＋Co）：合金代号为 YW，对应于国标 M 类。此类硬质合金不仅适用于加工冷硬铸铁、有色金属及合金半精加工，还能用于高锰钢、淬火钢、合金钢及耐热合金钢的半精加工和精加工。

• 碳化钛基类（WC＋TiC＋Ni＋Mo）：合金代号 YN，对应于国标 P01 类。一般用于精加工和半精加工，对于大长零件且加工精度较高的零件尤其适合，但不适于有冲击载荷的粗加工和低速切削。

2）超细晶粒硬质合金

超细晶粒硬质合金多用 YG 类合金，它的硬度和耐磨性得到较大提高，抗弯强度和冲击韧度也得到提高，已接近高速钢。

（3）涂层刀具

涂层刀具是在韧性较好的硬质合金基体上或高速钢刀具基体上，涂覆一层耐磨性较高的难熔金属化合物而制成。

常用的涂层材料有 TiC、TiN 和 Al_2O_3 等。TiC 的硬度比 TiN 高，抗磨损性能好。不过 TiN 与金属亲和力小，在空气中抗氧化能力强。因此，对于磨擦剧烈的刀具，宜采用 TiC 涂层，而在容易产生粘结条件下，宜采用 TiN 涂层刀具。

涂层可以采用单涂层和复合涂层，如 TiC-TiN，TiC-Al_2O_3 及 TiC-TiN-Al_2O_3 等。涂层厚度一般在 $5\sim8~\mu m$，它具有比基体高得多的硬度，表层硬度可达 2 500～4 200 HV。

涂层刀具具有高的优氧化性能和抗粘结性能，因此具有较高的耐磨性。涂层摩擦系数较低，可降低切削时的切削力和切削温度，提高刀具耐用度，如高速钢基体涂层刀具耐用度可提高 2～10 倍，硬质合金基体刀具提高 1～3 倍。加工材料硬度愈高，涂层刀具效果愈好。

三、切削用量的选择

在数控编程工艺处理过程中，必须确定每道工序的切削用量，并以指令形式写入程序中。切削用量是指切削速度 v、进给量 f、背吃刀量 a_p 三者的总称，也称为切削用量三要素。它是调整刀具与工件间相对运动速度和相对位置所需的工艺参数。切削用量的选择，对加工效率、加工成本和加工质量都有重大的影响。对于切削用量的选择，在保证零件加工精度和表面粗糙度，充分发挥刀具的切削性能，保证合理的刀具耐用度，并充分发挥机床的性能，最大限度提高生产率，降低成本的情况下，一个总的原则是首先选择尽量大的背吃刀量，其次选择最大的进给量，最后是切削速度。当然，切削用量的选择还要考虑各种因素，最后才能得出一种比较合理的最终方案。

四、简单台阶轴的编程指令 G00、G01、G90 或 G80

1. G00 快速定位指令（FANUC 系统与华中系统相同）

G00 指令能快速移动刀具到达指定的坐标点位置，用于刀具进行加工以前的空行程移动或加工完成的快速退刀，指令使刀具快速运动到指定点，以提高加工效率，不能进行切削加工。

指令格式：G00 X(U)_ Z(W)_;

说　明：

① 绝对值编程：G00 X_Z_;X_Z_表示终点位置相对工件原点的坐标值，轴向移动方向由 Z 坐标值确定，径向进退刀时在不过轴线情况下都为正值。如两轴同时移动 G00 X80. Z10.，单轴移动 G00 X50. 或 G00 Z-10.。

② 增量值编程：G00 U_ W_;U_ W_表示刀具从刀具当前所在点到终点的距离和方向；U 表示直径方向移动量，即大、小直径量之差，W 表示移动长度，U、W 移动方向都由正、负号确定。计算 U、W 移功距离的起点坐标值是执行前一程序段移动指令的终点值。也可在同一移动指令里采用混合编程。如：G00 U20. W30.，G00 U-5. Z40. 或 G00 X80. W40.。

2. G01 进给切削指令（FANUC 系统与华中系统相同）

G01 又称直线插补功能，指令刀具以指定的进给速度移动到指定的位置。当主轴转动时，可用于使工件以一定的速度切削加工。

G01 车外圆如图 4-1-6 所示，当应用 G01 沿 Z 轴单轴移动时可以加工内外圆或内孔；当应用 G01 沿 X 轴单轴移动时可加工端面、台阶或切直槽。

G01 车锥体如图 4-1-7 所示，当应用 G01 使 X 和 Z 两个轴同时移动时可加工圆锥面或倒角。

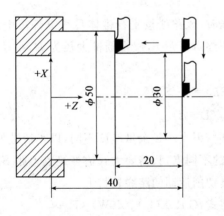
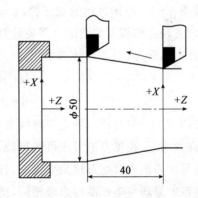

图 4-1-6　G01 车外圆　　　　　　图 4-1-7　G01 车锥体

数控车床上车外圆锥，假设圆锥大径为 D，小径为 d，锥长为 L，车正圆锥的 3 种加工路线如图 4-1-8 所示。

按图 4-1-8(a) 所示的阶梯切削路线，两刀粗车，最后一刀精车；两刀粗车的走刀距离 S 要作精确的计算，由相似三角形可得：

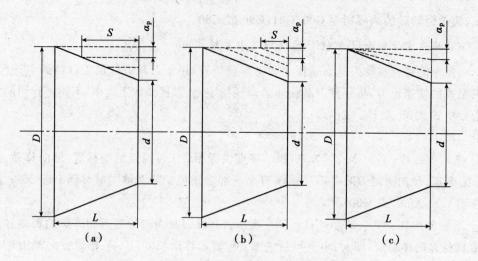

图4-1-8　锥体的加工方法

$$\frac{D-d}{2L}=\frac{\dfrac{D-d}{2}-\alpha_{\mathrm{p}}}{S}$$

则
$$S=\frac{L\left(\dfrac{D-d}{2}-\alpha_{\mathrm{p}}\right)}{\dfrac{D-d}{2}}$$

　　此种加工路线,粗车时,刀具背吃刀量相同,但精车时,背吃刀量不同;但刀具切削运动的路线都是最短。

　　当按图4-1-8(b)所示的加工路线车正锥时,该路线按平行锥体母线循环车削,适合车削大、小两直径之差较大的圆锥。需要计算每刀终点刀距S,假设圆锥大径为D,小径为d,锥长为L,背吃刀量为a_{p},则可计算出:

$$(D-d)/(2L)=a_{\mathrm{p}}/S$$

则
$$S=2L\,a_{\mathrm{p}}/(D-d)$$

　　当按图4-1-8(c)所示的走刀路线车正锥时,因大小径余量厚度不同,以小径进刀车削为准,为提高效率,大径每刀退刀点可选择较合理的不同点,只需要大致估算终点刀距S,编程方便。但在每次切削中背吃刀量是变化的,且刀具切削运动的路线较长。

　　车倒锥的原理与车正锥的原理相同,指令格式:G01 X(U)_ Z(W)_ F_;

　　说　明:

　　该指令在坐标值指定方式与G00一样,不同之处是G01以编程者指定的速度进行直线或斜线运动。

　　① 绝对值编程:X_Z_ 表示终点位置相对工件原点的坐标值,轴向移动方向由Z坐标值确定,径向进退刀在不过轴线情况下都为正值。

　　② 增量值编程:G01指令后的坐标值取绝对值编程还是取增量值编程,由尺寸字地址决定,有的数控车床由数控系统当时的状态(G90,G91)决定。

③ F 指定进给速度,由地址 F 和其后面的数字组成,表示刀具相对工件的进给速度。F 指令属模态指令,F 中指定的进给速度一直有效,直到指定新的数值,因此不必对每个程序段都指定 F 值。如果在 G01 程序段之前的程序段没有 F 指令,而现在的 G01 程序段中也没有 F 指令,则机床不运动。因此,G01 程序中必须含有 F 指令。

④ G01(G00)是模态指令,如果后续的程序段不改变加工的线型,可以不再写这个指令。

【编程举例】如图 4-1-9 所示工件,用绝对编程法编制精加工路线程序。

工件坐标原点设在右端面轴线交点上,根据零件图所标注尺寸,图 4-1-9 所示为各点的绝对尺寸,刀具起点设在离工件原点 X80. Z25. 处。精加工路线中各点坐标值如图 4-1-10 所示。

刀具起点:X80. Z25. ;

切削起点 P_1:X20. Z1. ;P_2:X20. Z-15. ;P_3:X32. Z-15. ;P_4:X32. Z-35. ;P_5:X48. Z-35. ;P_6:X64. Z-57. ;P_7:X64. Z-82. ;P_8:X66. Z-82. 。

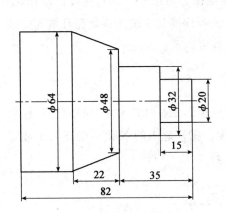

图 4-1-9　G01 编程举例

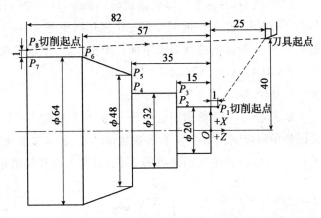

图 4-1-10　G01 编程各点坐标

工件原点设在工件右端,程序段及程序路线说明见表 4-1-1。

表 4-1-1 中为图 4-1-9 所示工件精加工编程举例(FANUC 系统与华中系统相同)。

表 4-1-1　精加工编程举例

程序内容	程序说明
O4001;	程序名
N010　G99 T0101 M03 S800;	进给量 mm/r,换 1 号外圆刀,主轴正转,转速 800 r/min
N020　G00 X80. Z25. ;	刀具起点
N030　G00 X20. Z1. ;	刀具起点—P_1(快速点定位)
N040　G01 Z-15. F0.1;	P_1—P_2(精加工 ϕ20 mm 外圆,进给量 0.1 mm/min)
N050　X32. ;	P_2—P_3(加工 ϕ20 mm 到 ϕ32 mm 台阶)
N060　Z-35. ;	P_3—P_4(加工 ϕ32 mm 外圆)
N070　X48. ;	P_4—P_5(加工 ϕ32 mm 到 ϕ48 mm 台阶)
N080　X64. Z-57. ;	P_5—P_6(加工锥体)
N090　Z-82. ;	P_6—P_7(加工 ϕ64 mm 外圆)
N100　X66. ;	P_7—P_8(X 向车出毛坯面)
N110　G00　X80.　Z25. ;	P_8—刀具起点(快速退至换刀点)
N120　M05;	主轴停止
N130　M30;	程序结束

3. G90(FANUC)或 G80(华中)内、外圆切削循环指令

加工轴类零件时,一般毛坯余量大,刀具常要反复地执行相同的动作,分多层车削将毛坯余量去除才能达到工件尺寸。G00 和 G01 指令为单指令,即每执行一次指令只有一个动作,用 G00 和 G01 编写程序时就要写入很长的程序段。

例如,加工图 4-1-10 所示零件,需 4 个动作完成,用 G00,G01 指令按一般写法,程序应写为(FANUC 系统与华中系统相同):

N10 G00 X50. ;	A 点快进至 B 点
N20 G01 Z-30.F0.1;	G01 切削外圆至 C 点
N30　　　X65.0;	G01 车端面至毛坯外 D 点
N40 G00 Z2. ;	G00 返回到 A 点

G90(或 G80)称单一形状固定循环指令,利用单一固定循环可以将一系列连续的动作,如"切入—切削—退刀—返回",用一个循环指令完成,从而使程序简化。使用固定循环语句完成图 4-1-11 所示的路线只要下面一个指令,一个程序段就可以了。

FANUC :G90 X50. Z-30. F0. 2;

或华中:G80 X50 Z-30 F0. 2

如图 4-1-12 所示固定循环,刀具从循环起点开始按矩形 $1R \rightarrow 2F \rightarrow 3F \rightarrow 4R$ 循环,最后又回到循环起点。图中 R 表示快速移动,F 表示进给速度。循环起点的 X 值一般要大于或等于 G90 或 G80 段中切削终点的 X 值,否则为内孔切削循环。

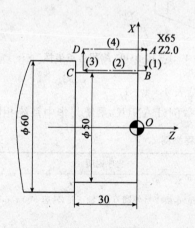

图 4-1-11　G01 车削

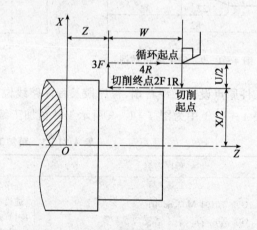

图 4-1-12　G90 或 G80 循环车削

G00 或 G01 指令执行完成后刀具停在指令坐标终点位置,而 G90 或 G80 指令能使刀具自动返回执行前的循环起点坐标位置。G90 或 G80 为模态指令,若需再次循环只须编写下一刀切削终点坐标值,而不必重写循环指令。在切削量大,同一加工路线需反复多次切削的情况下,可大大缩短程序段的长度,简化编程。该循环指令可用于内、外圆柱面和内、外圆锥面的加工。

(1) 内、外圆循环

FANUC 系统指令格式:　　　　　　　华中系统指令格式:

$$\begin{cases} \text{G00 X\_ Z\_;（循环起点）} \\ \text{G90 X(U)\_Z(W)\_F\_;} \end{cases} \qquad \begin{cases} \text{G00 X\_ Z\_（循环起点）} \\ \text{G80 X(U)\_Z(W)\_F\_} \end{cases}$$

说　明：

① X, Z 取值为绝对编程时圆柱面切削终点坐标值。U, W 表示增量编程时切削终点相对循环起点间的距离，即矩形中的高(U)和宽(W)。

② 内、外圆加工及切削方向由循环起始点与指令中的 X 坐标值自动确定。

③ G90 或 G80 动作的第一步为快速进刀，应注意起点位置，以确保安全。

G90 或 G80 外圆加工编程举例：如图 4 - 1 - 13 所示工件，坐标原点在工件左端，分 3 次用 G90 或 G80 指令循环加工，循环起点设在离右端面 2 mm，X 向大于毛坯 2 mm 处。毛坯直径为 $\phi50$ mm，切削长度为 35 mm，每次进刀直径量为 10 mm。

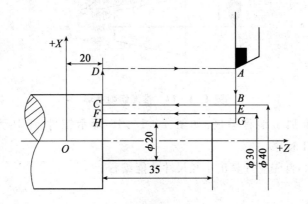

图 4 - 1 - 13　外圆循环

对应编程程序如下：

FANUC 系统指令：　　　　华中系统指令格式：

$$\begin{cases} \text{G00 X52. Z57. ；} \\ \text{G90 X40. Z20. F0. 2；} \\ \qquad \text{X30. ；} \\ \qquad \text{X20. ；} \end{cases}$$

华中系统指令格式	
G00 X52 Z57	循环起点 A
G80 X40 Z20 F0. 2	$A \rightarrow B \rightarrow C \rightarrow D \rightarrow A$
X30 Z20	$A \rightarrow E \rightarrow F \rightarrow D \rightarrow A$
X20 Z20	$A \rightarrow G \rightarrow H \rightarrow D \rightarrow A$

（2）内、外圆锥循环

FANUC 系统指令格式：　　　　华中系统指令格式：

$$\begin{cases} \text{G00 X\_ Z\_ ；（循环起点）} \\ \text{G90 X(U)\_ Z(W)\_ R\_ F\_ ；} \end{cases} \qquad \begin{cases} \text{G00 X\_ Z\_（循环起点）} \\ \text{G80 X(U)\_ Z(W)\_ I\_ F\_} \end{cases}$$

说　明：

① X_ Z_表示圆锥面切削终点坐标值；

② U_ W_表示圆锥面切削终点相对于循环起点的坐标增量；

③ R_ 或 I_表示锥体切削始点与圆锥面切削终点的半径之差（FANUC 为 R，华中为 I）；

④ F_表示进给速度。

如图 4 - 1 - 14 所示的锥面切削循环，刀具从循环起点开始按梯形 $1R \rightarrow 2F \rightarrow 3F \rightarrow 4R$ 循环，最后又回到循环起点。图中虚线表示按 R（或 I）快速移动，实线表示按 F 指定的工件进给速度移动。

进行编程时,应注意 R(或 I)的正负符号,无论是前置或后置刀架,正、倒锥或内外锥体时,判断原则是假设刀具起始点为坐标原点,以刀具 X 向的走刀方向确定正或负。R(或 I)值具体计算与判断方法为右端面半径减去左端面半径为 R(或 I)值。对于外径车削,锥度左大右小 R(或 I)值为负;反之为正;对于内孔车削,锥度左小右大 R(或 I)值为正,反之为负。

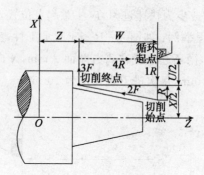

图 4-1-14 锥面切削循环

G90 或 G80 圆锥加工编程举例:如图 4-1-15 所示工件,毛坯为圆棒料 $\phi60$ mm × 60 mm,编制锥体加工程序。

根据零件图所示,首先应计算出小径尺寸才能编程。

根据锥度公式:

$$C=\frac{D-d}{L}\left(锥度=\frac{大径-小径}{长度}\right)$$

有 $\frac{1}{5}=\frac{50-d}{20}$,得小径 $d=46$ mm。

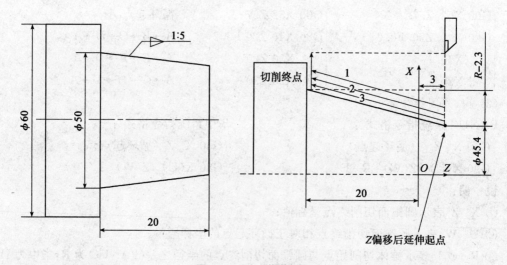

图 4-1-15 锥体示例

在加工中,为避免碰撞,刀具一般在 Z 向有一定的安全距离。锥体加工的起始点(实际小径)应按延伸后的值进行考虑。当起刀点离端面 3 mm 时锥体向外延伸后小径为 $\frac{1}{5}=\frac{50-d}{23}$，

起点小径 $d=45.4$ mm，则 $R=\left(\frac{45.4-50}{2}\right)$ mm $=-2.3$ mm。

根据毛坯余量，分 3 次粗加工循环进行切削，循环起点 X60.4，每次切深 2 mm。

第一刀加工外锥面的切削终点为：X58.4，Z-20.；

第二刀加工外锥面的切削终点为：X54.4，Z-20.；

第三刀，当 X 向留有 0.2 mm 余量时，加工外锥面的切削终点为：X50.4，Z-20.；

图 4－1－15 锥体工件加工程序见表 4－1－2 所示。

表 4－1－2　图 4－1－15 锥体编程举例

程序内容		程序说明
FANUC 系统	华中系统	
O4002	O4002	进给量单位 mm/r，换 1 号外圆刀，主轴正转，转速 800 r/min
N010 T0101 M03 S800；	N010 G95 T0101 M03 S800	
N020 G00 X60.4 Z3.；	N020 G00 X60.4 Z3.	锥体循环起点
N030 G90 X58.4 Z-20. R-2.3 F0.1；	N030 G80 X58.4 Z-20 I-2.3 F0.1	循环加工 1
N040 X54.4 R-2.3；	N040 X54.4 Z-20 I-2.3	循环加工 2
N050 X50.4 R-2.3；	N050 X50.4 Z-20 I-2.3	循环加工 3
N060 X50.0 R-2.3；	N060 X50.0 Z-20 I-2.3	精加工循环
N070 G00 X100.0 Z100.0；	N070 G00 X100 Z100	退回换刀点
N080 M05；	N080 M05	主轴停
N090 M30；	N090 M30	程序结束

任务实施

一、图样分析

图 4－1－1 所示零件的外形较简单，需要加工端面、外圆及圆锥并切断。毛坯直径为 $\phi50$ mm，对 $\phi38$ mm 外圆的直径尺寸和长度尺寸有一定的精度要求。该零件的工艺处理与普通车床加工工艺相似。

二、确定工件的装夹方案

该零件是一个 $\phi50$ mm 的实心轴，且有足够的夹持长度和加工余量，便于装夹。采用三爪自定心卡盘夹紧，能自动定心，工件装夹后一般不需找正。以毛坯表面为定位基准面，装夹时注意跳动不能太大。工件伸出卡盘 55～65 mm 长，能保证 42 mm 车削长度，同时便于切断刀进行切断加工。

三、确定加工路线

该零件是单件生产，端面为设计基准，也是长度方向测量基准，选用 90°硬质合金外圆刀进行粗、精加工，刀号为 T0101，工件坐标原点在右端面。加工前刀架从任意位置回参考点，进行换刀动作（确保 1 号刀在当前刀位），建立 1 号刀工件坐标。

四、填写加工刀具卡和工艺卡

图 4－1－1 所示工件加工刀具卡和工艺卡见表 4－1－3。

表 4-1-3　工件刀具工艺卡

零件图号	4-1-1	数控车床加工工艺卡		机床型号	CAK6150
零件名称	轴				CAK4085si
	刀具表			量具表	
刀具号	刀补号	刀具名称	刀具参数	量具名称	规格/(mm·mm⁻¹)

刀具号	刀补号	刀具名称	刀具参数	量具名称	规格/$(mm \cdot mm^{-1})$
T01	01	93°外圆端面车刀	D 型刀片	游标卡尺 千分尺	0~150/0.02 25~50/0.01

工序	工艺内容	切削用量			加工性质
		$S/(r \cdot min^{-1})$	$F/(mm \cdot r^{-1})$	α_p/mm	
1	平端面	800	0.2	1	自动
2	粗车外圆、圆锥	800	0.2	2	自动
3	精车外圆、圆锥	1 200	0.05~0.1	0.5~1	自动

五、编写加工程序

图 4-1-1 所示工件的加工程序见表 4-1-4。

表 4-1-4　轴加工程序

程序内容		程序说明
FANUC 系统	华中系统	
O2002 ；	O2002 % 02002	程序名 起始符
N1 ；	N1	1 程序段号(粗加工段)
N010 G99 M03 S800 T0101 ；	N010 G95 M03 S800 T0101	选 1 号刀,主轴正转,800 r/min,进给量单位为 mm/r
N020 G00 X100. Z100. ；	N020 G00 X100 Z100	快速运动到换刀点
N030 G00 X55. Z0 ；	N030 G00 X55 Z0	快速运动到加工起点
N040 G01 X0 F0.1 ；	N040 G01 X0 F0.1	平断面
N050 G00 X55. Z2. ；	N050 G00 X55 Z2	循环起点
N060 G90 X47. Z-42. F0.2 ；	N060 G80 X47 Z-42 F0.2	外圆循环车至 $\phi47$ mm×42 mm
N070 X45.5 ；	N070 X45.5 Z-42	外圆循环车 $\phi45.5$ mm×42 mm
N080 G00 X42. ；	N080 G00 X42	进至 $\phi42$ mm 起点
N090 G01 Z-30. ；	N090 G01 Z-30	将 $\phi38$ mm 粗车至 42 mm×30 mm
N100 X45.5 Z-42. ；	N100 X45.5 Z-42	粗车圆锥
N110 G00 Z2. ；	N110 G00 Z2	退刀
N120 X38.5 ；	N120 X38.5	进至 $\phi38.5$ mm 起点
N130 G01 Z-30. ；	N130 G01 Z-30	将 $\phi38$ mm 粗车至 38.5 mm×30 mm
N140 X45.5 Z-42. ；	N140 X45.5 Z-42	粗车圆锥
N150 X51. ；	N150 X51	退刀
N160 G00 X100. Z100. ；	N160 G00 X100 Z100	快速运动到换刀点
N170 M05 ；	N170 M05	主轴停
N180 M00 ；	N180 M00	程序停
N2 ；	N2 ；	第 2 程序段号(精加工段)
N190 G99 M03 S1200 T0101 ；	N190 G95 M03 S1200 T0101	选 1 号刀,主轴正转,1 200 r/min,进给量单位为 mm/r
N200 G00 X38. Z2. ；	N200 G00 X38 Z2	快速运动到加工起点
N210 G01 Z-30. F 0.1 ；	N210 G01 Z-30 F0.1	精加工 $\phi38$ mm 外圆
N220 X45. Z-42. ；	N220 X45 Z-42	精车圆锥
N230 X52. ；	N230 X52	退刀

程 序 内 容		程 序 说 明
FANUC 系统	华中系统	
N240 G00 X100. Z100. ；	N240 G00 X100 Z100 ．	快速运动到换刀点
N250 M05 ；	N250 M05	主轴停
N260 M30；	N260 M30	程序结束返回程序头

六、加工过程

1. 装刀过程

刀具安装正确与否，直接影响加工过程的顺利进行和加工质量。车刀不能伸出刀架太长，否则会降低刀杆刚性，容易产生变形和振动，影响粗糙度。一般不超过刀杆厚度的 1.5～2 倍。四刀位刀架安装时垫片要平整，要减少片数，一般只用 2～3 片，否则会产生振动。压紧力度要适当，车刀刀尖要与工件中心线等高。

2. 对　刀

数控车床的对刀一般采用试切法，用所选的刀具试切零件的外圆和端面，经过测量和计算得到零件端面中心点的坐标值。这种方法首先要知道进行程序编制时所采用的编程坐标系原点在工件的什么地方，然后通过试切，找到所选刀具与坐标系原点的相对位置，把相应的偏置值输入刀具补偿的寄存器中。

3. 程序模拟仿真

为了使加工得到安全保证，在加工之前先要对程序进行模拟验证，检查程序的正确性。程序的模拟仿真对于初学者来讲是非常好的一种检查程序正确与否的办法，FANUC-0i 数控系统具有图形模拟功能，通过刀具的运动路线可以检查程序是否符合加工零件的程序，如果路线有问题可改变程序并进行调整。另外，也可以利用数控车仿真软件在计算机上进行仿真模拟，也能起到很好的效果。

4. 机床操作

先将"快速进给"和"进给速率调整"开关的倍率打到"零"上，启动程序，慢慢地调整"快速进给"和"进给速率调整"旋钮，直到刀具切削到工件。这一步的目的是检验车床的各种设置是否正确，如果不正确有可能发生碰撞现象，就可以迅速地停止车床的运动。

当切到工件后，通过调整"进给速率调整"和"主轴转速"调整旋钮，使得切削三要素进行合理的配合，就可以持续地进行加工了，直到程序运行完毕。

在加工中，要适时地检查刀具的磨损情况，工件的表面加工质量，保证加工过程的正确，避免事故的发生。每运行完一个程序后，应检查程序的运行效果，对有明显过切或表面粗糙度达不到要求的，应立即进行必要地调整。

七、操作注意事项

① 程序经校验和加工轨迹仿真后方可加工。

② 首件加工时通过控制"进给速率调整"旋钮，防止发生碰撞现象。

八、质量误差分析

数控车床在外圆加工过程中会遇到各种各样的加工误差问题，表 4-1-5 中列出了阶台轴加工中较常出现的问题、产生的原因、预防及解决方法。

表 4-1-5　外圆加工误差分析

误差现象	产生原因	预防和解决方法
工件外圆尺寸超差	(1)刀具数据不准确 (2)切削用量选择不当产生让刀 (3)程序错误 (4)工件尺寸计算错误	(1)调整或重新设定刀具数据 (2)合理选择切削用量 (3)检查并修改加工程序 (4)正确计算工件尺寸
外圆表面光洁度太差	(1)切削速度过低 (2)刀具中心过高 (3)切屑控制较差 (4)刀尖产生积屑瘤 (5)切削液选用不合理	(1)调高主轴转速 (2)调整刀具中心高度 (3)选择合理的进刀方式及切深 (4)选择合适的切削用量 (5)选择正确的切削液，并充分喷注
台阶处不清根或呈圆角	(1)程序错误 (2)刀具选择错误 (3)刀具损坏	(1)合理调整切削用量 (2)检查刀具是否磨损，更换刀片 (3)更换刀具
加工过程中出现扎刀，引起工件报废	(1)进给量过大 (2)切屑阻塞 (3)工件安装不合理 (4)刀具角度选择不合理	(1)降低进给速度 (2)采用断屑或退屑方式切入 (3)检查工件安装，增加安装刚性 (4)正确选择刀具
台阶端面出现倾斜	(1)程序错误 (2)刀具安装不正确	(1)检查并修改加工程序 (2)正确安装刀具
工件圆度超差或产生锥度	(1)车床主轴间隙过大 (2)程序错误 (3)工件安装不合理	(1)调整车床主轴间隙 (2)检查并修改加工程序 (3)检查工件安装，增加安装刚性

任务评价

轴零件综合评分表见附表 4-1-1。

课题二　圆弧轴的编程及加工

学习目标：

◇ 能够对圆弧面轴类零件进行数控车削工艺分析；

◇ 掌握 G02/G03 指令的手工编程方法；

◇ 完成对圆弧面轴类零件的加工。

任务引入

圆弧加工是车削加工中最常见的加工之一，图 4-2-1 所示的是其中较有代表性的零件。

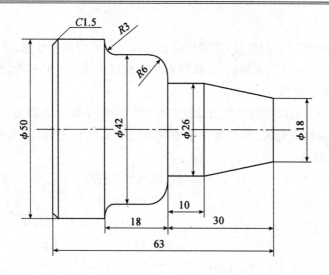

图 4-2-1 圆弧轴

任务分析

本课题介绍圆弧加工的特点、工艺的确定、指令的应用、程序的编制和加工误差分析等内容。

相关知识

一、G02/G03 圆弧加工指令(FANUC 系统与华中系统相同)

1. 顺、逆圆弧的判断

任意一段圆弧由两点及半径值三要素组成。在三要素确定的情况下,可加工出凹或凸不同的圆弧段。圆弧方向由 G02 或 G03 指令确定,G02 表示顺时针圆弧插补,G03 表示逆时针圆弧插补。圆弧插补的顺(G02)、逆(G03)可按图 4-2-2 所示的方向判断。

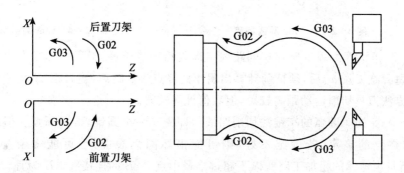

图 4-2-2 顺、逆圆弧判断

2. 指令格式

$$\begin{cases} \text{G02/G03 X(U)}\_ \text{ Z(W)}\_ \text{ R}\_ \text{ F}\_ \text{ ;} \\ \text{G02/G03 X(U)}\_ \text{ Z(W)}\_ \text{ I}\_ \text{ K}\_ \text{ F}\_ \text{ ;} \end{cases}$$

说　明:

① X_ Z_ 表示用绝对值编程时,圆弧终点在工件坐标系中的坐标值。

② U_ W_ 表示用增量值编程时,圆弧终点坐标相对于圆弧起点的增量值。

③ R_ 表示圆弧半径值。

当零件图上无半径值而用圆心与圆弧起点距离标注时,I 和 K 为圆心在 X,Z 轴方向上相对于圆弧起始点的坐标增量值;若在程序段中同时出现 I、K 和 R,以 R 为优先,I 和 K 无效。一般以半径 R 方式编程。

【编程举例】对图 4-2-3 所示工件编制零件精加工程序。

G02 圆弧程序:　　　　　　　　　　　　　G03 圆弧程序:

N020 G00 X20.0 Z2.0 ;　　　　　　　　　N020 G00 X28.0 Z2.0 ;

N030 G01 Z-30.0 F0.1 ;　　　　　　　　　N030 G01 Z-40.0 F0.1 ;

N040 G02 X40.0 Z-40.0 R10.0 ;　　　　　N040 G03 X40.0 Z-46.0 R6.0 ;

3. G02/G03 车圆弧的方法

如图 4-2-3 和图 4-2-4 中,应用 G02(或 G03)指令车圆弧,若用一刀就把圆弧加工出来,这样吃刀量太大,容易打刀。所以,实际车圆弧时,需要多刀加工,先将大部分余量切除,最后才车得所需圆弧。下面介绍车圆弧时常用的加工路线:

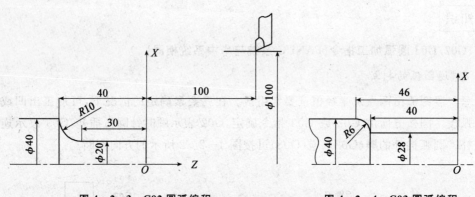

图 4-2-3　G02 圆弧编程　　　　　　　　　図 4-2-4　G03 圆弧编程

• 图 4-2-5 为车圆弧的阶梯切削路线。即先粗车成阶梯,最后一刀精车出圆弧。此方法在确定了每刀吃刀量 a_p 后,须精确计算出粗车的终点坐标距离(终刀距)S,即求圆弧与直线的交点。此方法刀具切削运动距离较短,但数值计算较繁。

• 图 4-2-6 为车圆弧的车锥法切削路线。即先车一个圆锥,再车圆弧。但要注意车锥时的起点和终点的确定,若确定不好,则可能损坏圆弧表面,也可能将余量留得过大。图 4-2-6所示半球体的粗加工路线以不超过半径中点 A、B 的连接线 AB 为宜。

• 图 4-2-7 为车圆弧的同心圆弧切削路线,即用不同的半径圆来车削,最后将所需圆弧加工出来。此方法在确定了每次吃刀量 a_p 后,确定圆心角为 90°圆弧的起点和终点坐标较易确定,数值计算简单,编程方便,但空行程时间较长。

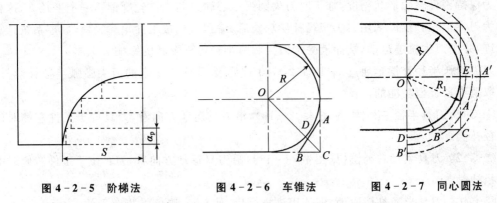

图 4-2-5　阶梯法　　　　　图 4-2-6　车锥法　　　　　图 4-2-7　同心圆法

二、刀具半径补偿功能 G40/G41/G42（FANUC 系统与华中系统相同）

数控车床是按车刀刀尖对刀的，在实际加工中，为了提高刀具的使用寿命和降低加工工件的表面粗糙度，通常将刀尖磨成半径不大的圆弧（一般圆弧半径 R 为 0.4～1.6 mm），因此车刀的刀尖不可能绝对为一点，总有一个小圆弧，所以对刀刀尖的位置是一个假想刀尖 A，如图 4-2-8(a)所示。锥体和圆弧零件编程时是按假想刀尖轨迹编程，即工件轮廓与假想刀尖 A 重合，车削时实际起作用的切削刃却是圆弧与工件轮廓的各切点，这样就引起加工表面形状误差，如图 4-2-8(b)所示。

用带圆弧刀尖车刀加工内外圆柱和端面时无误差产生，实际切削刃的轨迹与工件轮廓轨迹一致。车锥面和圆弧面时，工件轮廓（即编程轨迹）与实际形状（实际切削刃）有误差，例如图 4-2-8 锥面半径补偿和图 4-2-9 圆弧面半径补偿。

若工件精度要求不高或留有精加工余量，可忽略此误差；否则应考虑刀尖圆弧半径对工件形状的影响。

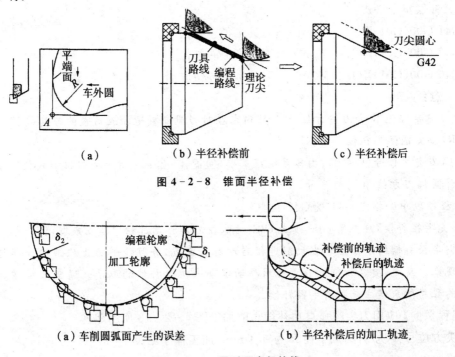

（a）　　　　　（b）半径补偿前　　　　　（c）半径补偿后

图 4-2-8　锥面半径补偿

（a）车削圆弧面产生的误差　　　　　（b）半径补偿后的加工轨迹

图 4-2-9　圆弧面半径补偿

　　为保持工件轮廓形状精度,加工时刀尖圆弧中心轨迹与工件轮廓偏移一个半径 R,这种偏移称为刀尖半径补偿。采用刀尖半径补偿功能后,编程者仍按工件轮廓编程,数控系统计算刀尖轨迹,并按刀尖轨迹运动,从而消除了刀尖圆弧半径工件形状的影响。

　　刀尖圆弧半径补偿是通过 G41,G42,G40 代码及 T 代码指定的刀尖圆弧半径补偿号,加入或取消半径补偿功能的。

　　① G41:刀具半径左补偿(见图 4-2-10),沿刀具运动方向看,刀具位于工件左侧时的刀具半径补偿。

　　② G42:刀具半径右补偿(见图 4-2-11),沿刀具运动方向看,刀具位于工件右侧时的刀具半径补偿。

　　③ G40:刀具半径补偿取消,即使用该指令后,使 G41 和 G42 指令无效。

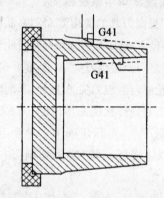
图 4-2-10　刀具半径左补偿

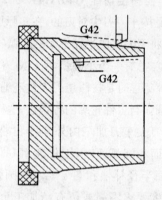
图 4-2-11　刀具半径右补偿

刀具补偿指令格式:

$\left\{\begin{array}{l} \text{G41 G00(G01)X(U)\_ Z(W)\_ ;刀具半径左补偿} \\ \text{G42 G00(G01)X(U)\_ Z(W)\_ ;刀具半径右补偿} \\ \text{G40 G00(G01)X(U)\_ Z(W)\_ ;刀具半径补偿取消} \end{array}\right.$

注　意:

① 刀尖半径值 R 和刀尖方位号 T 的内容在对刀时正确地输入对应的刀具偏置参数中。

• R:刀尖圆弧半径值。

• T:刀尖方位号(1~9),由各系统厂家确定,图 4-2-12 所示为刀位形式数简图。可查得常用外圆偏刀方位号 T 为 3 号。

② 程序段中必指定 G41 或 G42 指令。

"刀尖半径补偿"应当用 G00 或者 G01 功能在刀具移动过程中建立或取消。

刀尖半径补偿的命令应当在切削进程启动之前完成,并且能够防止从工件外部起刀带来的过切现象。反之,要在切削进程之后用移动命令来执行补偿的取消。通常采用增加引导空程运行的程序段来建立或取消半径补偿。

【编程举例】应用刀尖圆弧自功补偿功能加工图 4-2-13 所示零件。

刀尖方位号 T 为 3,圆弧半径 R 为 0.4 mm,加工程序见表 4-2-1。

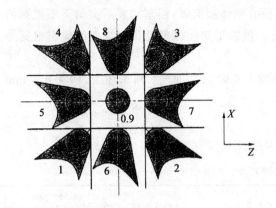

图 4 - 2 - 12 刀尖方位

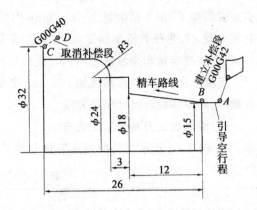

图 4 - 2 - 13 刀具补偿编程举例

表 4 - 2 - 1 图 4 - 2 - 13 所示有刀具补偿工件的加工程序(FANUC 系统与华中系统相同)

程序内容	程序说明
N010 T0101 M03 S1200;	换 1 号刀,主轴 1 200 r/min(对刀时需设置 R 和 T 参数)
N020 G00 X40.0 Z20.0;	快进至合适起刀点(无补偿)
N030 G42 X15. Z5. M08;	起点至 A 点建立补偿
N040 G01 Z0 F1.5;	接近小径切削起点 B(已补偿)
N050 X18.0 Z-12.0 F0.1;	加工锥体
N060 X24.0;	平台阶
N070 Z-15.0;	加工 φ24 mm 外圆
N080 G03 X30.0 Z-18.0 R3.0;	切削 R3 圆弧,补偿有效
N090 G01 Z-26.0;	加工 φ30 mm 外圆
N100 X32.0;	切削终点 C
N110 G00 G40 X100.0 Z100.0;	取消补偿
N111 M05;	主轴停
N120 M30;	程序结束

任务实施

一、图样分析

零件如图 4 - 2 - 1 所示,该零件材料为 45 号圆钢,无热处理要求,毛坯直径 φ52 mm,粗、精加工外圆和台阶表面、锥体和圆弧,左端倒角并切断。根据零件外形分析,此零件需外圆刀和切断刀。

二、确定工件的装夹方案

轴类零件的定位基准只能选择被加工件的外圆表面或零件端面的中心孔。此零件以毛坯外圆面为粗基准,采用三爪自定心卡盘夹紧,一次加工完成。工件伸出一定长度便于切断操作加工。

三、确定加工路线

该台阶轴零件毛坯为棒料,毛坯余量较大(最大处余量为:52 mm－18 mm＝34 mm),需多次进刀加工。

首先进行粗加工,用切削指令 G01,编程较繁琐,宜采用 G90 单一形状循环指令,从大到小完成粗加工,留半精余量 1~1.5 mm,但外形面有锥体和圆弧,粗车完成后会留下不规则的毛坯余量,需进行半精车加工,以保证精车精度。粗加工切削深度及切削终点的确定根据外形,在不超过半精车余量的范围内可进行估算。

半精车加工,在精车路线加 0.5 mm 余量基础上自右向左进行。精车加工,切除 0.5 mm 余量,达到零件设计尺寸精度要求。

四、填写加工刀具卡和工艺卡

图 4-2-1 所示工件的加工刀具卡和工艺卡见表 4-2-2。

表 4-2-2　工件刀具工艺卡

零件图号		4-2-1	数控车床加工工艺卡		机床型号		CAK6150
零件名称		圆弧轴					CAK4085si
刀具表					量具表		
刀具号	刀补号	刀具名称	刀具参数		量具名称	规 格/(mm·mm^{-1})	
T01	01	93°外圆粗车刀	D 型刀片 $R=0.8$		游标卡尺 千分尺	0~150/0.02 25~50/0.01	
T02	02	93°外圆精车刀	D 型刀片 $R=0.4$		游标卡尺 千分尺	0~150/0.02 25~50/0.01	
工 序		工艺内容		切削用量			加工性质
			$S/(r·min^{-1})$	$f/(mm·r^{-1})$	α_p/mm		
1		平端面粗车外形	600~800	0.2	3		自动
2		半精车外形	800	0.15	1~2		自动
3		精车外形	1 200	0.05~0.1	0.5~1		自动

五、编写加工程序

图 4-2-1 所示工件的加工程序见表 4-2-3。

表 4-2-3　圆弧轴加工程序

程序内容		程序说明
FANUC 系统	华中系统	
O4007 ;	O4007 %4007	程序名 起始符
N1;	N1	1 程序段(粗加工段)
N010 G99 M03 S800 T0101;	N010 G95 M03 S800 T0101	选 1 号刀,主轴正转,800 r/min,进给量单位为 mm/r
N020 G00 X100. Z100. ;	N020 G00 X100 Z100	快速运动到换刀点
N030 G00 X55. Z0;	N030 G00 X55 Z0	快速运动到加工起点
N040 G01 X0 F0.1;	N040 G01 X0 F0.1	平断面
N050 G00 X55. Z2. ;	N050 G00 X55 Z2	循环起点
N060 G90 X47. Z-47. F0.2;	N060 G80 X47 Z-47 F0.2	G90 外圆粗车循环 1
N070 X44. Z-45. ;	N070 X44 Z-45	G90 外圆粗车循环 2
N080 X38. Z-30. ;	N080 X38 Z-30	G90 外圆粗车循环 3
N090 X33. ;	N090 X33 Z-30	G90 外圆粗车循环 4
N100 X28. ;	N100 X28 Z-30	G90 外圆粗车循环 5
N110 G00 X18.5;	N110 G00 X18.5	接近锥体小径
N120 G01 Z0 F0.15;	N120 G01 Z0 F0.15	半精加工起点

程序内容		程序说明
FANUC 系统	华中系统	
N130 X26.5 Z-20. F0.15;	N130 X26.5 Z-20 F0.15	半精车锥体
N140 Z-30.;	N140 Z-30	半精车 ϕ26 mm 外圆
N150 X36.5;	N150 X36.5	至 R6 mm 圆弧起点
N160 G03 X42.5 Z-33. R6.;	N160 G03 X42.5 Z-33 R6	半精车 R6 mm
N180 G01 Z-45.0;	N180 G01 Z-45	半精车 ϕ42 mm 外圆
N190 G02 X48.5 Z-48. R3.;	N190 G02 X48.5 Z-48 R3	半精车 R3 mm
N200 G01 X50.5;	N200 G01 X50.5	退刀
N210 Z-70.;	N210 Z-70	半精车 ϕ50 mm 外圆
N220 X55.;	N220 X55	X 退出毛坯面
N230 G00 X100. Z100.	N230 G00 X100 Z100	快速返回换刀点
N240 M05;	N240 M05	主轴停
N250 M00;	N250 M00	程序停(测量)
N2;	N2	第 2 程序段号(精加工段)
N260 G99 M03 S1200 T0202;	N260 G95 M03 S1200 T0202	选 2 号刀,主轴正转,1 200 r/min,进给量单位为 mm/r
N270 G00 X100. Z100.;	N270 G00 X100 Z100	快速返回换刀点
N280 G42 X17.2 Z2.0;	N280 G42 X17.2 Z2	快速运动到锥体小径延长点(计算)建立半径补偿
N290 G01 X26. Z-20. F0.1;	N290 G01 X26 Z-20 F0.1	精加工锥体
N300 Z-30.;	N300 Z-30	精加工 ϕ26 mm 外圆
N310 X30.;	N310 X30	退刀
N320 G03 X42. Z-36. R6.;	N320 G03 X42 Z-36 R6	精加工 R6 mm 圆弧
N330 G01 Z-45.;	N330 G01 Z-45	精加工 ϕ42 mm 外圆
N340 G02 X48. Z-48. R3.;	N340 G02 X48 Z-48 R3	精加工 R3 mm 圆弧
N350 G01 X50.;	N350 G01 X50	退刀
N360 Z-70.;	N360 Z-70	精加工 ϕ50 mm 外圆
N370 G40 G00 X100. Z100.;	N370 G40 G00 X100 Z100	取消补偿,返回换刀点
N380 M05;	N380 M05	主轴停转
N200 M30;	N200 M30	程序结束返回程序头

六、操作注意事项

为了保证加工基准的一致性,在多把刀具对刀时,可以先用一把刀具加工出一个基准,其他各把刀具依次为基准进行对刀。

七、质量误差分析

数控车床锥面和圆弧面加工中经常遇到的加工质量问题有多种,其误差现象、产生原因以及预防和消除方法见表 4 - 2 - 4 和表 4 - 2 - 5。

表 4 - 2 - 4　锥面加工误差分析

误差现象	产生原因	预防和解决方法
锥度不符合要求	(1)程序错误 (2)工件装夹不正确	(1)检查、修改加工程序 (2)检查工件安装、增加安装刚度
切削过程出现振动	(1)工件装夹不正确 (2)刀具安装不正确 (3)切削参数不正确	(1)正确安装工件 (2)正确安装刀具 (3)编程时合理选择切削参数

误差现象	产生原因	预防和解决方法
锥面径向尺寸不符合要求	(1)程序错误 (2)刀具磨损 (3)没考虑刀尖圆弧半径补偿	(1)保证编程正确 (2)及时更换掉磨损大的刀具 (3)编程时考虑刀具圆弧半径补偿
切削过程出现干涉现象	工件斜度大于刀具后角	(1)选择正确刀具 (2)改变切削方式

表 4 - 2 - 5　圆弧加工误差分析

误差现象	产生原因	预防和解决方法
切削过程出现干涉现象	(1)刀具参数不正确 (2)刀具安装不正确	(1)正确编制程序 (2)正确安装刀具
圆弧凹凸方向不对	程序不正确	正确编制程序
圆弧尺寸不符合要求	(1)程序不正确 (2)刀具磨损 (3)没考虑刀尖圆弧半径补偿	(1)正确编制程序 (2)及时更换刀具 (3)考虑刀尖圆弧半径补偿

任务评价

圆弧轴零件综合评分表见附表 4 - 2 - 1。

课题三　切槽和切断的编程及加工

学习目标：

◇ 掌握切槽(切断)编程指令 G01、G04、子程序和 G75；

◇ 能够对外沟槽零件进行数控车削工艺分析；

◇ 应用切槽加工指令进行切槽及切断的编程及加工。

任务分析

在数控车削加工中,经常会遇到各种带有槽的零件,如图 4 - 3 - 1 所示。

本课题介绍切槽(切断)加工的特点、工艺的确定、指令的应用、程序的编制和加工误差分析等内容。

相关知识

一、工件的装夹方案

根据槽的宽度等条件,在切槽时经常采用直接成型法,就是说槽的宽度就是切槽刀刃的宽度,也就等于背吃刀量 α_p。这种方法切削时

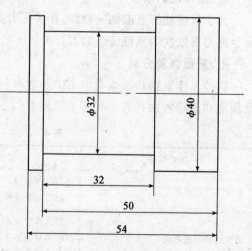

图 4 - 3 - 1　宽槽零件

会产生较大的切削力。另外,大多数槽是位于零件的外表面上的,切槽时主切削力的方向与工件轴线垂直,会影响到工件的装夹稳定性。因此,在数控车床上进行槽加工一般可采用下面两种装夹方式:

① 利用软卡爪,并适当增加夹持面的长度,以保证定位准确,装夹稳固。

② 利用尾座及顶尖做辅助支承,采用一夹一顶方式装夹,最大限度地保证零件装夹稳定。

二、刀具的选择与切槽的方法

1. 切槽刀的选择

常选用高速钢切槽刀和机夹可转位切槽刀。切槽刀的几何形状和角度如图4-3-2所示。切槽刀的选择主要注意两个方面:一是切槽刀的宽度a要适宜;二是切削刃长度L要大于槽深。图4-3-3所示为机夹可转位内、外切槽刀。

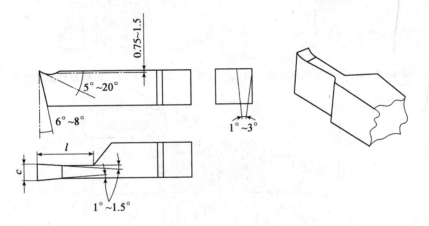

图 4-3-2　切槽刀

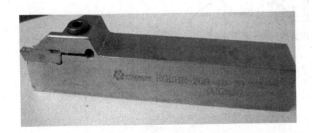
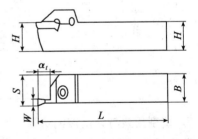

图 4-3-3　可转位切槽刀

2. 切槽的方法

用切槽刀切槽的方法有如下几种:

① 对于宽度和深度值不大,且精度要求不高的槽,可采用与槽等宽的刀具直接切入一次成型的方法加工,如图4-3-4所示。刀具切入到槽底后可利用延时指令使刀具短暂停留,以修整槽底圆度,退出过程中可采用工进速度。

② 对于宽度值不大,但深度值较大的深槽零件,为了避免切槽过程中由于排屑不畅,使刀具前部压力过大出现扎刀和折断刀具的现象,应采用分次进刀的方式,刀具在切入工件一定深度后,停止进刀并回退一段距离,达到断屑和排屑的目的,如图4-3-5所示。同时注意尽量

选择强度较高的刀具。

③ 宽槽的切削:通常把大于一个切刀宽度的槽称为宽槽,宽槽的宽度和深度等精度要求及表面质量要求相对较高。在切削宽槽时常采用排刀的方式进行粗切,然后用精切槽刀沿槽的一侧切至槽底,精加工槽底至槽的另一侧,再沿侧面退出,切削方式如图 4-3-6 所示。

④ 异型槽的加工:对于异型槽的加工,大多采用先切直槽然后修整轮廓的方法进行。

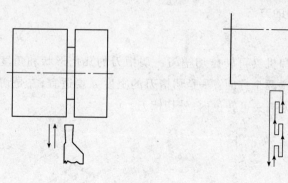

图 4-3-4　简单槽类零件加工方式　　　　　图 4-3-5　深槽零件加工方式

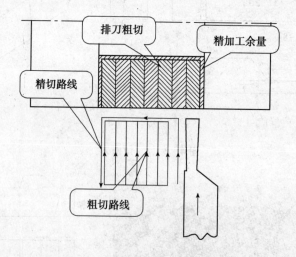

图 4-3-6　宽槽的切削加工方式示意图

三、切削用量与切削液的选择

背吃刀量、进给量和切削速度是切削用量三要素,在切槽过程中,背吃刀量受到切刀宽度的影响,其大小的调节范围较小。要增加切削稳定性,提高切削效率,就要选择合适的切削速度和进给速度。在普通车床上进行切槽加工,切削速度和进给速度相对外圆切削要选取得较低,一般取外圆切削的 30%~70%。数控车床的各项指标要远高于普通车床,在切削用量的选取上同样可以选择相对较高的速度,切削速度可以选择外圆切削的 60%~80%,进给速度选取 0.05~0.3 mm/r。

需要注意的是,在切槽中容易产生振动现象,这往往是由于进给速度过低,或者是由于线速度与进给速度搭配不当造成的,需及时调整,以保证切削稳定。

切槽过程中,为了解决切槽刀刀头面积小、散热条件差、易产生高温而降低刀片切削性能等问题,可以选择冷却性能较好的乳化类切削液进行喷注,使刀具充分冷却。

四、切槽(切断)编程指令

对于一般的单一切直槽或切断,采用 G01 指令即可,对于宽槽或多槽加工可采用子程序及复合循环指令进行编程加工。

1. G01 切槽或切断(FANUC 系统与华中系统相同)

【编程举例】如图 4-3-7 所示工件,切削直槽,槽宽 5 mm 并完成两个 0.5 mm 宽的倒角。切槽刀宽为 4 mm。

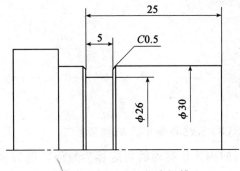

图 4-3-7　G01 指令切槽

工件原点设在右端面,切槽刀对刀点为左刀位,因切槽刀宽小于槽宽,且需用切槽刀切倒角,故加工此槽需 3 刀完成。加工路线如图 4-3-8 所示分为 3 步:

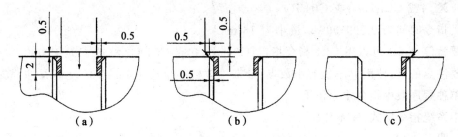

图 4-3-8　G01 切槽步骤示意

① 如图 4-3-8(a)所示,先从槽中间将槽切至槽底并反向退出,左刀点位 Z 向坐标应为 24.5 mm。

```
N010 T0202 M03 S500;
N020 G00 X31. Z-24.5;
N030 G01 X26. F0.05;
N040 X31. ;
```

② 如图 4-3-8(b)所示,倒左角并切槽左边余量后退出。刀具起点设在倒角延长线上,应 X 向增加 0.5 空距,Z 向也是 0.5 空距,左刀点应往左移动:边余量 0.5+倒角宽 0.5+起点延长 0.5=1.5 mm。

N050 W-1.5;
N060 X29.W1;
N070 X26.;
N080 W0.5;
N090 X31.;

③ 如图 4 - 3 - 8(c)所示,倒右角并切槽右边余量后移至槽中心退出,刀具应往右移动 1.5 mm。

N100 W1.5;
N110 X29.W-1.;
N120 X26.;
N130 W-0.5;
N140 X31.;
N150 G00 X100.Z100.;
N160 M05 M30;

2. 暂停指令 G04(FANUC 系统与华中系统相同)

使刀具在指令规定的时间内停止移动的功能称为暂停功能。该指令最主要的功用在于,切槽或钻孔时能将切屑及时切断,以利于继续切削;或是在横向车槽加工凹槽底部时,以此功能来使刀具进给暂停,保证凹槽底部平整。

FANUC 系统指令格式:

G04 X_ ;或 G04.U_ ;或 G04 P_ ;

最大指令时间为 9 999.999 s,最小为 16 ms。

如要暂停 2.0 s 可以用 G04 指令指定:G04 X2.0 或 G04 U2.0 或 G04 P2000。

但要注意的是,使用 P 不能有小数点,最末一位数的单位是 ms;G04 功能是非模态指令,只有在单独程序段中指令才起作用。

华中系统指令格式:G04 P_

说 明:

① P 为暂停时间,单位为 s。

② G04 在前一程序段的进给速度降到零之后才开始暂停动作。

③ 在执行含 G04 指令的程序段时,先执行暂停指令。

④ G04 为非模态指令,仅在其被规定的程序段中有效。

⑤ G04 可使刀具作短暂停留,以获得圆整而光滑的表面。该指令除用于切槽、钻镗孔外,还用于拐角轨迹控制。

3. 子程序指令 M98 和 M99

在实际生产中,常遇到零件几何形状完全相同,结构需多次重复加工的情况,这种情况需每次在不同位置编制相同动作的程序。把程序中某些动作路线顺序固定且重复出现的程序单独列出来,按一定格式编成一个独立的程序并存储起来,就形成了所谓的子程序。这样可以简化主程序的编制。在主程序执行过程中,如果需要执行子程序的加工动作轨迹,只要在主程序中用 M98 调用子程序即可;同时,子程序也可以调用另一个子程序。这样可以简化程序的编制和节省 CNC 系统的内存空间。

子程序是一单独的程序,与主程序在结构上的区别是以 M99 作为结束指令(表示返回主程序)。主程序调用子程序的指令格式如下:

(1) FANUC 系统指令格式

M98 P＿ ;

其中 P 后最多可以跟 8 位数字,前四位表示调用次数,后四位表示调用子程序号,若调用一次则可直接给出子程序号。

例如:
- M98 P38666; 表示连续三次调用子程序 08666
- M98 P8888; 表示调用 08888 子程序一次
- M98 P12; 表示调用 012 子程序一次

(2) 华中系统指令格式

M98 P＿ L＿

其中 P 后是子程序号,L 为重复调用次数。

子程序格式:
- ％＊＊＊＊;
- ……
- M99;

【编程举例】用 FANUC 系统子程序指令,加工图 4 - 3 - 9 所示工件上的 3 个槽。

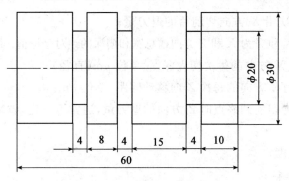

图 4 - 3 - 9 用子程序切槽

图 4 - 3 - 9 所示工件用子程序切槽的程序见表 4 - 3 - 1。

表 4 - 3 - 1 用子程序切槽程序

程序内容		程序说明
FANUC 系统	华中系统	
N10 G99 T0303 M3 S400;	N10 G95 T0303 M3 S400	进给量单位 mm/r,换 3 号 4 mm 宽外切槽刀,主轴正转 400 r/min
N20 G00 X31. Z-14. ;	N20 G00 X31 Z-14	第一个槽起点
N30 M98 P2108;	N30 M98 P2108 L1	调用子程序切第一个槽
M40 G00 W-19. ;	M40 G00 W-19	第二个槽起点
N50 M98 P2108;	N50 M98 P2108 L1	调用子程序切第二个槽
N60 G00 W-12. ;	N60 G00 W-12	第三个槽起点
N70 M98 P2108;	N70 M98 P2108 L1	调用子程序切第三个槽
N80 G00 X100.0 Z100.0 ;	N80 G00 X100 Z100	经安全退刀点回零
N90 M30;	N90 M30	程序结束

续表 4 - 3 - 1

程序内容		程序说明
FANUC 系统	华中系统	
O2108； N10 G01 X20. F0. 08； N20 G4 Xl. ； N30 G01 X31. F0. 3； N40 M99；	％2108 N10 G0l X20. F0. 08 N20 G4 P1. N30 G01 X31. F0. 3 N40 M99	切槽子程序

4. 用 G75 外径切槽复合循环（FANUC 系统与华中系统相同）

外径切槽复合循环功能适合于在外圆柱面上切削沟槽或切断加工，断续分层切入时便于处理深沟槽的断屑和散热。

也可用于内沟槽加工，当循环起点 X 坐标值小于 G75 指令中的 X 向终点坐值时，自动为内沟槽加工方式。

（1）FANUC 系统指令格式

$$\begin{cases} \text{G75 R}(e)；\\ \text{G75 X(U)Z(W)P}(\Delta i)\text{Q}(\Delta k)\text{R}(\Delta d)\text{F}(f)； \end{cases}$$

说　明：

① R(e)中 e 为每次沿 X 方向切削后的退刀量；

② X(U)Z(W)中 X 和 Z 为 X 和 Z 方向槽总宽和槽深的绝对坐标值。U 和 W 为增量坐标值；

③ P(Δi)中 Δi 为 X 方向的每次切入深度，单位 μm（直径）；

④ Q(Δk)中 Δk 为 Z 方向的每次 Z 向移动问距，单位 μm；

⑤ R(Δd)中 Δd 为切削到终点时 Z 方向的退刀量，通常不指定，省略 X(U) 和 Δi 时，则视为 0；

⑥ F(f)中进给速度。

（2）华中系统指令格式

G75 X(U)R(e)Q(Δk)F(f)

说　明：

① X(U) 在绝对值编程时，X 为槽底终点在工件坐标系下的坐标；增量值编程时，U 为槽底终点相对于循环起点的有向距离。

② R(e)中 e 为切槽每进一刀的退刀量，只能为正值。

③ Q(Δk)中 Δk 为每次切入深度，只能为正值。

④ F(f)中 f 为进给速度。

【编程举例】编写图 4 - 3 - 10 所示零件切槽加工的程序。

图 4 - 3 - 10 所示零件切槽加工的程序见表4 - 3 - 2

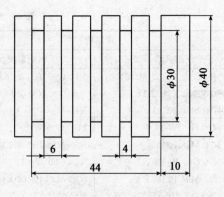

图 4 - 3 - 10　切　槽

（FANUC 系统）和表 4 - 3 - 3（华中系统）。

表 4 - 3 - 2　外径切槽循环程序（FANUC 系统）

程序内容	程序说明
O2009；	程序名
N010 G99 T0202 M3 S400；	进给量单位 mm/r，换 2 号 4 mm 宽外切槽刀，主轴正转 400 r/min
N020 G00 X42.0 Z-10.0 ；	循环起点
N030 G75 R1.0 ；	退刀量 1 mm（半径值）
N040 G75 X30.0 Z-50.0 P3000 Q10000 F0.1；	Z-50.0 是终点坐标，每层切入最大 3 mm（半径值）
	Z 向移动距离 10 mm
N050 G00 X100.0 Z100.0 ；	快速回换刀点
N060 M30；	程序结束

表 4 - 3 - 3　外径切槽循环程序（华中系统）

程序内容	程序说明
O2009；	程序名
N010 G95 T0202 M3 S400	进给量单位 mm/r，换 2 号 4 mm 宽外切槽刀，主轴正转 400 r/min
N020 G00 X42. Z-10.	循环起点
N030 G75 X30. R1. Q3. F0.1	槽底车至 30 mm，退刀量 1 mm（半径值）
	每层切入最大 3 mm（半径值）；
……	每次 Z 向移动距离 10mm（共 4 次）
N050 G00 X100 Z100	快速回换刀点
N060 M30	程序结束

任务实施

一、图样分析

零件如图 4 - 3 - 1 所示，该零件材料为 45 号圆钢，无热处理要求，毛坯直径 ϕ42 mm，粗、精加工外圆表面，切宽槽，左端切断。根据零件外形分析，此零件需外圆刀和 5 mm 切槽刀。

二、确定工件的装夹方案

轴类零件定位基准的选择只能是被加工件的外圆表面或零件端面的中心孔。此零件以毛坯外圆面为粗基准，采用三爪自定心卡盘夹紧，一次加工完成。工件伸出一定长度便于切断操作加工。

三、确定加工路线

① 外圆粗、精加工：用 G00、G01 和 G90（G80）等指令。

② 切槽（刀宽 5 mm）：用 G00、G01 和 G75 等指令。

③ 切断：手动车削。

四、填写加工刀具卡和工艺卡

图 4 - 3 - 1 所示工件的加工刀具卡和工艺卡见表 4 - 3 - 4。

表 4-3-4　工件刀具工艺卡

零件图号	4-3-1	数控车床加工工艺卡		机床型号	CAK6150
零件名称	宽槽零件			机床编号	CAK4085si
刀具表				量具表	
刀具号	刀补号	刀具名称	刀具参数	量具名称	规格/(mm·mm^{-1})
T01	01	93°外圆粗精车刀	D 型刀片 $R=0.4$	游标卡尺 千分尺	0～150/0.02 25～50/0.01
T02	02	切槽刀	刀宽 4 mm	游标卡尺 千分尺	0～150/0.02 25～50/0.01
T03	03	切　断	刀宽 4 mm、长 25 mm	游标卡尺	0～150/0.02

工　序	工艺内容	切削用量			加工性质
		$S/\text{r}\cdot\text{min}^{-1}$	$f/\text{mm}\cdot\text{r}^{-1}$	α_p/mm	
1	平端面粗车外形	600～800	0.2	2	自　动
2	精车外形	1 200	0.1	0.5～1	自　动
3	切　槽	400	0.08		自　动
3	切　断	600	0.15		手　动

五、编写加工程序

图 4-3-1 所示工件的加工程序见表 4-3-5。

表 4-3-5　宽槽零件加工程序(FANUC 系统与华中系统相同)

程序内容		程序说明
FANUC 系统	华中系统	
O2010 ;	O2010	程序名
	％ 02010	起始符
N1;	N1	第 1 程序段号(粗加工段)
N010 G99 M03 S800 T0101;	N010 G95 M03 S800 T0101	选 1 号刀,主轴正转,进给量单位为 mm/r
N020 G00 X100.0 Z100.0;	N020 G00 X100 Z100	快速运动到换刀点
N030 G00 X42. Z0;	N030 G00 X42 Z0	快速运动到加工起点
N040 G01 X0 F0.1;	N040 G01 X0 F0.1	平端面
N050 G00 X42. Z2. ;	N050 G00 X42 Z2	循环起点
N060 G90 X40.5 Z-54.F0.2;	N060 G80 X40.5 Z-54 F0.2	外圆粗车循环
N070 G00 X40.0 ;	N070 G00 X40	精车起点
N080 G01 Z-54.0 F0.1;	N080 G01 Z-54 F0.1	精车 ϕ40 mm 外圆
N090 G01 X42.0;	N090 G01 X42	X 退出毛坯面
N100 G00 X100.0 Z100.0	N100 G00 X100 Z100	快速返回换刀点
N2;	N2	第 2 程序段号(切槽加工段)
N110 G99 M03 S400 T0202;	N110 G95 M03 S400 T0202	选 2 号刀,主轴正转,400 r/min,进给量单位为 mm/r
N120 G00 X42.0 Z-18.0;	N120 G00 X42 Z-18	切槽起点
N130　G98 P82011;	N140 G98 P2011 L8	调用 8 次子程序切槽
N140 G00 X100.0 Z100.0;	N150 G00 X100 Z100	返回换刀点
N160 M05	N160 M05	主轴停
N170 M30;	N170 M30	程序结束返回程序头

程序内容		程序说明
FANUC 系统	华中系统	
O2011； N1　G00 W-4.； N10 G01 X20. F0.08； N20 G4 X1.； N30 G01 X31. F0.3； N40 M99；	％2011 N1　G00 W-4 N10 G01 X20 F0.08 N20 G4 P1 N30 G01 X31 F0.3 N40 M99	切槽子程序

六、加工过程

① 机床准备。

② 对刀（两把刀）。

③ 输入程序。

④ 程序校验及加工轨迹仿真。

⑤ 自动加工。

七、操作注意事项

① 为了保证加工基准的一致性，在多把刀具对刀时，可以先用一把刀具加工出一个基准，其他各把刀具依次为基准进行对刀。

② 切槽为 X 向进刀，横切削力较大，注意控制进刀量。

八、质量误差分析

在数控车床上进行槽加工时经常遇到的加工误差有多种，其问题现象、产生的原因、预防和消除的措施见表 4 - 3 - 6。

表 4 - 3 - 6　切槽加工误差分析

误差现象	产生原因	预防和解决方法
槽的一侧或两个侧面出现小台阶	刀具数据不准确或程序错误	(1)调整或重新设定刀具数据 (2)检查、修改加工程序
槽底出现倾斜	刀具安装不正确	正确安装刀具
槽的侧面呈现凹凸面	(1)刀具刃磨角度不对称 (2)刀具安装角度不对称 (3)刀具两刀尖磨损不对称	(1)更换刀片 (2)重新刃磨刀具 (3)正确安装刀具
槽的两个侧面倾斜	刀具磨损	重新刃磨刀具或更换刀片
槽底出现振动现象，留有振纹	(1)工件装夹不正确 (2)刀具安装不正确 (3)切削参数不正确 (4)程序延时时间太长	(1)检查工件安装，增加安装刚性 (2)调整刀具安装位置 (3)提高或降低切削速度 (4)缩短程序延时时间
切槽过程中出现扎刀现象，造成刀具断裂	(1)进给量过大 (2)切屑阻塞	(1)降低进给速度 (2)采用断、退屑方式切入
切槽过程中出现较强的振动，表现为工件刀具出现谐振现象	(1)工件装夹不正确 (2)刀具安装不正确 (3)进给速度过低	(1)检查工件安装，增加安装刚性 (2)调整刀具安装位置 (3)提高进给速度

宽槽零件综合评分表见附表4-3-1。

课题四　螺纹零件的编程及加工

学习目标：

◇ 掌握螺纹加工常用指令；

◇ 能够对螺纹零件进行数控车削工艺分析；

◇ 熟练应用螺纹加工指令进行螺纹加工；

◇ 完成对零件的加工。

任务引入

螺纹是零件上常见的一种结构,带螺纹的零件是机器设备中重要的零件之一。作为标准件,它的用途十分广泛,能起到连接、传动和紧固等作用。螺纹按用途分为连接螺纹和传动螺纹两种。图4-4-1为螺柱零件,螺纹是普通三角螺纹。

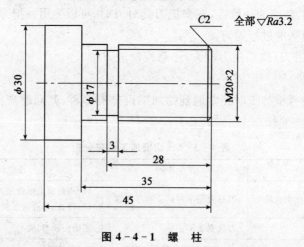

图 4-4-1　螺　柱

任务分析

该零件为普通三角螺纹,本课题介绍螺纹加工的特点、工艺的确定、指令的应用、程序的编制和加工误差分析等内容。

相关知识

利用数控车床加工螺纹时,由数控系统控制螺距的大小和精度,从而简化了计算,不用手动更换挂轮,并且螺距精度高且不会出现乱扣现象;螺纹切削回程期间车刀快速移动,切削效率大幅提高;专用数控螺纹切削刀具、较高的切削速度的选用,又进一步提高了螺纹的形状和表面质量。

一、工件的装夹方案

在螺纹切削过程中,无论采用何种进刀方式,螺纹切削刀具经常是由两个或两个以上的切削刃同时参与切削,与前面所讨论的槽加工相似,同样会产生较大的径向切削力,容易使工件产生松动现象和变形。因此,在装夹方式上,最好采用软卡爪且增大夹持面或者一夹一顶的装夹方式,以保证在螺纹切削过程中不会出现因工件松动导致螺纹乱牙,从而使工件报废的现象。

二、刀具的选择与进刀方式

通常螺纹刀具切削部分的材料分为硬质合金和高速钢两类。刀具类型有整体式、焊接式和机械夹固式3种。

在数控车床上车削普通三角螺纹一般选用精机夹可转位不重磨螺纹车刀,使用时要根据螺纹的螺距选择刀片的型号,每种规格的刀片只能加工一个固定的螺距。可转位螺纹刀如图4-4-2所示。

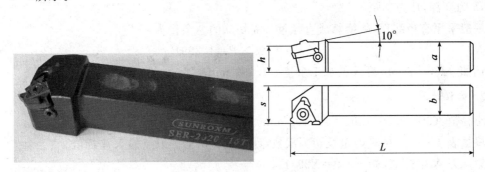

图4-4-2 可转位螺纹刀

进刀方式有如下2种。

① 单向切入法:如图4-4-3(a)所示,此切入法切削刃承受的弯曲压力小,状态较稳定,成屑形状较为有利,切深较大,侧向进刀时,齿间有足够空间排出切屑。用于加工螺距4 mm以上的不锈钢等难加工材料的工件或刚性低易振动工件的螺纹。

② 直进切入法:如图4-4-23(b)所示,切削时左右刀刃同时切削,产生的V形铁屑作用于切削刃口会引起弯曲力较大。加工时要求切深小,刀刃锋利。适用于一般的螺纹切削,加工螺距4 mm以下的螺纹。

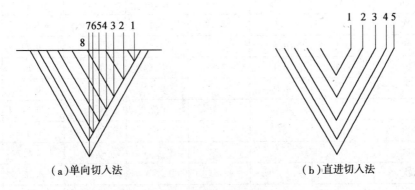

(a)单向切入法　　　　　　　　(b)直进切入法

图4-4-3 螺纹进刀切削方法

三、切削用量的选择

在螺纹加工中,背吃刀量 a_p 等于螺纹车刀切入工件表面的深度,随着螺纹刀的每次切入,背吃刀量在逐步地增加。受螺纹牙型截面大小和深度的影响,螺纹切削的背吃刀量可能是非常大的,所以必须合理地选择切削速度和进给量,常见螺纹切削的进给次数与进刀量见表 4-4-1。

1. 加工余量

螺纹加工分粗加工工序和精加工工序,经多次重复切削完成,一般地一刀切除量可为 $0.7\sim1.5$ mm,依次递减,精加工余量 0.1 mm 左右。进刀次数根据螺距计算出需切除的总余量来确定。螺纹切削总余量就是螺纹大径尺寸减去小径尺寸,即牙深 h 的 2 倍。牙深表示螺纹的单边高度,计算公式为

$$h = 0.649\,5 \times P$$

式中,h 为牙深,P 为螺距。

一般采用直径编程,须换算成直径量。需切除的总余量为

$$2 \times 0.6495 \times P = 1.299P$$

例如,M30×2 mm 螺纹的加工余量 $=1.299$ mm$\times 2=2.598$mm。

2. 编程计算

小径值:$(30-2.598)$mm$=27.402$ mm。

根据表 4-4-1 中进刀量及切削次数,计算每次切削进刀点的 X 坐标值。

第一刀 X 坐标值:$30-0.9=$X29.1;

第二刀 X 坐标值:$30-0.9-0.6=$X28.5;

第三刀 X 坐标值:$30-0.9-0.6-0.6=$X27.9;

第四刀 X 坐标值:$30-0.9-0.6-0.6-0.4=$X27.5;

第五刀 X 坐标值:$30-0.9-0.6-0.6-0.1=$X27.4。

表 4-4-1　常用螺纹切削的进给次数与进刀量

米制螺纹							
螺距 P/mm	1.0	1.5	2.0	2.5	3.0	3.5	4.0
牙深 h/mm	0.649	0.974	1.299	1.624	1.949	2.273	2.598
背吃刀量及切削次数　1 次	0.7	0.8	0.9	1.0	1.2	1.5	1.5
2 次	0.4	0.6	0.6	0.7	0.7	0.7	0.8
3 次	0.2	0.4	0.6	0.6	0.6	0.6	0.6
4 次		0.16	0.4	0.4	0.4	0.6	0.6
5 次			0.1	0.4	0.4	0.4	0.4
6 次				0.15	0.4	0.4	0.4
7 次					0.2	0.2	0.4
8 次						0.15	0.3
9 次							0.2

注:表中给出的背吃刀量及切削次数为推荐值,编程者可根据自己的经验和实际情况进行选择。

3. 螺纹实际直径的确定

由于高速车削挤压引起螺纹牙尖膨胀变形,因此外螺纹的外圆应车到最小极限尺寸,内螺纹的孔应车到最大极限尺寸,螺纹加工前,先将加工表面加工到的实际直径尺寸可按公式计算,如标注为 M30×2 mm 的螺纹:

内螺纹加工前的内孔直径:$D_孔 = d - 1.0825P$;

外螺纹加工前的外圆直径:$d_外 = d - (0.1 \sim 0.2)P$。

4. 主轴转速

数控车床进行螺纹切削是根据主轴上的位置编码器发出的脉冲信号,控制刀具移动形成螺旋线的。不同的系统采用的主轴转速范围不同,可参照机床操作说明书要求,一般经济型数控车床推荐车螺纹时的最高转速为:

$$n \leqslant 1\,200P - k$$

式中,P 为被加工螺纹螺距(mm);

k 为保险系数,一般为 80。

因为螺纹切削是在主轴上的位置编码器输出一转信号时开始的,所以螺纹切削在圆周上是从固定点开始的,且刀具在工件上的轨迹不变而重复切削螺纹。注意:主轴速度从粗切到精切必须保持恒定,否则螺纹导程不正确。在螺纹加工轨迹中应设置足够的升速段和降速退刀段,以消除伺服滞后造成的螺距误差。如图 4-4-4 所示,实际加工螺纹的长度应包括切入和切出的空行程量,切入空刀行程量,一般取 2~5 mm;切出空刀行程量,一般取 0.5~1 mm。数控车床可加工无退刀槽的螺纹。

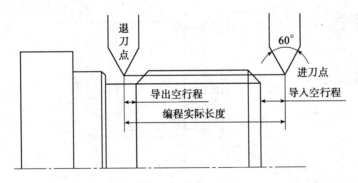

图 4-4-4　螺纹加工进、退刀点

四、螺纹编程指令

1. G32 螺纹切削指令

(1) FANUC 系统格式

G32 X(U)_ Z(W)_ F_ ;

说　明:

① X_ Z_为螺纹切削终点绝对坐标值;

② U_ W_为螺纹切削终点相对于起点的增量坐标;

③ F_为螺纹的导程(单线螺纹时为螺距)。

（2）华中系统格式

G32 X(U)_ Z(W)_R_ E_ P_F/I_;

说　明：

① X_，Z_为螺纹切削终点绝对坐标值；

② U_，W_为螺纹切削终点相对于起点的增量坐标；

③ F_为螺纹的导程（单线螺纹时为螺距）；

④ R_，E_为螺纹切削的退尾量。R 表示 Z 向退尾量，一般取 2 倍螺距；E 为 X 向退尾量，取螺纹的牙型高；均以增量方式指定，使用 R、E 可免去退刀槽。

⑤ P_为主轴基准脉冲处距离螺纹切削起始点的主轴转角。

使用 G32 指令能加工圆柱螺纹、锥螺纹和端面螺纹。

指令中 X 省略时为圆柱螺纹切削；Z 省略时为端面螺纹切削；X，Z 均不省略时，则与切削起点不同时为锥螺纹切削。

G32 编程时，为了方便编程，一般采用直进式切削方法。由于两侧刃同时工作切削力较大，而且排屑困难，因此在切削时，两切削刃容易磨损。在切削螺距较大螺纹时，由于切削深度较大，刀刃磨损较快，从而造成螺纹中径产生误差；但是其加工的牙型精度较高，因此一般多用于小螺距螺纹的加工。由于其刀具移动、切削均靠编程来完成，所以加工程序较长；由于刀刃容易磨损，所以加工中要做到勤测量。

【编程举例】零件如图 4－4－5 所示，用 G32 指令编制 M30×2 的加工程序。

此指令每完成一刀需 4 个程序段，共要 16 个程序段，螺纹加工程序见表 4－4－2。

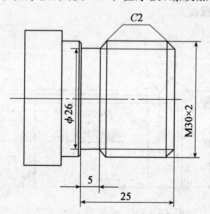

图 4－4－5　螺纹加工

表 4－4－2　螺纹加工程序举例（FANUC 系统与华中系统相同）

程序内容	程序说明
N2；	第二程序段号（螺纹加工段）
N010 M03 S600 T0202 X100.Z100.G95；	主轴指令，选 2 号刀，换刀点，进给量单位为 mm/r
N020 G00 X29.1 Z3.；	第一刀起点，切深 0.9 mm，导入空行程 3 mm
N030 G32 Z-22.0 F2.0；	切削螺距 2 至退刀槽中，导出空行程 2 mm
N040 G00 X32.0；	X 向退刀
N050 G00 Z3.；	Z 向退刀（须同一 Z 起点）

程序内容	程序说明
N060 G00 X28.5. ;	第二刀起点(切深 0.6 mm)
N070 G32 Z-22.0 F2.0;	切削至退刀槽中
N080 G00 X32.0;	X 向退刀
N090 G00 Z3. ;	Z 向退刀
N100 G00 X27.9;	第三刀起点
N110 G32 Z-22.0 F2.0;	切削至退刀槽中
N120 G00 X32.0;	X 向退刀
N130 G00 Z3. ;	X 向退刀
N140 G00 X27.5;	第四刀起点
N150 G32 Z-22.0 F2.0;	切削至退刀槽中
N160 G00 X32.0;	X 向退刀
N170 G00 Z3. ;	X 向退刀
N180 G00 X27.42	第五刀起点(精车)
N190 G32 Z-22.0 F2.0;	切削至退刀槽中
N200 G00 X32.0;	X 向退刀
N210 X100.0 Z100.0;	返回换刀点
N220 M05 ;	主轴停
N230 M30;	程序结束返回程序头

2. G92(G82)螺纹切削循环指令

该指令可循环加工圆柱螺纹和锥螺纹。G92 为 FANUC 系统编程指令,G82 为华中系统编程指令。应用方式与 G90(G80)外圆循环指令有类似之处。

(1) 圆柱螺纹切削循环

FANUC 系统格式:

$$\begin{cases} G00\ X\_\ Z\_(循环起点); \\ G92\ X(U)\_\ Z(W)\_\ F\_; \end{cases}$$

华中系统格式:

$$\begin{cases} G00\ X\_\ Z\_(循环起点) \\ G82\ X(U)\_\ Z(W)\_\ F\_ \end{cases}$$

说　明:

① X_,Z_为螺纹切削终点坐标值;

② U_,W_为螺纹切削终点相对于循环起点的坐标增量;

③ F_为螺纹的导程,单线螺纹时为螺距。

执行 G92(G82)指令时,动作路线如图 4 - 4 - 6 所示:

① 从循环起点快速至螺纹起点(由循环起点 Z 和切削终点 X 决定);

② 螺纹切削至螺纹终点;

③ X 向快速退刀;

④ Z 向快速回循环起点。

【编程举例】零件如图 4 - 4 - 5 所示编制螺纹 M30×2 的加工程序。程序原点为左端轴中心,小径=(30−1.3×2)mm=27.4 mm,分 5 刀加工完成,螺纹加工程序见表 4 - 4 - 3。

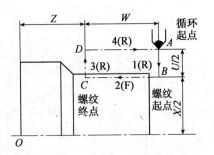

图 4 - 4 - 6　圆柱螺纹切削循环示意

表 4 - 4 - 3　螺纹循环切削程序举例

程序内容		程序说明
FANUC 系统	华中系统	
N3；	N3；	第三程序段号（螺纹加工段）
N010 G99 M03 S600 T0303；	N010 G95 M03 S600 T0303	选 3 号刀,主轴正转,600 r/min,进给量单位为 mm/r
N020 G00 X32.0 Z3.；	N020 G00 X32 Z3	循环起点
N030 G92 X29.1 Z-22.0 F2.0；	N030 G82 X29.1 Z-22 F2	螺纹切削循环 1,进 0.9 mm
N040 X28.5；	N040　　　X28.5 Z-22	螺纹切削循环 2,进 0.6 mm
N050 X27.9；	N050　　　X27.9 Z-22	螺纹切削循环 3,进 0.6 mm
N060 X27.5；	N060　　　X27.5 Z-22	螺纹切削循环 4,进 0.4 mm
N070 X27.4；	N070　　　X27.4 Z-22	螺纹切削循环 5,进 0.1 mm
N080 X100.0 Z100.0；	N080 X100 Z100	返回换刀点
N090 M05 ；	N090 M05	主轴停
N100 M30；	N100 M30	程序结束返回程序头

（2）锥螺纹切削循环

FANUC 系统格式：　　　　　　　　华中系统格式：

$$\begin{cases} G00\ X\_\ Z\_\ ;（循环起点） \\ G92\ X(U)\_\ Z(W)\_\ R\_\ F\_\ ; \end{cases}$$
$$\begin{cases} G00\ X\_\ Z\_（循环起点） \\ G82\ X(U)\_\ Z(W)\_\ I\_\ F\_ \end{cases}$$

说　明：

① X_,Z_为螺纹切削终点坐标值；

② U_,W_为螺纹切削终点相对于循环起点的坐标增量；

③ R_(I)为锥螺纹切削起点与圆锥面切削终点的半径之差；加工圆柱螺纹时,R(I)为零,可省略；

④ F_为螺纹的导程,单线螺纹时为螺距。

如图 4 - 4 - 7 所示,刀具从循环起点开始按梯形循环,最后又回到循环起点,图中虚线表示按 R 快速移动,实线表示按指令的工件进给速度移动。

进行编程时,应注意 R 的正负符号。元论是前置或后置刀架,正、倒锥体或内、外锥体,判断原则都是假设刀具起始点为坐标原点,以刀具 X 向的走刀方向确定正或负。R(I)值的计算和判断与 G90(G80)相同。

【编程举例】如图 4 - 4 - 8 所示,编制锥螺纹加工程序（见表 4 - 4 - 4）。

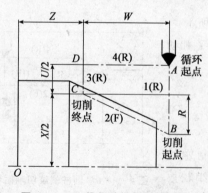

图 4 - 4 - 7　锥螺纹切削循环示意

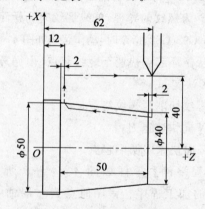

图 4 - 4 - 8　锥螺纹循环切削

表 4 - 4 - 4　锥螺纹循环切削编程实例

程序内容		程序说明
FANUC 系统	华中系统	
N3;	N3;	第三程序段号（螺纹加工段）
N010 G99 M03 S600 T0303;	N010 G95 M03 S600 T0303	选 3 号刀，主轴正转，600 r/min，进给量单位为 mm/r
N020 G00 X80.0 Z62.;	N020 G00 X80 Z62	循环起点
N030 G92 X49.1 Z12.0 R-5.0 F2.0;	N030 G82 X49.1 Z12 I-5 F2	螺纹切削循环 1
N040 X48.5;	N040 X48.5 Z12	螺纹切削循环 2
N050 X47.9;	N050 X47.9 Z12	螺纹切削循环 3
N060 X47.5;	N060 X47.5 Z12	螺纹切削循环 4
N070 X47.1;	N070 X47.1 Z12	螺纹切削循环 5
N080 X47.0;	N080 X47 Z12	螺纹切削循环 6
N090 X100.0 Z100.0;	N090 X100 Z100	返回换刀点
N100 M05 ;	N100 M05	主轴停
N110 M30;	N110 M30	程序结束返回程序头

3. G76 螺纹切削复合循环

在加工螺纹的指令中，G32 指令编程时程序繁琐，G92(G82)指令相对较简单且容易掌握，但需计算出每一刀的编程位置，而采用螺纹切削循环指令 G76，给定相应螺纹参数，只用两个程序段就可以自动完成螺纹粗、精多次路线的加工。

(1) FANUC 系统格式

$$\begin{cases} G76\ P(m)(r)(\alpha)Q(d_{min})R(d); \\ G76\ X(U)\_\ Z(W)\_\ R(i)P(K)Q(d)F(L); \end{cases}$$

说　明：

① m 为精车重复次数，从 01～99，用两位数表示，该参数为模态量；

② r 为螺纹尾端倒角值，该值的大小可设置在 $(0.0～9.9)L$ 之间，系数应为 0.1 的整倍数，用 00～99 之间的两位整数来表示，其中 L 为导程，该参数为模态量；

③ α 为刀尖角度，可从 80°，60°，55°，30°，29°和 0°六个角度中选择用两位整数来表示，该参数为模态量；

④ m,r,α 为用地址 P 同时指定，例如，$m=2,r=1.2L,\alpha=60°$，表示为 P021260；

⑤ Δd_{min} 为最小车削深度，用半径编程指定，单位：μm，该参数为模态量；

⑥ d 为精车余量，用半径编程指定，单位 μm，该参数为模态置；

⑦ X(U)、Z(W) 为螺纹终点绝对坐标或增量坐标；

⑧ i 为螺纹锥度值，用半径编程指定。如果 $i=0$，则为直螺纹，可省略；

⑨ h 为螺纹高度，用半径编程指定，单位 μm；

⑩ Δd 为第一次车削深度，用半径编程指定，单位 μm；

⑪ L 为螺纹的导程。

图 4-4-9 所示为螺纹循环加工路线及进刀法。G76 一般采用斜进式切削方法。由于是单侧刃加工，加工刀刃容易损伤和磨损，使加工的螺纹面不直，刀尖角发生变化，造成牙型精度较差。但由于其为单侧刃工作，刀具负载较小，排屑容易，并且切削深度为递减式，因此，此加工方法一般适用于大螺距螺纹的加工。由于此加工方法排屑容易，刀刃加工工况较好，在螺纹

精度要求不高的情况下,此加工方法更为方便。在加工较高精度螺纹时,可采用两刀加工完成,即先用 G76 加工方法进行粗车,然后用 G32 加工方法精车。但要注意刀具起始点要准确,不然容易乱牙造成零件报废。

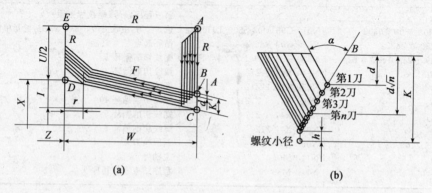

图 4 - 4 - 9　螺纹循环加工路线及进刀法(FANUC 系统)

(2) 华中系统格式

G76 C(c)R(r)E(e)A(α)X(x)Z(z)I(i)K(k)U(d)V(Δd_{min})Q(Δd)P(p)F(L)

说　明:

① c 为精车重复次数,从 01~99,用两位数表示,该参数为模态量;

② r、e 为螺纹尾端倒角值,用 00~99 之间的两位整数来表示,该参数为模态量;

③ α 为刀尖角度,可从 80°、60°、55°、30°、29° 和 0° 六个角度中选择用两位整数来表示,该参数为模态量;

④ X(U)Z(W) 为螺纹终点绝对坐标或增量坐标;

⑤ i 为螺纹锥度值,用半径编程指定。如果 $i=0$,则为直螺纹,可省略;

⑥ k 为螺纹高度,用半径编程指定;

⑦ Δd_{min} 为最小车削深度,用半径编程指定,该参数为模态量;

⑧ d 为精车余量,用半径编程指定,该参数为模态量;

⑨ Δd 为第一次车削深度,用半径编程指定;

⑩ p 为主轴基准脉冲处距离切削起始点的主轴转角;

⑪ L 为螺纹的导程。

图 4 - 4 - 10 所示为螺纹循环加工路线及进刀法。G76 一般采用斜进式切削方法。

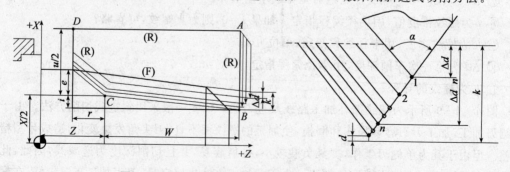

图 4 - 4 - 10　螺纹循环加工路线及进刀法(华中系统)

4. 编程示例

零件如图 4 - 4 - 11 所示,零件毛坯直径为 φ40 mm,无热处理要求。

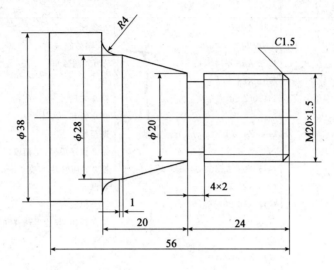

图 4 - 4 - 11　螺纹循环

(1) 工艺处理

根据零件图分析,需加工外形、切槽和车螺纹。需刀具:1 号外圆刀,2 号外切槽刀,3 号外三角形螺纹刀。工艺路线如下:

① 外形粗加工。

② 外形精加工。

③ 切槽。

④ 车螺纹(用 G76 循环指令)。

(2) 编　程

G76 螺纹循环程序见表 4 - 4 - 5。

表 4 - 4 - 5　G76 螺纹循环举例

程序内容		程序说明
FANUC 系统	华中系统	
O4011;	O4011	文件名
	％0010	程序名
N1;	N1	第 1 程序段号(外轮廓粗、精加工段)
G99 T0101 M03 S800;	G95 T0101 M03 S800	1 号外圆刀,主轴转速 800 r/min
G00 X42. Z2. ;	G00 X42 Z2	快速至 G71 循环起点
G71 U2. R1. ;		外圆粗车循环,每层切深 2 mm,退刀量 1 mm
G71 P50 Q100 U1. W0. 5 F0. 2;	G71 U2 R1 P50 Q100 X1 Z0. 5 F0. 2	倒角 X 向起点精车路线为 N50～N100
N50 G00 X17. ;	N50 G00 X17	
G01 Z0 F0. 05 M03 S1000;	G01 Z0 F0. 05 M03 S1000	空切至倒角 Z 向起点,精车主轴转速 1 000 r/min
X19. 8 Z-1. 5 ;	X19. 8 Z-1. 5	倒角,X19.8
Z-24. ;	Z-24	精车螺纹外圆
X20. ;	X20	锥体起点

程序内容		程序说明
FANUC 系统	华中系统	
X28. Z-39. ;	X28 Z-39	车锥体
Z-40. ;	Z-40	R4 圆弧起点
G02 X36. Z-44. R4. ;	G02 X36 Z-44 R4	车 R4 圆弧角
G01 X38. ;	G01 X38	台　阶
N100 Z-56. ;	N100 Z-56	精车末段
G70 P50 Q100;		精车循环
G00 X100. Z100. ;	G00 X100 Z100	退至换刀点
N2;	N2	第 2 程序段号(切槽段)
T0202 M03 S400;	G95 T0202 M03 S400	换 2 号切槽刀,切宽 4 mm,主轴转速 400 r/min
G00 X22. Z-24. ;	G00 X22 Z-24	切槽起点
G01 X16. F0.1 ;	G01 X16 F0.1	切至槽底
G00 X80. ;	G00 X80	X 向退出(只能单轴移动)
Z150. ;	Z150	Z 向退出
G00 X100. Z100.	G00 X100 Z100	
N3;	N3	第 3 程序段号(加工螺纹段)
G99 T0303 M03 S600;	G95 T0303 M03 S600	换 3 号螺纹刀,主轴转速 600r/min
G00 X30.0 Z10. ;	G00 X30 Z10	循环起点
G76 P010060 Q50 R0.05;	G76 C2 R0 E0 A60 X18.05 Z-22	精加工 1 次,倒角 0,60°三角螺纹;最小切深 0.05 mm;精加工余量 0.05 mm
G76 X18.05 Z-22. P975 Q200 F1.5	K0.975 U0.05 V0.05 Q0.2 F1.5	牙深 0.975 mm,第一刀切深 0.2 mm
G00 X100.0 Z100.0;	G00 X100 Z100	返回换刀点
M05 ;	M05	主轴停
M30;	M30	程序结束返回程序头

任务实施

一、图样分析

零件如图 4 - 4 - 1 所示,毛坯直径 ϕ34 mm,粗、精加工外圆表面、倒角、切槽、外螺纹和左端切断等加工。根据零件外形分析,此零件需外圆刀和 3 mm 切槽刀及外螺纹车刀。

二、确定工件的装夹方案

由于毛坯为棒料,用三爪自定心卡盘夹紧定位,一次加工完成。工件伸出一定长度便于切断加工操作。

三、确定加工路线

① 外圆粗、精加工。

② 切槽(刀宽 3 mm)。

③ 车削 M20×2 螺纹。

④ 切断。

四、填写加工刀具卡和工艺卡

图 4 - 4 - 1 所示工件的加工刀具卡和工艺卡见表 4 - 4 - 6。

表 4-4-6 工件刀具工艺卡

零件图号	4-1-1	数控车床加工工艺卡		机床型号	CAK6150
零件名称	螺柱			机床编号	CAK4085si

刀具表				量具表	
刀具号	刀补号	刀具名称	刀具参数	量具名称	规格/(mm·mm⁻¹)
T01	01	93°外圆粗、精车刀	D型刀片 $R=0.4$	游标卡尺 千分尺	0~150/0.02 25~50/0.01
T02	02	切槽刀	刀宽 3 mm	游标卡尺	0~150/0.02
T03	03	60°外螺纹车刀		游标卡尺 环规	0~150/0.02 M20×2

工 序	工 艺 内 容	切削用量			加工性质
		$S/\text{r·min}^{-1}$	$f/(\text{mm·r}^{-1})$	α_p/mm	
1	粗车外形	600~800	0.2	2	自 动
2	精车外形	1200	0.1	0.5~1	自 动
3	切 槽	400	0.15		自 动
4	车螺纹	600	2		自 动
5	切 断	600	0.15		手 动

五、编写加工程序

图 4-4-1 所示工件的加工程序见表 4-4-7。

表 4-4-7 螺柱零件切削程序

程序内容		程序说明
FANUC 系统	华中系统	
O2012;	O2012 %0011	文件名
N1;	N1	第一程序段号（外圆粗、精加工段）
N010 G99 M03 S600 T0101;	N010 G95 M03 S600 T0101	选1号刀,主轴正转,600 r/min,进给量单位 mm/r
N020 G00 X35.0 Z2.0;	N020 G00 X35 Z2	循环起点
N030 G90 X30.5 Z-50.0 F0.2;	N030 G80 X30.5 Z-50F0.2	粗车循环1
N040 X25.0 Z-35.0;	N040 X25 Z-35	粗车循环2
N050 X21.5;	N050 X21.5	粗车循环3
N060 G00 X18.0 Z0 M03 S1200;	N060 G00 X18 Z0 M03 S1200	精车起点,1 200 r/min
N070 G01 X19.8 Z-1.0 F0.1;	N070 G01 X19.8 Z-1 F0.1	倒角C1
N080 Z-28.0;	N080 Z-28	精车螺纹外圆
N090 X20.0;	N090 X20	退 刀
N100 Z-35.0;	N100 Z-35	精车 φ20 mm 外圆
N110 X30.0;	N110 X30	退 刀
N120 Z-50.0;	N120 Z-50	精车 φ30 mm 外圆
N130 G00 X100.0 Z100.0;	N130 G00 X100 Z100	返回换刀点
N2;	N2	第二程序段号（切槽）
N140 G99 M03 S400 T0202;	N140 G95 M03 S400 T0202	选2号刀,主轴正转,400 r/min,进给量单位为 mm/r
N150 G00 X23.0 Z-35.0;	N150 G00 X23 Z-35	切槽起点
N160 G01 X17.0 F0.15;	N160 G01 X17 F0.15	切槽至底径
N170 X22.0;	N170 X22	X 向退出

程序内容		程序说明
FANUC 系统	华中系统	
N180 G0 X100.0 Z100.0;	N180 G0 X100 Z100	返回换刀点
N3;	N3	第三程序段号(车螺纹)
N190 G99 M03 S600 T0303;	N190 G95 M03 S600 T0303	选 3 号刀,主轴正转,600 r/min,进给量单位为 mm/r
N200 G00 X22.0 Z5.0;	N200 G00 X22 Z5	螺纹循环起点
N210 G92 X19.1 Z-26.0 F2.0;	N210 G82 X19.1 Z-26 F2	螺纹切削循环 1
N220 X18.5;	N220 X18.5 Z-26	螺纹切削循环 2
N230 X17.9;	N230 X17.9 Z-26	螺纹切削循环 3
N240 X17.5;	N240 X17.5 Z-26	螺纹切削循环 4
N250 X17.4;	N250 X17.4 Z-26	螺纹切削循环 5
N260 G00 X100.0 Z100.0;	N260 G00 X100 Z100	返回换刀点
N270 M05;	N270 M05	主轴停
N280 M30;	N280 M30	程序结束返回程序头

六、加工过程

① 机床准备。

② 对刀(3 把刀)。

③ 输入程序。

④ 程序校验及加工轨迹仿真。

⑤ 自动加工。

七、检验方法

外螺纹的检验方法有两类:综合检验和单项检验。通常进行综合检验,综合检验就是用环规对影响螺纹互换性的几何参数偏差的综合结果进行检验,如表 4 - 4 - 12 所示。

外螺纹环规分为通端与止端,如果被测外螺纹能够与环规通端旋合通过,且与环规止端不完全旋合通过(螺纹止规只允许与被测螺纹两段旋合,旋合量不得超过两个螺距),就表明被测外螺纹的中径没有超过其最大实体牙型的中径,且单一中径没有超出其最小实体牙型的中径,那么就可以保证旋合性和连接强度,则被测螺纹中径合格,否则不合格。

八、操作注意事项

① 为了保证加工基准的一致性,在多把刀具对刀时,可以先用一把刀具加工出一个基准,其他各把刀具依次为基准进行对刀。

表 4 - 4 - 12　外螺纹环规

② 加工螺纹时主轴转速、"倍率"不能改变,否则会造成乱扣。

九、质量误差分析

螺纹加工误差分析见表 4 - 4 - 8。

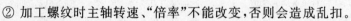

表 4 - 4 - 8　螺纹加工误差分析

误差现象	产生原因	预防和解决方法
切削过程出现振动	(1)工件装夹不正确 (2)刀具安装不正确 (3)切削参数不正确	(1)检查工件安装,增加安装刚性 (2)调整刀具安装位置 (3)提高或降低切削速度
螺纹牙顶呈刀口状	(1)刀具角度选择错误 (2)螺纹外径尺寸过大 (3)螺纹切削过深	(1)选择正确的刀具 (2)检查并选择合适的工件外径尺寸 (3)减小螺纹切削深度
螺纹牙型过平	(1)刀具中心错误 (2)螺纹切削深度不够 (3)刀具牙型角度过小 (4)螺纹外径尺寸过小	(1)选择合适的刀具并调整刀具中心的高度 (2)计算并增加切削深度 (3)适当增大刀具牙型角 (4)检查并选择合适的工件外径尺寸
螺纹牙型底部圆弧过大	(1)刀具选择错误 (2)刀具磨损严重	(1)选择正确的刀具 (2)重新刃磨或更换刀片
螺纹牙型底部过宽	(1)刀具选择错误 (2)刀具磨损严重 (3)螺纹有乱牙现象	(1)选择正确的刀具 (2)重新刃磨或更换刀片 (3)检查加工程序中有无导致乱牙的原因 (4)检查主轴脉冲编码器是否松动、损坏 (5)检查 Z 轴丝杠是否有窜动现象
螺纹牙型半角不正确	刀具安装角度不正确	调整刀具安装角度
螺纹表面质量差	(1)切削速度过低 (2)刀具中心过高 (3)切削控制较差 (4)刀尖产生积屑瘤 (5)切削液选用不合理	(1)调高主轴转速 (2)调整刀具中心高度 (3)选择合理的进刀方式及切深 (4)选择合适的切削液并充分喷注
螺距误差	(1)伺服系统滞后效应 (2)加工程序不正确	(1)增加螺纹切削升速段和降速段的长度 (2)检查并修改加工程序

任务评价

螺柱零件综合评分表见附表 4 - 4 - 1。

课题五　较复杂轴类零件的编程与加工

学习目标:

◇ 应用 G00、G01、G02/G03、G92(G82)和 G71(G70)指令综合手工编程;

◇ 能够对较复杂轴零件进行数控车削工艺分析;

◇ 掌握多把刀对刀方法及刀具半径补偿的设置和应用;

◇ 完成零件两次装夹的操作加工。

任务引入

零件如图 4 - 5 - 1 所示,毛坯尺寸 φ50 mm×152 mm,要求按图样进行单件加工。

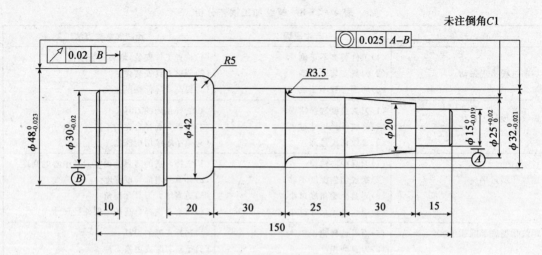

图 4 - 5 - 1 较复杂零件的加工

任务分析

该零件为典型轴类零件,本课题介绍复合形状固定循环指令的应用、程序的编制和加工方法等内容。

相关知识

外圆复合循环指令介绍如下。

1. FANUC 系统粗车复合循环指令

(1) 粗车复合循环指令 G71

G71 指令在使用时只需在程序中指定精加工路线,给出粗加工每次吃刀量,指令会自动重复切削,配合 G70 精加工循环,直至完成零件的加工,相对于 G01 和 G00,G71 指令使得编程变得简便,程序内容也大为缩短。适用于车削圆棒料毛坯的零件。

指令格式:$\begin{cases} G71\ U(\Delta d)R(e); \\ G71\ P(n_s)Q(n_f)U(\Delta u)W(\Delta w)F(f)S(s)T(t); \end{cases}$

说 明:

① Δd 为 X 向每次切削深度(半径值);

② e 为退刀量;

③ n_s 为精加工形状程序的第一个段号;

④ n_f 为精加工形状程序的最后一个段号(终点为 B 点的程序段);

⑤ Δu 为 X 方向上的精加工余量(直径值);

⑥ Δu 为 Z 方向上的精加工余量;

⑦ f、s、t 当包含在 n_s 到 n_f 程序段中的任何 F,S 或 T 功能在循环中被忽略,而在 G71 程序段中的 F,S 或 T 功能有效。

G71 指令段中的参数见图 4 - 5 - 2。数控装置首先根据用户编写的精车加工路线和每次切削深度,在预留出 X 和 Z 向精加工余量后,计算出粗加工的刀数和每刀的路线坐标值,刀具按层以加工外圆柱面的形式将余量切除,然后形成与精加工轮廓偏相似的轮廓。粗加工结束后,可使用 G70 指令完成精加工。

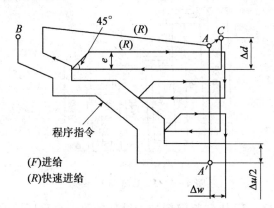

图 4-5-2 G71 指令线路及参数示意

如在图 4-5-2 中用程序决定 A 至 B 的精加工形状,用 Δd(分层切削深度)车掉指定的区域,留精加工预留量 $\Delta u/2$ 及 Δw。则刀具起始在点 A,此指令可实现背吃刀量为 Δd,精加工余量为 $\Delta u/2$ 和 Δw 的粗加工循环。其中 Δd 为背吃刀量(半径值),该量无正负号,刀具的切削方向取决于 AA' 方向;e 为退刀量,可由参数设定;n_s 指定精加工路线的第一个程序段的顺序号;n_f 指定精加工路线的最后一个程序段的顺序号。

(2)封闭切削粗车循环 G73

它适用于毛坯轮廓形状与零件轮廓形状基本接近的铸或锻毛坯件。

其指令格式为:

$$\begin{cases} \text{G73 U}(\Delta i)\text{W}(\Delta k)\text{R}(d); \\ \text{G73 P}(n_s)\text{Q}(n_f)\text{U}(\Delta u)\text{W}(\Delta w)\text{F}(f)\text{S}(s)\text{T}(t); \end{cases}$$

说　明:

① Δi 为粗切时径向切除的总余量(半径值);

② Δk 为粗切时轴向切除的总余量 ;

③ d 为循环次数。

该指令其他参数含义与 G71 相同。

其走刀路线如图 4-5-3 所示。执行 G73 功能时,每一刀的切削路线的轨迹形状是相同的,只是位置不同。每走完一刀,就把切削轨迹向工件移动一个位置,因此对于经锻造和铸造等粗加工已初步成型的毛坯,可高效加工。

(3)G70 精加工复合循环指令

指令格式:G70 P(n_s)Q(n_f);

说　明:

① n_s 为精加工形状程序的第一个段号;

② n_f 为精加工形状程序的最后一个段号。

G70 指令一般用于 G71 或 G73 粗车削循环后,G70 按 G71 或 G73 等指定的精加工路线,

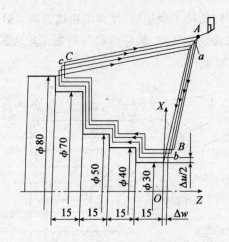

图 4-5-3 G73 编程举例

切除粗加工中留下的余量。其中 n_s 指定精加工循环的第一个程序段的顺序号；n_f 指定精加工循环的最后一个程序段的顺序号，共用 G71 或 G73 指令中的 $n_s \sim n_f$ 精加工路线段。

注意：在粗加工循环 G71 或 G73 状态下，如在 G71 或 G73 指令段以前或在指令段中指令了 F、S、T，则 G71 或 G73 中指令的 F、S、T 优先有效，而 N(n_s) 至 N(n_f) 程序段中指令的 F、S、T 无效；在精加工循环 G70 状态下，则 N(n_s) 至 N(n_f) 程序段中的 F、S、T 有效。在 G70～G73 功能中 N(n_s) 至 N(n_f) 间的程序段不能调用子程序。循环结束后刀具将快速回到循环起始点。

G71 指令大大简化编程及计算，不必考虑毛坯的粗加工路线及坐标的计算。只需在程序中设好循环起点，编制精加工路线，如图 4-5-4 所示。

2. 华中系统粗车复合循环指令

(1) 粗加工复合循环 G71

指令格式：G71 U(Δd) R(e) P(n_s) Q(n_f) X(Δx) Z(Δz) F(f) S(s) T(t)

指令功能：切除棒料毛坯大部分加工余量，切削是沿平行 Z 轴方向进行，如图 4-5-5 所示，A 为循环起点，A—A′—B 为精加工路线。

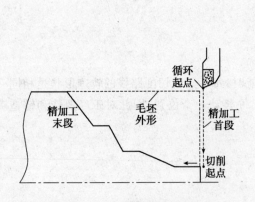

图 4-5-4 G71 编程路线

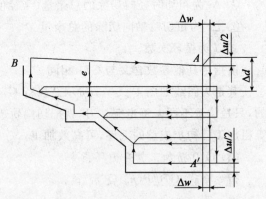

图 4-5-5 外圆粗加工循环

说 明：

① Δd 为每次切削深度(半径值)，无正负号；

② e 为退刀量(半径值),无正负号;

③ n_s 为精加工路线第一个程序段的顺序号;

④ n_f 为精加工路线最后一个程序段的顺序号;

⑤ Δx 为 X 方向的精加工余量,直径值;

⑥ Δz 为 Z 方向的精加工余量;

⑦ f、s、t 在粗加工时 G71 中编程的 F、S、T 有效,而精加工时处于 n_s 到 n_f 程序段之间的 F、S、T 有效。

使用循环指令编程,首先要确定换刀点、循环点 A、切削始点 A′ 和切削终点 B 的坐标位置。为节省数控机床的辅助工作时间,从换刀点至循环点 A 使用 G00 快速定位指令,循环点 A 的 X 坐标位于毛坯尺寸之外,Z 坐标值与切削始点 A′ 的 Z 坐标值相同。

其次,按照外圆粗加工循环的指令格式和加工工艺要求写出 G71 指令程序段,在循环指令中有两个地址符 U,前一个表示背吃刀量,后一个表示 X 方向的精加工余量。在程序段中若有 P、Q 地址符,则地址符 U 表示 X 方向的精加工余量,反之表示背吃刀量(背吃刀量无负值)。

A′→B 是工件的轮廓线,A→A′→B 为精加工路线,粗加工时刀具从 A 点后退 $\Delta u/2$、Δw,即自动留出精加工余量。顺序号 n_s 至 n_f 之间的程序段描述刀具切削加工的路线。

(2) 封闭轮廓复合循环 G73

指令格式:G73 U(Δi)W(Δk)R(m)P(n_s)Q(n_f)X(Δu)Z(Δw)F(f)S(s)T(t)

指令功能:适于毛坯轮廓与零件轮廓形状基本接近的铸造和锻造成型毛坯;精车路线:$A \rightarrow A_1 \rightarrow B \rightarrow A$,如图 4-5-6 所示。

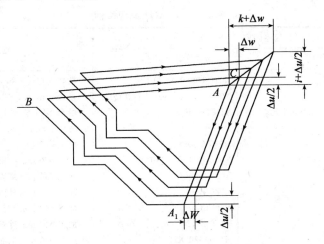

图 4-5-6 封闭轮廓复合循环 G73

说　明:

① i 为 X 轴(径向)粗车总余量;

② Δk 为 Z 轴(轴向)粗车总余量;

③ m 为粗切次数;

④ n_s 为精加工程序段的开始程序行号;

⑤ n_f 为精加工程序段的结束程序行号;

⑥ Δu 为径向(X 轴方向)的精加工余量;

⑦ Δw 为轴向(Z 轴方向)的精加工余量;

⑧ f、s、t 为粗切时的进给速度、主轴转速和刀补设定。

注意:精车的 F、S、T 在 n_s 到 n_f 的程序段中指定。

3．编程举例

编制图 4-5-7 所示阶台轴的加工程序。

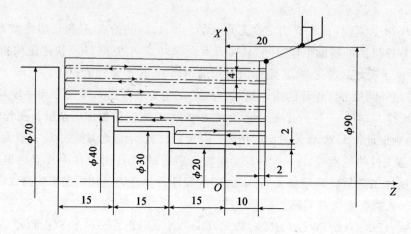

图 4-5-7　阶台轴

用 G71 编制阶台轴程序见表 4-5-1。

表 4-5-1　G71 编程举例

程序内容		程序说明
FANUC 系统	华中系统	
N020 G00 X72.0 Z12.0	N020 G00 X72 Z12	循环起点
N030 G71 U2.0 R0.5;	N030 G71 U2 R0.5 P50 Q110	切深 2 mm,退刀 0.5 mm
N040 G71 P50 Q110 U1.0 W0.1 F0.2;	X1 Z0.1 F0.2	精车 N50 至 N110,精车余量 X 向 1 mm, Z 向 0.1 mm
N050 G00 X20.0;	N050 G00 X20	加工轮廓起点
N060 G01 Z-15.0 F0.15;	N060 G01 Z-15 F0.15	加工 $\phi20$ mm 外圆
N070 X30.0;	N070 X30	加工 $\phi30$ mm 端面
N080 Z-30.0;	N080 Z-30	加工 $\phi30$ mm 外圆
N090 X40.0;	N090 X40	加工 $\phi40$ mm 端面
N100 Z-45.0;	N100 Z-45	加工 $\phi40$ mm 外圆
N110 G00 X72.0;	N110 G00 X72	加工 $\phi70$ mm 端面 退刀
N120 G70 P50 Q110;		精加工指令
N130 X100.0 Z100.0;	N130 X100 Z100	返回换刀点
N140 M05;	N140 M05	主轴停
N150 M30;	N150 M30	主程序结束并返回

任务实施

一、图样分析

图 4-5-1 所示为典型轴类零件,从图纸尺寸外形精度要求来看,有 5 处径向尺寸都有较

高的精度要求,且其表面粗糙度都为 $Ra1.6$。

二、确定工件的装夹方案

粗、精加工装夹时,根据该零件有端面跳动度和同轴度形位精度要求,此零件可采用一夹一顶的装夹方式进行加工,以左端台阶精加工面作轴向限位,可保证轴向尺寸的一致性(也可采两顶尖装夹)。

三、切削用量选择

① 粗加工切削用量选择:切削深度 $a_p=2\sim3$ mm(单边);主轴转速 $n=600\sim800$ r/min;进给量 $f=0.1\sim0.2$ mm/r。

② 精加工切削用量选择:切削深度 $a_p=0.5\sim1$ mm(单双边);主轴转速 $n=800\sim1\,200$ r/min;进给量 $f=0.05\sim0.1$ mm/r。

在实际操作当中可通过进给"倍率"开关进行调整。

四、确定加工路线

(1) 粗、精加工零件左端 $\phi30$ mm 及 $\phi40$ mm 外圆并倒两直角

装夹毛坯,伸出约 50 mm,此处为简单的台阶外圆,可应用 G01,G90 或 G71,G70 编制程序。

(2)加工右端形面

① 工件调头,装夹 $\phi30$ mm 外圆,顶上顶尖。

② 用 G71 指令粗去除 $\phi15$ mm、$\phi25$ mm、$\phi32$ mm 和 $\phi42$ mm 外圆尺寸,X 向留 0.5 mm,Z 向留 0.1 mm 的精加工余量。

③ 用 G70 指令进行外形精加工。

五、填写加工刀具卡和工艺卡

图 4 - 5 - 1 所示工件的加工刀具卡和工艺卡见表 4 - 5 - 2。

表 4 - 5 - 2　工件刀具工艺卡

零件图号	4 - 5 - 1	数控车床加工工艺卡		机床型号	CAK6150
零件名称	螺柱件			机床编号	CAK4085si
刀具表				量具表	
刀具号	刀补号	刀具名称	刀具参数	量具名称	规格/mm·mm^{-1}
T01	01	93°外圆粗、精车刀	D 型刀片 R=0.4	游标卡尺 千分尺	0～150/0.02 25～50/0.01

工　序	工艺内容	切削用量			加工性质
		S/r·min^{-1}	f/mm·r^{-1}	a_p/mm	
1	粗车外形	600～800	0.2	2	自　动
2	精车外形	1200	0.1	0.5～1	自　动

六、编写加工程序

图 4 - 5 - 1 所示工件的加工程序见表 4 - 5 - 3。

表 4-5-3 较复杂零件切削程序

程序内容		程序说明
FANUC 系统	华中系统	
O4014	O42014	程序号（加工左面）
	%42014	起始符
N010 G99 M03 S800 T0101;	N010 G95 M03 S800 T0101	主轴转速 800 r/min，1 号刀
N011 G00 X100. Z100. ;	N011 G00 X100 Z100	换刀点
N020 G00 X52.0 Z2.0;	N020 G00 X52 Z2	G71 循环起点
N030 G71 U2.0 R0.5;	N030 G71 U2 R0.5 P50 Q120	切深 2 mm，退刀 0.5 mm
N040 G71 P50 Q120 U0.5 W0.1 F0.2;	N040 X0.5 Z0.1 F0.2 S600	精车路线 N50 至 N120 X、Z 向分别留 0.5 和 0.1 mm 精车余量，粗车进给量 0.2 mm，粗车转速 800 r/min
N050 G00 X28. ;	N050 G00 X28	精车第一段（须单轴运动）倒角起点（X28）
N060 G01 Z0 ;	N060 G01 Z0	
N070 G01 X30. Z-1.0;	N070 G01 X30 Z-1.0	倒角
N080 Z-10.0;	N080 Z-10	φ30 mm 外圆
N090 X46.0;	N090 X46	平台阶
N100 X48.0 W-1.0;	N100 X48 W-1	倒第二处角
N110 Z-32.0;	N110 Z-32	φ48 mm 外圆精车最后一段
N120 X52.0;	N120 X52	退刀（注意 Z 向距离）
N130 G70 P50 Q120 F0.1;		精车循环加工
N0140 G00 X100.0 ;	N0140 G00 X100	退刀（注意 Z 向距离）
N0141 Z100;	N0141 Z100	
N150 M05;	N150 M05	主轴停止
N160 M30;	N160 M30	程序结束
04013	O42013	程序号（加工右面）
N010 G99 M03 S800 T0101;	N010 G95 M03 S800 T0101	1 号车刀，主轴转速 800 r/min
N011 G00 X100. Z5.	N011 G00 X100 Z5	换刀点
N020 X52.0 Z2.0;	N020 X52 Z2	G71 循环起点
N030 G71 U2.0 R0.5;	N030 G71 U2 R0.5 P50 Q180	每刀单边切深 2 mm，退刀量 0.5 mm
N040 G71 P50 Q180 U0.5 W0.1 F0.2;	U0.5 W0.1 F0.2	精车路线 N050 至 N180
N050 G00 X13.0	N050 G00 X13	精车首段
N060 G01 Z0 ;	N060 G01 Z0	倒角起点
N070 G01 X15.0 Z-1.0;	N070 G01 X15 Z-1	倒角
N080 Z-15.0;	N080 Z-15	加工 φ15 mm 外圆
N090 X20.0;	N090 X20	锥体起点
N100 X25.0 W-30.0;	N100 X25 W-30	车锥体
N110 W-21.5;	N110 W-21.5	加工 φ25 mm 外圆
N120 G02 X32.0 W-3.5 R3.5;	N120 G02 X32 W-3.5 R3.5	车 R3.5 mm 圆角
N130 W-30.0;	N130 W-30	加工 φ32 mm 外圆
N140 G03 X42.0 W-5.0 R5.0;	N140 G03 X42 W-5 R5	车 R5 mm 圆角
Z- N150 G01 Z-120.0 ;	Z- N150 G01 Z-120	加工 φ42 mm 外圆
N160 X46.0;	N160 X46	倒角起点
N170 X49.0 W-1.5 ;	N170 X49 W-1.5	倒角
N180 X50.0;	N180 X50	精车末段

续表 4-5-3

程序内容		程序说明
FANUC 系统	华中系统	
N220 G70 P50 Q180 F0.1; N230 X100.0 Z5.0; N240 M05; N250 M30;	N190 G00 X100 Z5 N240 M05 N250 M30	G70 精加工外形 退刀 主轴停止 程序结束

七、加工过程

① 此工件要经两个程序加工完成,所以调头时重新确定工件原点,程序中编程原点要与工件原点相对应,执行完成第一个程序后,工件调头执行另一程序时需重新对两把刀的 Z 向原点,因为 X 向原点在轴线上,无论工件大小都不会改变的,所以 X 方向不必再次对刀。

② 输入程序。

③ 进行程序校验及加工轨迹仿真。

④ 自动加工。

⑤ 零件精度检测。

八、操作注意事项

① 采用顶尖装夹方式最应注意的是刀具和刀架与尾座顶尖之间的距离。刀伸出长度要适当,要确认刀尖能到达 $\phi28$ mm 时刀架不与尾座碰撞;

② 刀头宽度及起刀点离 Z 向距离要适当;

③ 换刀点只能在工件正上方某一安全位置,程序不能用 G28 回参考点指令,以免发生碰撞。

思考与练习

应用轴类零件加工编程指令编写图 4-5-8～图 4-5-10 所示零件加工程序。

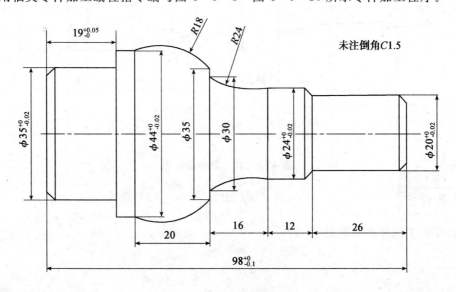

图 4-5-8　复杂零件 1

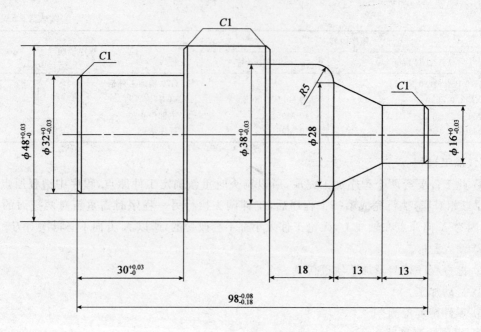

图 4-5-9　复杂零件 2

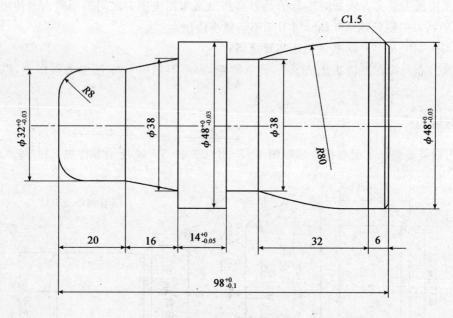

图 4-5-10　复杂零件 3

任务评价

综合件加工评分表见附表 4-5-1。

模块五 套类零件的编程及加工

课题一 简单套类零件的编程及加工

学习目标：

◇ 能够对简单套类零件进行数控车削工艺分析；

◇ 掌握镗孔刀的安装、使用与对刀的方法；

◇ 掌握内孔加工的程序编制方法，能够完成简单套类零件的加工。

任务引入

图 5-1-1 所示为一简单套类零件，工件长度为 50 mm，外圆 3 个阶台尺寸分别为 ϕ42 mm、ϕ40 mm 和 ϕ36 mm。内孔 3 个阶台尺寸分别为 ϕ30 mm、ϕ24 mm、ϕ26 mm，技术要求：锐角倒钝 C0.5。

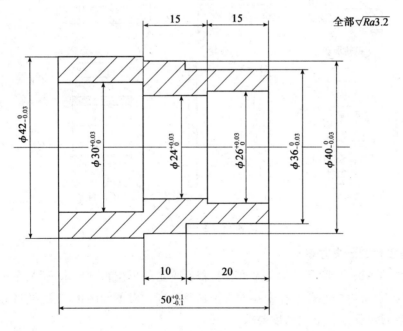

图 5-1-1 简单套类零件

任务分析

图 5-1-1 所示为一简单套类零件，该零件表面由 3 个阶台组成，其中多个直径尺寸与轴向尺寸有较高的尺寸精度和表面粗糙度要求。零件图尺寸标注完整，符合数控加工尺寸标注要求；轮廓描述清楚完整；零件材料为 45 号钢，加工切削性能较好，无热处理和硬度

要求。

　　套类零件是机械加工中常见的一种加工形式,套类零件要求除尺寸和形状精度外,内孔一般作为配合和装配基准,孔的直径尺寸公差等级一般为 IT7,精密轴套可取 IT6,孔的形状精度应控制在孔径公差以内,对于长度较长的轴套零件,除了圆度要求以外,还应注意内孔面的圆柱度,端面内孔轴线的圆跳动和垂直度,以及两端面的平行度等项要求。

相关知识

　　套类零件在机器设备中用得非常普遍,多与同属性回转体零件的轴类零件配合。套类零件一般指零件的内外圆直径差较小,并以内孔为主要特征的零件。零件的主要表面为同轴度要求较高的内外圆表面;零件壁的厚度较薄且易变形。盘类零件的结构一般由孔、外圆、端面、沟槽以及内螺纹、内锥面和内型面等组成。盘类零件大都带有"中孔",常见的有轴承套、衬套、齿轮、带轮和轴承端盖等,如图 5-1-2 所示。

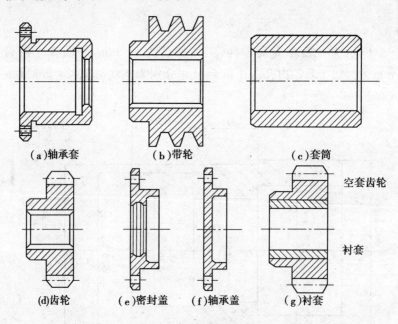

（a）轴承套　　（b）带轮　　（c）套筒　　(d)齿轮　　（e）密封盖　　（f）轴承盖　　（g）衬套　　空套齿轮　衬套

图 5-1-2　套类零件

一、套类零件的装夹方案

　　套类零件的内圆、外圆和端面与基准轴线都有一定的形位精度要求,套类零件精加工基准可以选择外圆,但常以中心孔及一个端面为精加工基准。对不同结构的盘类零件,不可能用一种工艺方案就可以保证其形位精度要求。

　　根据套类零件的结构特点,数控车加工中可采用三爪卡盘、四爪卡盘或花盘装夹,由于三爪卡盘定心精度存在误差,不适于同轴度要求高的工件的二次装夹。对于能一次加工完成内外圆端面、倒角和切断的小套类零件,可采用三爪卡盘装夹。较大零件经常采用四爪卡盘或花盘装夹,对于精加工零件一般可采用软卡爪装夹,也可以采用心轴装夹,对于较复杂的套类零件有时也采用专用夹具来装夹。

二、刀具的选择

加工套类零件外圆柱面的刀具选择与轴类零件相同。加工内孔是套类零件的特征之一，根据内孔工艺要求，加工方法较多，常用的有钻孔、扩孔、铰孔、镗孔、磨孔、拉孔和研磨孔等，根据不同的加工方法选择适用的加工刀具。

套类零件一般包括外圆、锥面、圆弧、槽、孔和螺纹等结构。根据加工需要，常用的刀具有粗车镗孔车刀、精车镗孔车刀、内槽车刀、内螺纹车刀以及中心钻与麻花钻等。

三、切削用量的选择

根据被加工表面质量要求、刀具材料和工件材料，参考切削用量手册或有关资料选取切削速度与每转进给量，然后利用公式 $v_c = \pi d n / 1\,000$ 和 $v_f = n f$ 计算主轴转速与进给速度（计算过程略），计算结果填入工序卡中。

背吃刀量的选择因粗、精加工而有所不同。粗加工时，在工艺系统刚性和机床功率允许的情况下，尽可能取较大的背吃刀量，以减少进给次数；精加工时，为保证零件表面粗糙度要求，背吃刀量一般取 0.1~0.4 mm 较为合适。

四、切削液的选择

套类零件在数控车加工中比轴类零件存在更大的难度，由于套类零件的特性使得切削液不易达到切削区域，切削区的温度较高，切削车刀的磨损也比较严重。为了使工件减少加工变形，提高加工精度。应根据不同的工件材料，选择适合的切削液，应适时地调整切削液的浇注位置。

五、调头加工时确保总体长度的方法

在前面的课题中进行了半轴零件的加工，本课题开始要进行掉头加工，这就需要确保零件的总体长度。常用的方法为在加工前，将毛坯的两端都进行平端面操作，在平端面的过程中将毛坯加工到所要求的长度。再掉头加工，进行 Z 轴对刀时使车刀与端面轻微接触，然后在对刀操作界面中输入试切值，而不再进行平端面的加工操作。

任务实施

一、确定工件的装夹方案

此零件需经二次装夹才能完成加工，第一次夹左端车右端，完成钻通孔、ϕ36 mm、ϕ40 mm 外圆与 ϕ26 mm、ϕ24 mm 内孔的加工；第二次以 ϕ36 mm 精车外圆为定位基准，先进行 ϕ42 mm 外圆的加工，然后完成 ϕ30 mm 内孔的加工。

二、确定加工路线

① 平端面（确定总体长度）。

② 钻毛坯孔 ϕ22 mm。

③ 粗、精车 ϕ36 mm 和 ϕ40 mm 外圆。

④ 粗、精车 ϕ26 mm 和 ϕ24 mm 内孔。

⑤ 工件调头，夹 ϕ36 mm 外圆。

⑥ 粗、精车 ϕ42 mm 外圆。

⑦ 粗、精车 ϕ30 mm 内孔。

三、填写加工刀具卡和工艺卡

图 5-1-1 所示工件的加工刀具卡和工艺卡见表 5-1-1。

表 5 - 1 - 1　工件刀具工艺卡

| 零件图号 | 5 - 1 - 1 | 数控车床加工工艺卡 | | 机床型号 | CK6150 |
| 零件名称 | 简单套类零件 | | | 机床编号 | |

刀具表				量具表	
刀具号	刀补号	刀具名称	刀具参数	量具名称	规格/mm·mm⁻¹
T01	01	93°外圆车刀（见图 5 - 1 - 3）	D 型刀片	游标卡尺 千分尺	0～150/0.02 25～50/0.01
T02	02	91°镗孔车刀（见图 5 - 1 - 4）	T 型刀片	内径百分表	18～35/0.01
		钻头 φ30		游标卡尺	0～150/0.02

工　序	工　艺　内　容	切削用量			加工性质
		$S/(\text{r/min})$	$f/(\text{mm/r})$	α_p/mm	
数控车	车外圆、端面确定基准	500		1	手动
	钻孔	300			手动
	加工 φ36 mm、φ40 mm 外圆	800～1 000	0.1～0.2	0.5～3	自动
	加工 φ26 mm、φ24 mm 内孔	600～800	0.05～0.1	0.5～2	自动
数控车	调头夹 φ36 外圆				手动
	加工 φ42 mm 外圆	800～1 000	0.1～0.2	0.5～3	自动
	加工 φ30 mm 内孔	600～800	0.05～0.1	0.5～2	自动

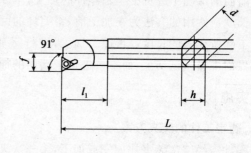

图 5 - 1 - 3　镗孔刀 T02

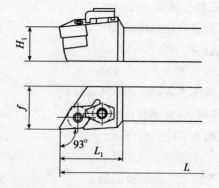

图 5 - 1 - 4　外圆车刀 T01

四、编写加工程序

根据图 5-1-1 所示零件,分析了工件的加工路线,并且确定了加工时的装夹方案,以及采用的刀具和切削用量,根据工艺过程按工序内容划分 4 个部分,并对应编制 4 个程序以完成加工。

表 5-1-2 为加工 $\phi26$ mm 和 $\phi24$ mm 内孔的程序。

表 5-1-3 为加工 $\phi30$ mm 内孔的程序。

表 5-1-2 加工 $\phi26$ mm 和 $\phi24$ mm 内孔的程序

程序内容		程序说明
FANUC 系统	华中系统	
O5002;	O5002	程序号(华中系统为文件名称)
N1;	%5002	第 1 程序段号(华中系统为程序号)
G99 M03 S600 T0202;	G95 M03 S600 T0202	选 2 号刀,主轴正转,600 r/min
G00 X100.0 Z100.0;	G00 X100 Z10	快速运动到安全点
G00 X20.0 Z2.0;	G00 X20 Z2	快速运动到循环点
M08;	M08	冷却液开
G71 U1.0 R0.5;	G71 U1.0 R0.5 P10 Q20 X-0.5	粗加工 $\phi26$ mm 和 $\phi24$ mm 内孔循环
G71 P10 Q20 U-0.5 W0.05 F0.1;	Z0.05 F0.1	(华中系统为粗、精加工循环)
N10 G00 G41 X27.0;	N10 G00 G41 X27	循环加工起始段程序,刀具右补偿
G01 Z0;	G01 Z0	
X26.0 Z-0.5;	X26 Z-0.5	
Z-15.0;	Z-15	
X24.0 C0.5;	X24 C0.5	
Z-31.0;	Z-31	
N20 G00 G40 X20.0;	N20 G00 G40 X20	循环加工终点段程序,取消刀具补偿
G00 Z100.0;	G00 Z100	快速运动到安全点
X100.0;	X100	
M09;	M09	冷却液关
M00;	M30	程序暂停(华中系统为程序结束)
N2;		第 2 程序段号
G99 M03 S800 T0202;		选 2 号刀,主轴正转,800 r/min
G00 X100.0 Z100.0;		快速运动到安全点
G00 X20.0 Z2.0;		快速运动到循环点
M08;		冷却液开
G70 P10 Q20 F0.05;		精加工 $\phi26$ mm 和 $\phi24$ mm 内孔循环
G00 Z100.0;		快速运动到安全点
X100.0;		
M09;		冷却液关
M30;		程序结束返回程序头

表 5-1-3 加工 $\phi30$ mm 内孔的程序

程序内容		程序说明
FANUC 系统	华中系统	
O5004;	O5004	程序号(华中系统为文件名称)
N1;	%5004	第 1 程序段号(华中系统为程序号)
G99 M03 S600 T0202;	G95 M03 S600 T0202	选 2 号刀,主轴正转,600 r/min
G00 X100.0 Z100.0;	G00 X100 Z100	快速运动到安全点

程序内容		程序说明
FANUC 系统	华中系统	
G00 X20.0 Z2.0；	G00 X20 Z2	快速运动到循环点
M08；	M08	冷却液开
G71 U1.0 R0.5；	G71 U1.0 R0.5 P10 Q20 X-0.5 Z0.05 F0.1	粗加工 $\phi30$ mm 内孔循环
G71 P10 Q20 U-0.5 W0.05 F0.1；		（华中系统为粗、精加工循环）
N10 G00 G41 X31.0；	N10 G00 G41 X31	循环加工起始段程序，刀具右补偿
G01 Z0；	G01 Z0	
X30.0 Z-0.5；	X30.0 Z-0.5	
Z-20.0；	Z-20.0	
X23.0；	X23.0	
X24.0 Z-20.5；	X24.0 Z-20.5	
N20 G00 G40 X20.0；	N20 G00 G40 X20	循环加工终点段程序，取消刀具补偿
G00 Z100.0；	G00 Z100	快速运动到安全点
X100.0；	X100	`\`
M09；	M09	冷却液关
M00；	M30	程序暂停（华中系统为程序结束）
N2；		第 2 程序段号
G99 M03 S800 T0202；		选 2 号刀，主轴正转，800 r/min
G00 X100.0 Z100.0；		快速运动到安全点
G00 X20.0 Z2.0；		快速运动到循环点
M08；		冷却液开
G70 P10 Q20 F0.05；		精加工 $\phi30$ mm 内孔循环
G00 Z100.0；		快速运动到安全点
X100.0；		
M09；		冷却液关
M30；		程序结束返回程序头

五、加工过程

1. 装刀过程

根据刀具工艺卡片，准备好要用的刀具，机夹式刀具要认真检查刀片与刀体的接触和安装是否正确无误，螺丝是否已经拧牢固。按照刀具卡的刀号分别将相应的刀具安装到刀盘中。装刀时要一把一把地装，通过试切工件的端面，不断调整垫刀片的高度，保证刀具的切削刃与工件的中心在同一高度的位置，然后将刀具压紧。

注意刀盘中的刀具与刀号的关系一定要与刀具卡一致，否则程序调用刀具时，如果相应的刀具错误，将会发生碰撞危险，造成工件报废，机床受损，甚至人身伤害。

2. 对刀过程

数控车床的对刀一般采用试切法，用所选的刀具试切零件的外圆和端面，经过测量和计算得到零件端面中心点的坐标值。这种方法首先要知道进行程序编制时所采用的编程坐标系原点在工件的什么地方，然后通过试切找到所选刀具与坐标系原点的相对位置，把相应的偏置值输入刀具补偿的寄存器中。

常用的方法是对每一把刀具分别对刀，将刀具偏移量分别输入寄存器。

对刀的方法如下：

① 选择一把刀具;

② 试切端面,保持 Z 方向不动,沿 X 向退出刀具;

③ 进入刀具偏置寄存器的形状补偿,在相应的刀补号中输入 Z0;

④ 按面板的"测量"键,就将 Z 向的偏移值输入刀补中了;

⑤ 试切外径,保持 X 方向不动,沿 Z 向退出刀具,并记录直径值;

⑥ 进入刀具偏置寄存器的形状补偿,在相应的刀补号中输入直径值;

⑦ 按面板的"测量"键,就将 X 向的偏移值输入刀补中了。

接着调用下一把刀具,重复以上操作将相应的偏置值输入刀具补偿中,直到完成所有刀具偏移值的输入。

内孔车刀的对刀方法是试切内孔,再测量孔径,将偏移值输入到寄存器中相应的形状补偿;长度方向的补偿值与外圆刀测量方法一样。

另外,可以用手动脉冲的方法,在已经加工的工件面上进行对刀,这种方法对刀时,一定要注意在靠近工件后,应该采用小于 0.01 mm 的倍率来移动刀具,直到碰到工件为止,注意不要切削过大造成工件报废。

3. 程序模拟仿真

为了使加工得到安全保证,在加工之前先要对程序进行模拟验证,检查程序的正确性。程序的模拟仿真对于初学者来讲是非常好的一种检查程序正确与否的办法,FANUC 0i 数控系统具有图形模拟功能,通过刀具的运动路线可以检查程序是否符合加工零件的程序,如果路线有问题可改变程序并进行调整。另外,也可以利用数控车仿真软件在计算机上进行仿真模拟,也能起到很好的效果。

4. 机床操作

先将"快速进给"和"进给速率调整"开关的倍率打到"零"上,启动程序,慢慢地调整"快速进给"和"进给速率调整"旋钮,直到刀具切削到工件。这一步的目的是检验车床的各种设置是否正确,如果不正确有可能发生碰撞现象,可以迅速地停止车床的运动。

当切到工件后,通过调整"进给速率调整"和"主轴转速"调整旋钮,使得切削三要素进行合理的配合,就可以持续地进行加工了,直到程序运行完毕。

在加工中,要适时的检查刀具的磨损情况、工件的表面加工质量,保证加工过程的正确,避免事故的发生。每运行完一个程序后,应检查程序的运行效果,对有明显过切或表面粗糙度达不到要求的,应立即进行必要的调整。

六、检测方法

1. 内径千分尺

内径千分尺如图 5-1-5 所示,用于测量小尺寸内径和内侧面槽的宽度。其特点是容易找正内孔直径,测量方便。国产内径千分尺的读数值为 0.01 mm,测量范围有 5~30 mm 和 25~50 mm 的两种,图 5-1-5 所示的是 5~30 mm 的内径千分尺。内径千分尺的读数方法与外径千分尺相同,只是套筒上的刻线尺寸与外径千分尺相反,另外它的测量方向和读数方向也都与外径千分尺相反。

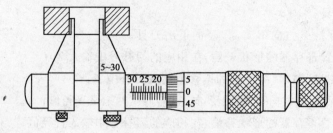

图 5 - 1 - 5　内径千分尺

2. 三爪内径千分尺

三爪内径千分尺,适用于测量中小直径的精密内孔,尤其适于测量深孔的直径。测量范围 (mm):6~8、8~10、10~12、11~14、14~17、17~20、20~25、25~30、30~35、35~40、40~50、50~60、60~70、70~80、80~90 和 90~100。三爪内径千分尺的零位,必须在标准孔内进行校对。

图 5 - 1 - 6 所示为测量范围 11~14 mm 的三爪内径千分尺,当顺时针旋转测力装置 6 时,就带动测微螺杆 3 旋转,并使它沿着螺纹轴套 4 的螺旋线方向移动,于是测微螺杆端部的方形圆锥螺纹就推动 3 个测量爪 1 作径向移动。扭簧 2 的弹力使测量爪紧紧地贴合在方形圆锥螺纹上,并随着测微螺杆的进退而伸缩。

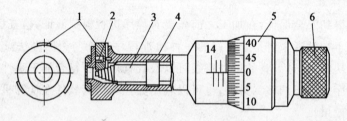

图 5 - 1 - 6　三爪内径千分尺

三爪内径千分尺的方形圆锥螺纹的径向螺距为 0.25 mm。即当测力装置顺时针旋转一周时测量爪 1 就向外移动(半径方向)0.25 mm,3 个测量爪组成的圆周直径就要增加 0.5 mm。即微分筒旋转一周时,测量直径增大 0.5 mm;由于微分筒的圆周上刻着 100 个等分格,所以它的读数值为 0.5 mm/100＝0.005 mm。

3. 内径百分表

内径百分表用来测量圆柱孔,它附有成套的可调测量头,使用前必须先进行组合和校对零位,如图 5 - 1 - 7 所示。

组合时,将百分表装入连杆内,使小指针指在 0~1 的位置上,长针和连杆轴线重合,刻度盘上的字应垂直向下,以便测量时观察,装好后应予以紧固。粗加工时,最好先用游标卡尺或内卡钳测量。因内径百分表同其他精密量具一样属于贵重仪器,其好坏与精确直接影响到工件的加工精度和其使用寿命。粗加工时工件加工表面粗糙不平而测量不准确,也使测头易磨损。因此,须加以爱护和保养,精加工时再进行测量。

测量前应根据被测孔径大小用外径百分尺调整好尺寸后才能使用,如图 5 - 1 - 8 所示。在调整尺寸时,正确选用可换测头的长度及其伸出距离,应使被测尺寸在活动测头总移动量的中间位置。

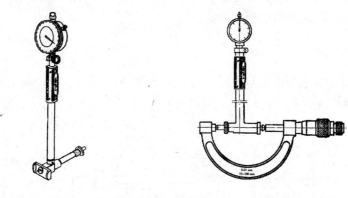

图 5-1-7　内径百分表　　　　　图 5-1-8　用内径百分尺调整尺寸

测量时,连杆中心线应与工件中心线平行,不得歪斜,同时应在圆周上多测几个点,找出孔径的实际尺寸,看是否在公差范围以内,如图 5-1-9 所示。

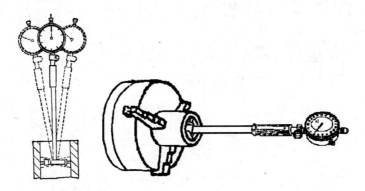

图 5-1-9　内径百分表的使用方法

七、操作注意事项

① 为了保证加工基准的一致性,在多把刀具对刀时,可以先用一把刀具加工出一个基准,其他各把刀具依次为基准进行对刀。对刀时注意各刀具刀补值的输入数值与其在输入界面中位置值不要发生混淆。

② 因为加工零件时要经过二次装夹,所以要注意工件坐标系改变后,每一把车刀都需要重新对刀。否则会出现撞刀事故,造成严重的损失。

③ 选择内孔车刀时注意内孔的大小,不要使车刀的背面与工件发生干涉。加工时注意排屑和冷却,及时调整冷却液的浇注位置。

任务评价

简单套类零件评分标准见附表 5-1-4。

课题二　内锥与内圆弧加工的方法

学习目标:

◇ 掌握内锥与内圆弧的编程与加工方法;

◇ 掌握内圆弧顺、逆方向的判定方法。

任务引入

图 5-2-1 所示为一带内锥与内圆弧的套类零件,工件长度为 50 mm,外圆 3 个阶台尺寸分别为 $\phi40$ mm、$\phi42$ mm 和 $\phi38$ mm。内孔 3 个阶台尺寸分别为 $\phi32$ mm、$\phi22$ mm 和 $\phi26$ mm,内孔部分包含有 $R3$ mm 和 $R5$ mm 两个圆弧,技术要求:锐角倒钝 $C0.5$。

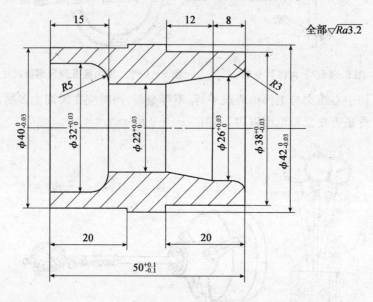

图 5-2-1　内锥零件

任务分析

内锥孔与内圆弧加工是数控车床加工比较有代表性的加工,它比普通车床设备加工效率高出很多,通过程序的编制能较好地保证加工质量。

内锥孔的加工方式根据锥孔的类型而异,对于加工余量较小的锥孔零件可直接采用 G01 编程加工,对于余量较大的锥孔零件可用 G90 指令进行粗加工去除余量,再用 G01 指令进行精加工。内圆弧的加工方式与外圆弧类似,在加工过程中需要注意顺、逆圆弧的判定。

对于较复杂的综合类零件可采用 G71 粗车复合循环进行粗加工任务,再用 G70 指令完成精加工任务。

相关知识

顺时针圆弧与逆时针圆弧的判定方法如下。

G02 顺时针圆弧插补指令与 G03 逆时针圆弧插补指令在前面的课题中已经进行了学习,在进行轴类零件加工时,加工凸圆弧使用 G03 指令,加工凹圆弧使用 G02 指令。在进行内孔加工时这种规律不再适用,这就需要从顺、逆圆弧的判定方法入手。

根据右手笛卡尔坐标系(见图 5-2-2),圆弧指令判定应从 Y 轴正方向往负方向看,如果圆弧起点到终点为顺时针方向,这样的圆弧加工时用 G02,反之,如果圆弧起点到终点为逆时针方向,则为 G03 指令。

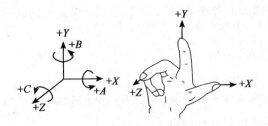

图 5-2-2 右手笛卡儿坐标系

如图 5-2-3(a)所示为前置刀架数控车床,我们观察工件时为俯视,这时 Y 轴正方向指向视线的远处,也就是说我们处于 Y 轴负方向往正方向看,所看到的 AB 段圆弧的方向是颠倒的。这时我们要把图纸翻过来,如图 5-2-3(b)所示,从 Y 轴正方向往负方向看,这时所观察到的 AB 段圆弧的方向才是正确的方向。可以看到 AB 段圆弧为逆时针圆弧,因此使用 G03 指令。

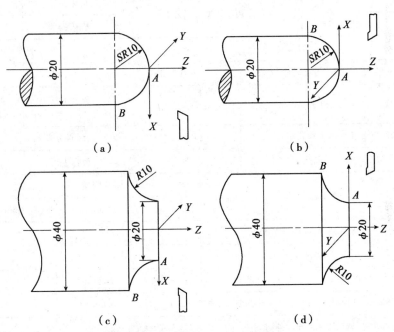

图 5-2-3 顺时针圆弧与逆时针圆弧的判定方法

如图 5-2-3(c)所示的凹圆弧的判定方法同理,将图纸翻转过来,如图 5-2-3(d)所示,可以看到 AB 段圆弧为顺时针圆弧,因此使用 G02 指令。

内孔圆弧的判定方法同理,先将图纸翻转过来,然后根据走刀路径判定圆弧的方向,进而确定加工指令。

任务实施

一、确定工件的装夹方案

此零件需经二次装夹才能完成加工,第一次夹左端车右端,完成钻通孔、ϕ38 mm 和

ϕ42 mm 外圆,ϕ26 mm 和 ϕ22 mm 内孔,$R3$ mm 圆弧与内锥的加工;第二次以 ϕ38 mm 精车外圆为定位基准,先进行 ϕ40 mm 外圆的加工,然后完成 ϕ32 mm 内孔与 $R5$ mm 圆弧的加工。

二、确定加工路线

① 平端面,钻毛坯孔 ϕ20 mm。

② 粗、精车 ϕ38 mm 和 ϕ42 mm 外圆。

③ 粗、精车 ϕ22 mm 和 ϕ26 mm 内孔,完成 $R3$ mm 圆弧与内锥的加工。

④ 工件调头,夹 ϕ38 mm 已加工表面。

⑤ 粗、精车 ϕ40 mm 外圆。

⑥ 粗、精车 ϕ32 mm 内孔,完成 $R5$ mm 圆弧的加工。

三、填写加工刀具卡和工艺卡

图 5-2-1 所示工件的加工刀具卡和工艺卡见表 5-2-1。

表 5-2-1　工件刀具工艺卡

零件图号		5-2-1	数控车床加工工艺卡		机床型号	CAK6150
零件名称		内锥零件			机床编号	
刀具表					量具表	
刀具号	刀补号	刀具名称		刀具参数	量具名称	规格/mm·mm^{-1}
T01	01	93°外圆车刀		D 型刀片	游标卡尺 千分尺	0～150/0.02 25～50/0.01
T02	02	91°镗孔车刀		T 型刀片	内径百分表	18～35/0.01
		钻头 ϕ20			游标卡尺	0～150/0.02
工 序		工艺内容		切削用量		加工性质
			$S/r \cdot min^{-1}$	$f/mm \cdot r^{-1}$	α_p/mm	
数控车		车外圆、端面确定基准	500		2	手 动
		钻孔	300			手 动
		加工 ϕ38 mm 和 ϕ42 mm 外圆	800～1 000	0.1～0.2	0.5～3	自 动
		加工 ϕ26 mm 和 ϕ22 mm 内孔,$R3$ mm 圆弧与内锥	600～800	0.05～0.1	0.5～2	自 动
数控车		调头夹 ϕ38 mm 外圆				手 动
		加工 ϕ40 mm 外圆	800～1 000	0.1～0.2	0.5～3	自 动
		加工 ϕ32 mm 内孔,$R5$ mm 圆弧	600～800	0.05～0.1	0.5～2	自 动

四、编写加工程序

根据图 5-2-1 所示零件,分析了工件的加工路线,并且确定了加工时的装夹方案,以及采用的刀具和切削用量,根据工艺过程按工序内容划分 4 个部分,并对应编制 4 个程序以完成加工,在这里只列出两段内孔加工的程序。

表 5-2-2 为加工 ϕ22 mm 和 ϕ26 mm 内孔,$R3$ mm 圆弧与内锥的程序,表 5-2-3 为加工 ϕ32 mm 内孔,$R5$ mm 圆弧的程序。

表 5 - 2 - 2　加工 ϕ22 mm 和 ϕ26 mm 内孔，R3 mm 圆弧与内锥的程序

程序内容		程序说明
FANUC 系统	华中系统	
O5005；	O5005	程序号(华中系统为文件名称)
N1；	%5005	第 1 程序段号(华中系统为程序号)
G99 M03 S600 T0202；	G95 M03 S600 T0202	选 2 号刀，主轴正转，600 r/min
G00 X100.0 Z100.0；	G00 X100 Z100	快速运动到安全点
G00 X19.0 Z2.0；	G00 X20 Z2	快速运动到循环点
M08；	M08	冷却液开
G71 U1.0 R0.5；	G71 U1.0 R0.5 P10 Q20 X - 0.5 Z0.05 F0.1	粗加工 ϕ26 mm 和 ϕ22 mm 内孔循环
G71 P10 Q20 U - 0.5 W0.05 F0.1；		(华中系统为粗、精加工循环)
N10 G00 G41 X32.0；	N10 G00 G41 X32	循环加工起始段程序，刀具右补偿
G01 Z0；	G01 Z0	
G02 X26.0 Z-3.0；	G02 X26 Z-3	
Z-8.0；	Z-8	
X22.0 Z-20.0；	X22 Z-20	
Z-36.0；	Z-36	
N20 G00 G40 X19.0；	N20 G00 G40 X19	循环加工终点段程序，取消刀具补偿
G00 Z100.0；	G00 Z100	快速运动到安全点
X100.0；	X100	
M09；	M09	冷却液关
M00；	M30	程序暂停(华中系统为程序结束)
N2；		第 2 程序段号
G99 M03 S800 T0202；		选 2 号刀，主轴正转，800 r/min
G00 X100.0 Z100.0；		快速运动到安全点
G00 X19.0 Z2.0；		快速运动到循环点
M08；		冷却液开
G70 P10 Q20 F0.05；		精加工 ϕ26 mm 和 ϕ22 mm 内孔循环
G00 Z100.0；		快速运动到安全点
X100.0；		
M09；		冷却液关
M30；		程序结束返回程序头

表 5 - 2 - 3　加工 ϕ32 mm 内孔，R5 mm 圆弧的程序

程序内容		程序说明
FANUC 系统	华中系统	
O5006；	O5006	程序号(华中系统为文件名称)
N1；	%5006	第 1 程序段号(华中系统为程序号)
G99 M03 S600 T0202；	G95 M03 S600 T0202	选 2 号刀，主轴正转，600 r/min
G00 X100.0 Z100.0；	G00 X100 Z100	快速运动到安全点
G00 X19.0 Z2.0；	G00 X20 Z2	快速运动到循环点
M08；	M08	冷却液开
G71 U1.0 R0.5；	G71 U1.0 R0.5 P10 Q20 X - 0.5 Z0.05 F0.1	粗加工 ϕ32 mm 内孔循环
G71 P10 Q20 U - 0.5 W0.05 F0.1；		(华中系统为粗、精加工循环)
N10 G00 G41 X32.0；	N10 G00 G41 X32	循环加工起始段程序，刀具右补偿
G01 Z-10.0；	G01 Z-10	
G03 X22.0 Z-15.0；	G03 X22 Z-15	
N20 G00 G40 X19.0；	N20 G00 G40 X19	循环加工终点段程序，取消刀具补偿

程序内容		程序说明
FANUC 系统	华中系统	
G00 Z100.0;	G00 Z100	快速运动到安全点
X100.0;	X100	
M09;	M09	冷却液关
M00;	M30	程序暂停(华中系统为程序结束)
N2;		第 2 程序段号
G99 M03 S800 T0202;		选 2 号刀,主轴正转,800 r/min
G00 X100.0 Z100.0;		快速运动到安全点
G00 X19.0 Z2.0;		快速运动到循环点
M08;		冷却液开
G70 P10 Q20 F0.05;		精加工 ϕ32 mm 内孔循环
G00 Z100.0;		快速运动到安全点
X100.0;		
M09;		冷却液关
M30;		程序结束返回程序头

五、加工注意事项

① 注意在加工内孔圆弧时顺、逆圆弧的判定,正确使用 G02 与 G03 指令,在自动加工前要进行图形模拟。

② 如果使用 G90 指令进行内锥加工时,要保证锥度和循环起点等数值的计算正确。

③ 本课题中内孔尺寸较小,不要使车刀的背面与工件发生干涉。

任务评价

内锥零件评分表见附表 5-2-1。

课题三　内槽加工的方法

学习目标:

◇ 了解常见内槽的种类与用途;

◇ 掌握内沟槽的编程与加工方法。

任务引入

图 5-3-1 所示为一内槽零件,工件长度为 50 mm,外圆 3 个阶台尺寸分别为 ϕ42 mm、ϕ36 mm 和 ϕ40 mm。内孔 3 个阶台尺寸分别为 ϕ24 mm、ϕ22 mm 和 ϕ24 mm,包含有 4 mm× 2 mm 和 10 mm×3 mm 两个内沟槽,技术要求为锐角倒钝 C0.5。

任务分析

对于本工件中结构简单、尺寸较小的内槽,可以采用 G01 指令编程完成加工。深度较小,形状较简单的退刀槽等都可使用此种方法。对于深度和长度较大的内槽也可根据具体情况采用 G75 复合循环进行加工。

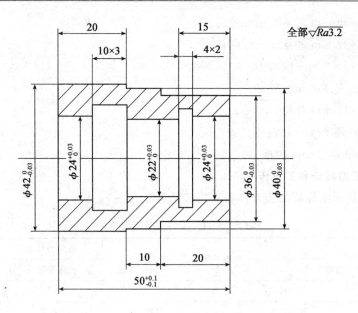

图 5 - 3 - 1　内槽零件

相关知识

常见的内槽如图 5 - 3 - 2 所示,图(a)为内 T 型槽和退刀槽,内 T 型作用是在槽内嵌入油毛毡,防尘和防止滚动轴承的油脂溢出;内螺纹退刀槽与外螺纹退刀槽作用相同。图(b)为轴承中较长的内槽,作用是通过和储存润滑油。图(c)为各种阀中的内槽,作用是通油或通气,这类内槽一般要求较高的轴向定位精度。

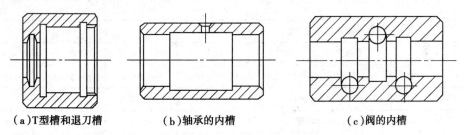

（a）T型槽和退刀槽　　　　（b）轴承的内槽　　　　（c）阀的内槽

图 5 - 3 - 2　常见的内槽

任务实施

一、确定工件的装夹方案

此零件需经二次装夹才能完成加工,第一次夹左端车右端,完成钻通孔、$\phi 36$ mm 和 $\phi 40$ mm 外圆,$\phi 22$ mm 和 $\phi 24$ mm 内孔以及 4 mm×2 mm 内沟槽的加工,第二次以 $\phi 36$ mm 精车外圆为定位基准,先进行 $\phi 42$ mm 外圆的加工,然后完成左端 $\phi 24$ mm 内孔与 10 mm×3 mm 内槽的加工。

二、确定加工路线

① 平端面,钻毛坯孔 $\phi 20$ mm。

② 粗、精车 ϕ36 mm 和 ϕ40 mm 外圆。

③ 粗、精车 ϕ22 mm 和 ϕ24 mm 内孔。

④ 加工 4 mm×2 mm 内沟槽。

⑤ 工件调头,夹 ϕ36 mm 外圆。

⑥ 粗、精车 ϕ42 mm 外圆。

⑦ 粗、精车左端 ϕ24 mm 内孔。

⑧ 加工 10 mm×3 mm 内槽。

三、填写加工刀具卡和工艺卡

图 5-3-1 所示工件的加工刀具和工艺卡见表 5-3-1。

表 5-3-1　工件刀具工艺卡

零件图号	5-3-1	数控车床加工工艺卡		机床型号	CAK6150
零件名称	内槽零件			机床编号	

刀具表				量具表	
刀具号	刀补号	刀具名称	刀具参数	量具名称	规格/mm·mm^{-1}
T01	01	93°外圆精车刀	D 型刀片	游标卡尺 千分尺	0~150/0.02 25~50/0.01
T02	02	91°镗孔车刀	T 型刀片	内径百分表	18~35/0.01
T03	03	内切槽刀 (见图 5-3-3)	刃宽 4 mm		
		钻头 ϕ20		游标卡尺	0~150/0.02

工序	工艺内容	切削用量			加工性质
		$S/r·min^{-1}$	$f/mm·r^{-1}$	a_p/mm	
数控车	车外圆、端面确定基准	500		1	手动
	钻孔	300			手动
	加工 ϕ36 mm 和 ϕ40 mm 外圆	800~1 000	0.1~0.2	0.5~3	自动
	加工 ϕ22 mm 和 ϕ24 mm 内孔	600~800	0.05~0.1	0.5~2	自动
	加工 4 mm×2 mm 内沟槽	300	0.1	4	自动
数控车	调头夹 ϕ38 外圆				手动
	加工 ϕ42 mm 外圆	800~1 000	0.1~0.2	0.5~3	自动
	加工左端 ϕ24 mm 内孔	600~800	0.05~0.1	0.5~2	自动
	加工 10 mm×3 mm 内沟槽	300	0.1	4	自动

四、编写加工程序

根据图 5-3-1 所示零件,分析了工件的加工路线,并且确定了加工时的装夹方案,以及采用的刀具和切削用量,根据工艺过程按工序内容划分 6 个部分,并对应编制 6 个程序以完成加工,在这里只列出两段切内槽的程序。

表 5-3-2 为加工 4 mm×2 mm 内沟槽的程序;表 5-3-3

图 5-3-3　内切槽刀 T03

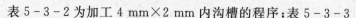

为加工 10 mm×3 mm 内槽的程序。

表 5 - 3 - 2　加工 4 mm×2 mm 内沟槽的程序

程序内容		程序说明
FANUC 系统	华中系统	
O5007；	O5007	程序号(华中系统为文件名称)
N1；	%5007	第 1 程序段号(华中系统为程序号)
G99 M03 S300 T0303；	G95 M03 S300 T0303	选 3 号刀,主轴正转,300 r/min
G00 X100.0 Z100.0；	G00 X100 Z100	快速运动到安全点
G00 X20.0 Z2.0；	G00 X20 Z2	快速运动到循环点
Z-15.0；	Z-15	
M08；	M08	冷却液开
G01 X28.F0.1；	G01 X28	加工 4 mm×2 mm 内沟槽
X20.0；	X20	退　刀
G00 Z100.0；	G00 Z100	快速运动到安全点
X100.0；	X100	
M09；	M09	冷却液关
M05；	M05	主轴停转
M30；	M30	程序结束返回程序头回程序头

表 5 - 3 - 3　加工 10 mm×3 mm 内沟槽的程序

程序内容		程序说明
FANUC 系统	华中系统	
O5008；	O5008	程序号(华中系统为文件名称)
N1；	%5008	第 1 程序段号(华中系统为程序号)
G99 M03 S300 T0303；	G95 M03 S300 T0303	选 3 号刀,主轴正转,300 r/min
G00 X100.0 Z100.0；	G00 X100 Z100	快速运动到安全点
G00 X20.0 Z2.0；	G00 X20　Z2	快速运动到循环点
Z-20.0；	Z-20	
M08；	M08	冷却液开
G01 X30.0 F0.1；	G01 X30	加工 10 mm×3 mm 内沟槽
X22.0；	X22	
G00 W4.0；	G00 W4	
G01 X30.0；	G01 X30	
X22.0；	X22	
G00 W2.0；	G00 W2	
G01 X30.0 F0.1；	G01 X30	
Z-20.0；	Z-20	
X22.0；	X22	退　刀
G00 Z100.0；	G00 Z100	快速运动到安全点
X100.0；	X100	
M09；	M09	冷却液关
M05；	M05	主轴停转
M30；	M30	程序结束返回程序头回程序头

五、操作注意事项

　　① 进行内槽加工时切削力较大,要时刻注意排屑以及冷却液的浇注情况,一旦出现异常要及时解决。

② 在加工内槽时要注意进刀与退刀的走刀路径,进刀时要先移动到孔口再沿 Z 向进入内孔,退刀时要先沿 Z 向退出内孔再沿 X 向退刀,避免发生撞刀事故。

内槽零件评分标准见附表 5 - 3 - 1。

课题四　内螺纹加工的方法

学习目标:

◇ 掌握内螺纹各部尺寸的计算方法;

◇ 掌握内螺纹的编程与加工方法。

任务引入

图 5 - 4 - 1 所示为一内螺纹零件,工件长度为 50 mm,外圆 3 个阶台尺寸分别为 ϕ42 mm、ϕ36 mm 和 ϕ40 mm。内孔阶台尺寸为 ϕ22 mm,内螺纹为 M24×1.5,退刀槽尺寸 4 mm× 2 mm,技术要求:锐角倒钝 C0.5。

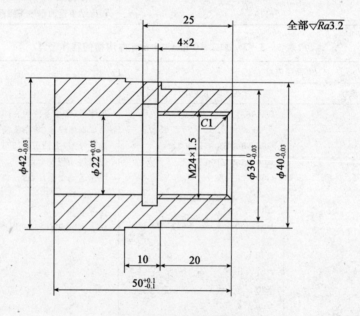

图 5 - 4 - 1　内螺纹零件

任务分析

内螺纹主要是与外螺纹进行配合起到连接和传递动力等作用。常见的内螺纹有粗牙三角螺纹、细牙三角螺纹、梯形螺纹以及内锥螺纹等。

内螺纹加工与外螺纹相似,对于细牙三角螺纹可采用 G32 和 G92 指令进行加工。对于切削用量较大的粗牙螺纹、梯形螺纹以及异型螺纹等可采用 G76 螺纹切削复合循环指令进行加工。

相关知识

一、内螺纹车刀的选择和装夹

1. 内螺纹车刀的选择

内螺纹车刀是根据它的车削方法和工件材料及形状来选择的。它的尺寸大小受到螺纹孔径尺寸限制,一般内螺纹车刀的刀头径向长度应比孔径小 3～5 mm。否则退刀时要碰伤牙顶,甚至不能车削。刀杆的大小在保证排屑的前提下,要粗壮些。

2. 车刀的刃磨和装夹

内螺纹车刀的刃磨方法和外螺纹车刀基本相同。但是刃磨刀尖时要注意它的平分线必须与刀杆垂直,否则车内螺纹时会出现刀杆碰伤内孔的现象。刀尖宽度应符合要求,一般为 0.1 乘以螺距。

二、三角形内螺纹尺寸的计算

以 M24×1.5 内螺纹为例介绍三角形内螺纹尺寸的计算。

1. 螺纹大径(D)

$$螺纹大径\ D=公称直径=24\ mm$$

2. 螺纹孔径($D_孔$)

$$D_孔=D-1.082\ 5\times P=24-1.082\ 5\times1.5=22.376\ mm$$

式中,P 为螺距。

三、内螺纹加工的主要步骤

① 车内螺纹前,先把工件的内孔,端面及倒角车好。

② 进刀切削方式和外螺纹相同,螺距小于 1.5 mm 或铸铁螺纹采用直进法;螺距大于 2 mm 采用左右切削法。车内螺纹时目测困难,一般根据观察排屑情况进行左右赶刀切削,并判断螺纹表面的粗糙度。

任务实施

一、确定工件的装夹方案

此零件需经二次装夹才能完成加工,第一次夹左端车右端,完成钻通孔、ϕ36 mm 和 ϕ40 mm 外圆,ϕ22 mm 内孔,4 mm×2 mm 内沟槽及 M24×1.5 内螺纹的加工,第二次以 ϕ36 mm 精车外圆为定位基准,进行 ϕ42 mm 外圆的加工。

二、确定加工路线

① 平端面,钻毛坯孔 ϕ20 mm。

② 粗、精车 ϕ36 mm 和 ϕ40 mm 外圆。

③ 粗、精车 ϕ22 mm 内孔。

④ 加工 4 mm×2 mm 内沟槽。

⑤ 加工 M24×1.5 内螺纹。

⑥ 工件调头,夹 ϕ36 mm 外圆。

⑦ 粗、精车 ϕ42 mm 外圆。

三、填写加工刀具卡和工艺卡

图 5-4-1 所示工件的加工刀具和工艺卡见表 5-4-1。

表 5-4-1　工件刀具工艺卡

零件图号	5-4-1	数控车床加工工艺卡		机床型号	CAK6150
零件名称	内螺纹零件			机床编号	

刀具表				量具表	
刀具号	刀补号	刀具名称	刀具参数	量具名称	规格/mm·mm^{-1}
T01	01	93 外圆精车刀	D 型刀片	游标卡尺 千分尺 千分尺	0~150/0.02 0~25/0.01 25~50/0.01
T02	02	91 镗孔车刀	T 型刀片	内径百分表	18~35/0.01
T03	03	内切槽刀	刃宽 4 mm		
T04	04	内螺纹刀 (见图 5-4-2)		塞规	M24×1.5
		钻头 φ20		游标卡尺	0~150/0.02

工序	工艺内容	切削用量			加工性质
		S/r·min^{-1}	f/mm·r^{-1}	a_p/mm	
数控车	车外圆、端面确定基准	500		1	手动
	钻孔	300			手动
	加工 φ36 mm、φ40 mm 外圆	800~1 000	0.1~0.2	0.5~3	自动
	加工 φ22 mm 内孔	600~800	0.05~0.1	0.5~2	自动
	加工 4 mm×2 mm 内沟槽	300	0.1	4	自动
	加工 M24×1.5 内螺纹	300	1.5	0.05~0.4	自动
数控车	调头夹 φ36 外圆				手动
	加工 φ42 mm 外圆	800~1 000	0.1~0.2	0.5~3	自动

四、编写加工程序

根据图 5-4-1 所示零件,分析了工件的加工路线,并且确定了加工时的装夹方案,以及采用的刀具和切削用量,根据工艺过程按工序内容划分 5 个部分,并对应编制 5 个程序以完成加工,在这里只列出车内孔与加工内螺纹的程序。

表 5-4-2 为加工内孔的程序,表 5-4-3 为加工内螺纹的程序。

图 5-4-2　内螺纹刀 T04

表 5-4-2　加工内孔的程序

程序内容		程序说明
FANUC 系统	华中系统	
O5009;	O5009	程序号(华中系统为文件名称)
N1;	%5009	第 1 程序段号(华中系统为程序号)
G99 M03 S600 T0202;	G95 M03 S600 T0202	选 2 号刀,主轴正转,600 r/min
G00 X100.0 Z100.0;	G00 X100 Z100	快速运动到安全点
G00 X19.0 Z2.0;	G00 X20 Z2	快速运动到循环点
M08;	M08	冷却液开
G71 U1.0 R0.5;	G71 U1.0 R0.5 P10 Q20 X-0.5 Z0.05 F0.1	粗加工内孔循环

续表 5 - 4 - 2

程序内容		程序说明
FANUC 系统	华中系统	
G71 P10 Q20 U - 0.5 W0.05 F0.1;		(华中系统为粗、精加工循环)
N10 G00 G41 X24.0;	N10 G00 G41 X24	循环加工起始段程序,刀具右补偿
G01 Z0;	G01 Z0	
X22.38 Z-1.0;	X22.38 Z-1	
Z-25.0;	Z-25	
X22.0;	X22	
Z-51.0;	Z-51	
N20 G00 G40 X19.0;	N20 G00 G40 X19	循环加工终点段程序,取消刀具补偿
G00 Z100.0;	G00 Z100	快速运动到安全点
X100.0;	X100	
M09;	M09	冷却液关
M00;	M30	程序暂停(华中系统为程序结束)
N2;		第 2 程序段号
G99 M03 S800 T0202;		选 2 号刀,主轴正转,800 r/min
G00 X100.0 Z100.0;		快速运动到安全点
G00 X19.0 Z2.0;		快速运动到循环点
M08;		冷却液开
G70 P10 Q20 F0.05;		精加工内孔循环
G00 Z100.0;		快速运动到安全点
X100.0;		
M09;		冷却液关
M30;		程序结束返回程序头

表 5 - 4 - 3　加工内螺纹的程序

程序内容		程序说明
FANUC 系统	华中系统	
O5010;	O5010	程序号(华中系统为文件名称)
N1;	%5010	第 1 程序段号(华中系统为程序号)
G99 M03 S300 T0404;	G95 M03 S300 T0404	选 4 号刀,主轴正转,300 r/min
G00 X100.0 Z100.0;	G00 X100 Z100	快速运动到安全点
G00 X20.0 Z5.0;	G00 X20 Z5	快速运动到循环点
M08;	M08	冷却液开
G92 X22.8.0 Z-22.5 F1.5;	G82 X22.8 Z-22.5 F1.5	螺纹加工循环开始
X23.2;	X23.2 Z-22.5	
X23.6;	X23.6 Z-22.5	
X23.9;	X23.9 Z-22.5	
X23.95;	X23.95 Z-22.5	
X24.0;	X24 Z-22.5	
X24.0;	X24 Z-22.5	
G00 Z100.0;	G00 Z100	快速移动到安全点
X100.0;	X100	
M05;	M05	主轴停止
M09;	M09	冷却液关
M30;	M30	程序结束返回程序头

五、检验方法

内螺纹的检验方法有两类:综合检验和单项检验。通常进行综合检验,综合检验就是用塞规对影响螺纹互换性的几何参数偏差的综合结果进行检验,如图 5 - 4 - 3 所示。

内螺纹塞规分为通端与止端,如果被测内螺纹能够与塞规通端旋合通过,且与塞规止端不完全旋合通过(螺纹止规只允许与被测螺纹两段旋合,旋合量不得超过两个螺距),就表明被测内螺纹的中径没有超过其最大实体牙型的中径,且单一中径没有超出其最小实体牙型的中径,那么就

图 5 - 4 - 3　内螺纹塞规

可以保证旋合性和连接强度,则被测螺纹中径合格,否则不合格。

六、操作注意事项

① 加工内螺纹时应注意起刀点不能与工件端面距离过近,以免左侧刀体与工件发生碰撞。

② 加工内螺纹时每刀切削量要逐刀减小,此点与外螺纹类似,但是由于内螺纹刀体较细,伸出长度较长,因此切削量不宜过大。

③ 选择内螺纹车刀时要注意刀体直径,不要使车刀体与工件发生干涉。

任务评价

内螺纹零件评分标准见附表 5 - 4 - 1。

课题五　综合套类零件加工

学习目标:

◇ 进一步掌握套类零件的加工方法。

任务引入

图 5 - 5 - 1 所示为一综合套类零件,工件长度为 50 mm,外圆 3 个阶台尺寸分别为 φ42 mm、φ36 mm 和 φ40 mm。内孔阶台尺寸分别为 φ22 mm 和 φ25 mm,包含有 M24×1.5 内螺纹,4 mm×2 mm 退刀槽,R3 mm 和 R5 mm 圆弧以及内锥,技术要求:锐角倒钝 C0.5。

任务分析

在实际加工中较常见包含多种零件

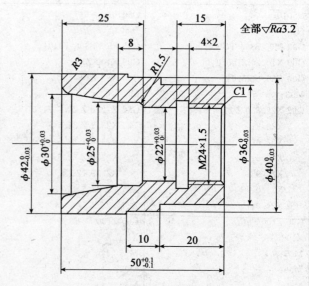

图 5 - 5 - 1　综合套类零件

特征的综合类零件,本课题中的所要加工综合套类零件,其各部分加工方法在以上课题中均已进行了讲解,要灵活运用所学过的知识完成该零件的加工任务。

任务实施

一、确定工件的装夹方案

此零件需经二次装夹才能完成加工,第一次夹左端车右端,完成钻通孔、$\phi 36$ mm 和 $\phi 40$ mm 外圆,$\phi 22$ mm 内孔,4 mm×2 mm 内沟槽及 M24×1.5 内螺纹的加工,第二次以 $\phi 36$ mm 精车外圆为定位基准,先进行 $\phi 42$ mm 外圆的加工,然后完成 $R3$ 和 $R5$ 圆弧,内锥及 $\phi 25$ mm 内孔的加工。

二、确定加工路线

① 平端面,保总长(50 ± 0.1)mm,钻毛坯孔 $\phi 20$ mm。

② 粗、精车 $\phi 36$ mm 和 $\phi 40$ mm 外圆。

③ 粗、精车 $\phi 22$ mm 内孔。

④ 加工 4 mm×2 mm 内沟槽。

⑤ 加工 M24×1.5 内螺纹。

⑥ 工件调头,夹 $\phi 36$ mm 外圆。

⑦ 粗、精车 $\phi 42$ mm 外圆。

⑧ 粗、精车 $\phi 25$ mm 内孔,完成 $R3$ 和 $R5$ 圆弧及内锥的加工。

三、填写加工刀具卡和工艺卡

图 5 - 5 - 1 所示工件的加工刀具卡和工艺卡见表 5 - 5 - 1。

表 5 - 5 - 1　工件刀具工艺卡

零件图号	5 - 5 - 1	数控车床加工工艺卡		机床型号	CAK6150
零件名称	综合套类零件			机床编号	
刀具表				量具表	
刀具号	刀补号	刀具名称	刀具参数	量具名称	规 格/mm・mm^{-1}
T01	01	93°外圆精车刀	D 型刀片	游标卡尺	0～150/0.02
				千分尺	0～25/0.01
				千分尺	25～50/0.01
T02	02	91°镗孔车刀	T 型刀片	内径百分表	18～35/0.01
T03	03	内切槽刀	刃宽 4 mm		
T04	04	内螺纹刀		塞规	M24×1.5
		钻头 $\phi 20$		游标卡尺	0～150/0.02

工　序	工艺内容	切削用量			加工性质
		$S/r・min^{-1}$	$f/mm・r^{-1}$	α_{p}/mm	
数控车	车外圆、端面确定基准	500		1	手　动
	钻　孔	300			手　动
	加工 $\phi 36$ mm 和 $\phi 40$ mm 外圆	800～1 000	0.1～0.2	0.5～3	自　动
	加工 $\phi 22$ mm 内孔	600～800	0.05～0.1	0.5～2	自　动

续表 5-5-1

工　序	工　艺　内　容	切削用量			加工性质
		$S/r \cdot min^{-1}$	$f/mm \cdot r^{-1}$	α_p/mm	
	加工 4 mm×2 mm 内沟槽	300	0.1	4	自　动
	加工 M24×1.5 内螺纹	300	1.5	0.05～0.4	自　动
数控车	调头夹 φ36 外圆				手　动
	加工 φ42 mm 外圆	800～1 000	0.1～0.2	0.5～3	自　动
	加工 φ25 mm 内孔，R3 mm、R5 mm 圆弧，内锥	600～800	0.05～0.1	0.5～2	自　动

四、编写加工程序

根据图 5-4-1 所示零件，分析了工件的加工路线，并且确定了加工时的装夹方案，以及采用的刀具和切削用量，根据工艺过程按工序内容划分 5 个部分，并对应编制 5 个程序以完成加工，在这里只列出车内孔与加工内螺纹的程序。

表 5-5-2 为加工 φ22 mm 内孔的程序；表 5-5-3 为加工 4 mm×2 mm 退刀槽的程序；表 5-5-4 为加工内螺纹的程序；表 5-5-5 为加工 φ30 mm 内孔的程序。

表 5-5-2　加工 φ22 mm 内孔的程序

程序内容		程序说明
FANUC 系统	华中系统	
O5011；	O5011	程序号（华中系统为文件名称）
N1；	％5011	第 1 程序段号（华中系统为程序号）
G99 M03 S600 T0202；	G95 M03 S600 T0202	选 2 号刀，主轴正转，600 r/min
G00 X100.0 Z100.0；	G00 X100 Z100	快速运动到安全点
G00 X19.0 Z2.0；	G00 X20 Z2	快速运动到循环点
M08；	M08	冷却液开
G71 U1.0 R0.5；	G71 U1 R0.5 P10 Q20 X0.5 Z0.05 F0.1	粗加工内孔循环
G71 P10 Q20 U0.5 W0.05 F0.1；		（华中系统为粗、精加工循环）
N10 G00 G41 X24.0；	N10 G00 G41 X24	循环加工起始段程序，刀具右补偿
G01 Z0；	G01 Z0	
X22.38 Z-1.0；	X22.38 Z-1	
Z-15.0；	Z-15	
X22.0；	X22	
Z-26.0；	Z-26	
N20 G00 G40 X19.0；	N20 G00 G40 X19	循环加工终点段程序，取消刀具补偿
G00 Z100.0；	G00 Z100	快速运动到安全点
X100.0；	X100	
M09；	M09	冷却液关
M00；	M30	程序暂停（华中系统为程序结束）
N2；		第 2 程序段号
G99 M03 S800 T0202；		选 2 号刀，主轴正转，800 r/min
G00 X100.0 Z100.0；		快速运动到安全点
G00 X19.0 Z2.0；		快速运动到循环点
M08；		冷却液开
G70 P10 Q20 F0.05；		精加工内孔循环
G00 Z100.0；		快速运动到安全点
X100.0；		
M09；		冷却液关
M30；		程序结束返回程序头

表 5－5－3 加工 4 mm×2 mm 退刀槽的程序

程序内容		程序说明
FANUC 系统	华中系统	
O5012；	O5012	程序号（华中系统为文件名称）
N1；	％5012	第 1 程序段号（华中系统为程序号）
G99 M03 S300 T0303；	G95 M03 S300 T0303	选 3 号刀，主轴正转，300 r/min
G00 X100.0 Z100.0；	G00 X100 Z100	快速运动到安全点
G00 X20.0 Z2.0；	G00 X20 Z2	快速运动到循环点
Z-15.0；	Z-15	
M08；	M08	冷却液开
G01 X28.0；	G01 X28	加工 4 mm×2 mm 内沟槽
X20.0；	X20	退 刀
G00 Z100.0；	G00 Z100	快速运动到安全点
X100.0；	X100	
M09；	M09	冷却液关
M05；	M05	主轴停转
M30；	M30	程序结束返回程序头回程序头

表 5－5－4 加工内螺纹的程序

程序内容		程序说明
FANUC 系统	华中系统	
O5013；	O5013	程序号（华中系统为文件名称）
N1；	％5013	第 1 程序段号（华中系统为程序号）
G99 M03 S300 T0404；	G95 M03 S300 T0404	选 4 号刀，主轴正转，300 r/min
G00 X100.0 Z100.0；	G00 X100 Z100	快速运动到安全点
G00 X20.0 Z5.0；	G00 X20 Z5	快速运动到循环点
M08；	M08	冷却液开
G92 X22.8.0 Z-12.5 F1.5；	G82 X22.8 Z-12.5 F1.5	螺纹加工循环开始
X23.2；	X23.2 Z-12.5	
X23.6；	X23.6 Z-12.5	
X23.9；	X23.9 Z-12.5	
X23.95；	X23.95 Z-12.5	
X24.0；	X24 Z-12.5	
X24.0；	X24 Z-12.5	
G00 Z100.0；	G00 Z100	快速移动到安全点
X100.0；	X100	
M05；	M05	主轴停止
M09；	M09	冷却液关
M30；	M30	程序结束返回程序头

表 5 - 5 - 5　加工 φ25 mm 内孔，R3 mm、R5 mm 圆弧与内锥的程序

程序内容		程序说明
FANUC 系统	华中系统	
O5014；	O5014	程序号（华中系统为文件名称）
N1；	%5014	第 1 程序段号（华中系统为程序号）
G99 M03 S600 T0202；	G95 M03 S600 T0202	选 2 号刀，主轴正转，600 r/min
G00 X100.0 Z100.0；	G00 X100 Z100	快速运动到安全点
G00 X19.0 Z2.0；	G00 X20 Z2	快速运动到循环点
M08；	M08	冷却液开
G71 U1.0 R0.5；	G71 U1 R0.5 P10 Q20 X0.5 Z0.05 F0.1	粗加工内孔循环
G71 P10 Q20 U0.5 W0.05 F0.1；	M3S800	（华中系统为粗、精加工循环）
N10 G00 G41 X36.0；	N10 G00 G41 X36	循环加工起始段程序，刀具右补偿
G01 Z0；	G01 Z0	
G02 X30.0 Z-3.0；	G02 X30 Z-3	
X25.0 Z-17.0；	X25 Z-17	
Z-23.5；	Z-23.5	
G03 X22.0 Z-25.0；	G03 X22 Z-25	
N20 G00 G40 X19.0；	N20 G00 G40 X19	循环加工终点段程序，取消刀具补偿
G00 Z100.0；	G00 Z100	快速运动到安全点
X100.0；	X100	
M09；	M09	冷却液关
M00；	M30	程序暂停（华中系统为程序结束）
N2；		第 2 程序段号
G99 M03 S800 T0202；		选 2 号刀，主轴正转，800 r/min
G00 X100.0 Z100.0；		快速运动到安全点
G00 X19.0 Z2.0；		快速运动到循环点
M08；		冷却液开
G70 P10 Q20 F0.05；		精加工内孔循环
G00 Z100.0；		快速运动到安全点
X100.0；		
M09；		冷却液关
M30；		程序结束返回程序头

任务评价

综合套类零件评分标准见附表 5 - 5 - 1。

思考与练习

应用套类零件加工编程指令编写图 5-5-2～图 5-5-4 所示零件的加工程序。

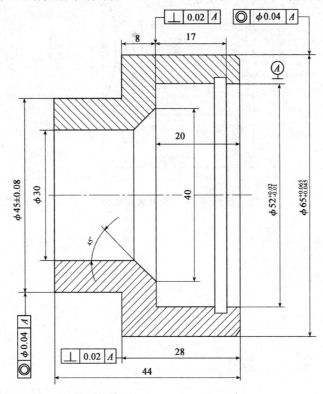

图 5-5-2 综合套类零件 1

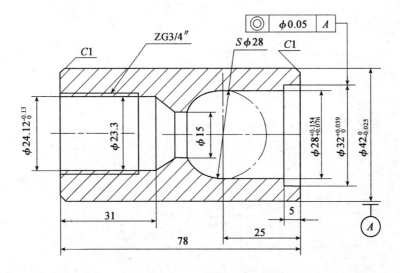

图 5-5-3 综合套类零件 2

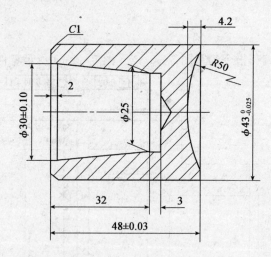

图 5 - 5 - 4　综合套类零件 3

模块六　复杂零件的编程及加工

课题一　加工工艺文件的填写

学习目标：

◇ 了解数控加工工艺卡片；

◇ 了解数控加工刀具卡片；

◇ 掌握数控车削加工切削用量的正确选用。

任务引入

在填写加工工艺卡片之前，必须对零件的加工工艺进行周到且缜密的分析，以便合理地选择车床、刀具和夹具等工艺装备，正确设计工序内容和刀具的加工路线，合理确定切削用量等参数。要掌握数控加工中的工艺处理环节，除了应该掌握比普通车床加工更为详细和复杂的工艺规程外，还应具有扎实的普通加工工艺基础知识，对数控车床加工工艺方案制定的各个方面要有比较全面的了解。在数控车床的加工中，造成质量和效益不尽人意的主要原因就是对工艺处理考虑不周。

任务分析

① 能够读懂零件图；对加工零件进行加工工艺分析，填写数控加工工艺卡片；

② 会编写加工程序并使用数控仿真软件进行程序校验；

③ 正确操作数控机床，按工艺要求进行测量和检验；

④ 能降低加工成本提高加工效率，并具有技术创新的能力；

⑤ 生产过程中，能够自觉地贯彻质量、安全及生产现场的 5S 标准要求等。

相关知识

机械加工工艺卡片是以一种工序为单位，详细地说明整个工艺过程的工艺文件。它是用来指导工人生产和帮助车间管理人员、技术人员掌握整个零件加工过程的一种主要技术文件，广泛用于成批生产的零件和重要零件的小批生产中。机械加工工艺卡片内容包括零件的材料、重量、毛坯种类、工序号、工序名称、工序内容、工艺参数、操作要求以及采用的设备和工艺装备等。

一、加工工艺卡片

1. 加工工艺卡片的认识

工艺分析及处理是加工程序编制工作中较为复杂而又非常重要的环节之一。

数控加工工序卡与普通加工工序卡有许多相似之处，所不同的是：工序简图中应注明编程原点与对刀点,要进行简要编程说明(如所用机床型号、程序编号和刀具半径补偿等)及切削参数(即程序编入的主轴转速、进给速度、最大背吃刀量或宽度等)的选择,表6-1-1为零件局部加工时的工艺卡片。

表6-1-1　数控加工刀具和工艺卡

零件图号		数控车床加工工艺卡			机床型号	
零件名称					机床编号	
刀具表				量具表		
刀具号	刀补号	刀具名称	刀具参数		量具名称	规格/mm·mm^{-1}
工 序		工艺内容	切削用量			加工性质
			$S/r·min^{-1}$	$F/mm·r^{-1}$	a_p/mm	
数控车						

2. 工艺卡片的制定

在生产中使用的工艺文件种类很多,在此主要介绍工艺卡片的基本制定要求。制定工艺卡片的内容及步骤如下:

① 根据零件图样和各项技术要求,对加工零件进行工艺分析。

② 选择定位基准。

③ 制定零件加工的工艺路线。

④ 选择各工序所使用的机床。

⑤ 选择各工序的刀具、夹具、量具及其他辅助工具。

⑥ 确定各工序的加工余量,对工艺要求较复杂的零件应绘制工序简图。

⑦ 确定切削用量。

⑧ 估算时间定额和填写工艺文件。

⑨ 对工艺文件进行校对和审批。

3. 数控加工工艺路线设计中应注意的问题

(1) 工序的划分

根据数控加工的特点,数控加工工序的划分一般可按下列方法进行:

① 以一次安装能进行的加工作为一道工序。这种方法适合于加工内容较少的工件,加工完毕后即达到待检状态。

② 以同一把刀具能加工的内容划分工序。有些工件虽然能在一次安装中加工出很多待加工表面,但因程序太长,可能会受到某些限制,如控制系统的限制(内存容量)及车床连续工作时间的限制(一道工序在一个工作班内不能结束)等。此外,程序太长会增加错误及检索困难;因此,每道工序的内容不可太多。

③ 以加工部分划分工序。对于加工表面较多的工件(见图6-1-1),可按其结构特点将

加工部位分成几个部分,如内腔、外形、曲面或端面,并将每一部分的加工作为一道工序。如图 6 - 1 - 1(a)所示,第一次先进行左侧加工,然后二次装夹(调头),车削如图 6 - 1 - 1(b)所示的圆弧。

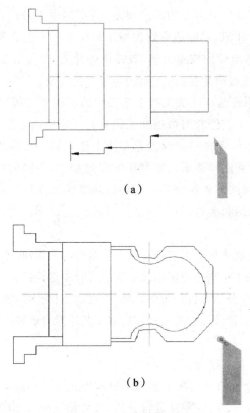

（a）

（b）

图 6 - 1 - 1　分序加工示意

④ 以粗、精加工划分工序。对于加工中易发生变形和要进行中间热处理的工件,粗加工后的变形常常需要进行调质,故要进行粗、精加工的零件一般都要将工序分开。

（2）工序的安排

工序的安排应根据零件的结构和毛坯状况,以及安装定位与夹紧的需要来考虑。工序安装一般应按以下原则进行:

① 上道工序的加工不能影响下道工序的定位与夹紧,中间穿插有普通车床加工工序的也应该综合考虑。

② 先进行内腔加工,后进行外形加工。

③ 以相同定位、夹紧方式或同一把刀具加工的工序,最好连续加工,以减少重复定位次数和换刀次数。

（3）数控加工工序与普通工序的衔接

数控加工工序前后一般都穿插有其他普通加工工序,如衔接得不好就容易产生矛盾。因此,在熟悉整个加工工艺内容的同时,要清楚数控加工工序与普通加工工序各自的技术要求、加工目的和加工特点,如要不要留加工余量,留多少;定位面与孔的精度要求及形位公差;对校直工序的技术要求;加工过程中的热处理等,这样才能使各工序达到加工需要。

4. 数控加工工艺处理的原则和步骤

(1) 工艺处理的一般原则

数控加工工艺的分析及安排涉及的因素很多,所需知识面较广,因此,数控车床操作工应具有一定的数控技术基础知识,才能适应数控加工的要求。工艺处理的一般原则为:

① 因地制宜。根据本单位的技术力量,数控设备种类、分布与数量,以及操作者的技术能力等实际条件,力求处理过程简单易行,并能满足加工的需要。

② 总结经验。在积累普通车床加工的工艺经验的基础上,探索与总结数控加工的工艺经验。普通车床加工的某些工艺经验对数控加工仍具有一定的指导意义。

③ 灵活运用。不同操作者在同一台普通车床上加工同一个零件,可以凭借自己的技能,采取不同的工序和工步达到图样要求。在数控编程过程中,不同的编程者仍可通过不同的处理途径,达到相同的加工目的。如何使其工艺处理环节更加合理与先进,这就必须要求编程者灵活应用有关工艺处理知识和经验,不断丰富自己的工艺处理能力,具体问题具体分析,提高应变能力。

④ 考虑周全。设计及制定加工工艺是一项十分缜密的工作,必须一丝不苟地进行。因为数控加工是自动化加工,其加工过程中不能因故而随意进行中途停顿和调整。所以,必须对加工过程中的每一个细节都给予充分地分析和考虑。例如,在加工盲孔时,要考虑其孔内是否已经塞满了切屑;又如钻深孔时,应安排分几段的慢钻和快退工艺才能有效解决散热及排屑问题等。

(2) 工艺处理的步骤

工艺处理一般按以下步骤进行。

① 图样分析。图样分析的目的在于全面了解零件轮廓及精度等各项技术要求,为下一步骤提供依据。现对图 6-1-2 所示零件进行分析,尺寸精度要求如图中所示。

在分析过程中,可以同时进行一些编程尺寸的简单换算,如增量尺寸、绝对尺寸、中值尺寸及尺寸链计算等。在数控编程实践中,常常对零件要求的尺寸进行中值计算,作为编程的尺寸依据。如图 6-1-3 所示为对图 6-1-2 所示的轴类零件进行中值计算的结果。

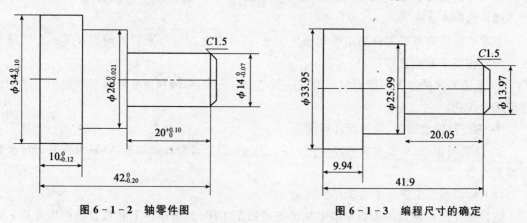

图 6-1-2　轴零件图　　　　　　　　图 6-1-3　编程尺寸的确定

② 工艺分析。工艺分析的目的在于分析工艺的可能性和工艺优化性。工艺可能性是指考虑采用数控加工的基础条件是否具备,能否经济地控制其加工精度等;工艺优化性主要指对

车床(或数控系统)的功能等要求能否尽量降低,刀具种类及零件装夹次数能否尽量减少,切削用量等参数的选择能否适应高速度和高精度的加工要求等。

③ 工艺准备。工艺准备是工艺安排工作中不可忽视的重要环节。它包括对车床操作编程手册、标准刀具、通用夹样本及切削用量表等资料的准备,车床(或数控系统)的选型和车床有关精度及技术参数(如综合机械间隙)的测定,刀具的预调(对刀),补偿方案的指定以及外围设备(如自动编程系统和自动排屑装置等)的准备工作。

④ 工艺设计。在完成上述步骤的基础上,参照"制定加工方案"中所介绍的方法完成其工艺设计(构思)工作。

⑤ 实施编程。将工艺设计的构思通过加工程序单表达出来,并通过程序校验验证其工艺处理(含数值计算)的结果是否符合加工要求,是否为最好方案。

二、数控车床刀具的选择

在数控车床加工中,产品质量和生产率在相当大的程度上受到刀具的制约。虽然数控刀具的切削原理与普通车床刀具基本相同,但由于数控加工特性的要求,在刀具参数的选择上,特别是切削部分的几何参数选择上,需要满足一定的要求,才能达到数控车床的加工要求,充分发挥数控车床的优势。

1. 刀具卡片填写原则

数控加工时,对刀具的要求十分严格,一般要在机外对刀仪上预先调整刀具直径和长度。刀具卡反映刀具编号、刀具结构、尾柄规格、组合件名称代号、刀片型号和材料等。它是组装刀具和调整刀具的依据,将选定的刀具参数填入数控加工刀具卡片中,如表 6-1-1 所列。

2. 数控加工刀具的类型

数控加工刀具必须适应数控机床高速、高效和自动化程度高的特点,一般应包括专用刀具、专用连接刀柄及少量通用刀柄。刀柄要连接刀具并装在机床动力头上,因此已逐渐标准化和系列化,除了高速钢及硬质合金材料外,新型刀具材料也被越来越多的人所接受。数控刀具的分类有多种方法。

数控加工中模块化刀具是发展方向。发展模块化刀具的主要优点是减少换刀停机时间,提高生产加工时间;加快换刀及安装时间,提高小批量生产的经济性;提高刀具的标准化和合理化的程度;提高刀具的管理及柔性加工的水平;扩大刀具的利用率,充分发挥刀具的性能;有效地消除刀具测量工作的中断现象,可采用线外预调。事实上,由于模块化刀具的发展,数控刀具已形成了三大系统,即车削刀具系统、钻削刀具系统和镗铣刀具系统。

数控车床刀具有外圆、内孔、螺纹和成形车刀等。图 6-1-4 所示为数控车刀具分类。

三、工件的装夹

数控车床车削加工零件时,零件必须通过相应的夹具进行装夹和定位,其装夹与定位工作又与基准及其选择有着十分密切的关系。

1. 基准及其分类

基准分为设计基准和工艺基准两大类。其中,工艺基准又分为定位基准、测量基准和装配基准等。

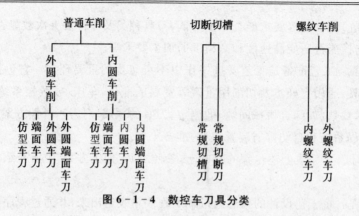

图 6 - 1 - 4　数控车刀具分类

2. 定位基准

在加工中用作定位的基准,称为定位基准。例如,在车床上用三爪自定心卡盘装夹工件时,被装夹的圆柱表面就是其定位基准;又如用两顶尖装夹长轴类工件时,其定位基准则是由两顶尖孔体现出的组合基准轴线。作为定位基准的点或线,一般是以具体的表面来模拟的,这种表面也叫基面。加工前必须认真分析并考虑工件如何进行装夹和定位,以保证合理的选择装夹方法与定位基准。

3. 定位基准的选择

在制定零件加工工艺过程中,合理选择定位基准对保证零件的尺寸和相互位置精度起着决定性的作用。定位基准可分为以毛坯表面作为基准面的粗基准和以加工表面作为基准面的精基准两种。

四、确定切削用量

数控车床加工中的切削用量是表示车床主运动和进给运动速度大小的重要参数,包括背吃刀量、切削速度和进给量。

在加工程序的编制工作中,选择好切削用量,使背吃刀量、切削速度和进给量三者间能相互适应,形成最佳切削参数,是工艺处理的重要内容之一。

1. 背吃刀量 a_p 的确定

在"机床—夹具—刀具—零件"这一工艺系统刚性允许的条件下,应尽可能选取较大的背吃刀量,以减少走刀次数,提高生产效率。当零件的精度要求较高时,则应考虑适当留出精车余量,其所留精车余量一般比普通车床车削时所留的余量小,常取 0.1~0.5 mm,如图6-1-5所示。

背吃刀量计算公式为:

$$a_p = \frac{d_w - d_m}{2}$$

式中: d_w 为已加工表面(mm)。

　　　　 d_m 为待加工表面(mm)。

2. 切削速度 v 和主轴转速 n 的确定

切削速度是指切削时,车刀切削刃上某一点相对待加工表面在主运动方向上的瞬时速度,又称为线速度。确定加工时的切削速度除了参考表 6 - 1 - 2 列出的数值外,主要根据实践经

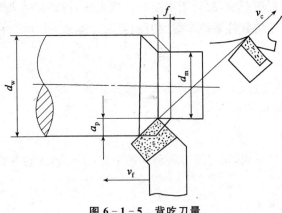

图 6-1-5　背吃刀量

验来确定。

表 6-1-2　切削速度参考表

零件材料	刀具材料	a_p/mm			
		0.13~0.38	0.38~2.40	2.40~4.70	4.70~9.50
		f/(mm/r)			
		0.05~0.13	0.13~0.38	0.38~0.76	0.76~1.30
		v/(m/min)			
低碳钢	高速钢	—	70~90	45~60	20~40
	硬质合金	215~365	165~215	120~165	90~120
中碳钢	高速钢	—	45~60	30~40	15~20
	硬质合金	130~165	100~130	75~100	55~75
灰铸铁	高速钢	—	35~45	25~35	20~25
	硬质合金	135~185	105~135	75~105	60~75
黄铜、青铜	高速钢	—	85~105	70~85	45~70
	硬质合金	215~245	185~215	150~185	120~150
铝合金	高速钢	105~150	70~105	45~70	30~45
	硬质合金	215~300	135~215	90~135	60~90

除螺纹加工外,主轴转速的确定方法,与普通车削加工一样,可根据零件上被加工部位的直径、零件和刀具的材料、加工要求等条件所允许的切削速度来确定。在实际生产中,主轴转速可按下式计算:

$$n = \frac{1\,000v}{\pi d}$$

式中,n 为主轴转速(r/min);

v 为切削速度(m/min);

d 为零件待加工表面的直径(mm)。

车削螺纹时车床的主轴转速受螺纹螺距(或导程)的大小、驱动电动机的降频特性及螺纹插补运算速度等多种因素的影响,故对于不同的数控系统,推荐的主轴转速范围会有所不同,如大多数经济型数控车床的数控系统车螺纹时的主轴转速如下:

$$n \leqslant \frac{1\ 200}{P-k}$$

式中,P 为螺纹的螺距或导程(mm),英制螺纹为换算后的毫米值;

　　k 为保险系数,一般取 80。

3. 进给量 f 的确定

进给量是指工件每转一周,车刀沿方向移动的距离(mm/r)。它与背吃刀量有着较密切的关系。

(1) 进给量 f 的选择原则

① 工件的质量要求能够得到保证时,为提高生产效率,可选择较高的进给量。

② 切断、车削深孔或用高速钢刀具车削时,宜选择较低的进给量,如切断时取 0.05~0.2 mm/r。

③ 刀具空行程,特别是远距离"回零"时,可设定尽量高的进给量。

④ 在粗车时 f 的取值可大一些,精车应小一些,如一般粗车时取 0.3~0.8 mm/r,精车时取 0.1~0.3 mm/r。

⑤ 进给量应与切削速度和背吃刀量相适应。

(2) 进给速度的确定

进给速度(F)包括纵向进给速度(F_z)和横向进给速度(F_x)。进给速度的计算公式为:

$$F = nf \qquad (mm/min)$$

进给量 f(mm/r)与进给速度 F(mm/min)可以相互进行换算,其换算公式为 mm/r=(mm/min)/n 或 mm/min=n(mm/r),n 为主轴转速。

五、制定加工方案

加工方案又称工艺方案,数控车床的加工方案包括制定工序、工步及其先后顺序和进给路线等内容。

制定加工方案的方法较多,通常采用与普通车床加工工艺大致相同的方法,如先粗后精、先近后远及先内后外等。

1. 常用加工方案

(1) 先粗后精方案

这是数控加工与普通加工都常采用的方案,目的是提高生产效率,保证零件的精加工质量。其过程是先安排较大背吃刀量及进给量的粗加工工序,以便在较短的时间内去掉大部分余量,故其粗车后应尽量满足精加工余量均匀性的要求。例如,图 6-1-6 所示零件粗车后所留的余量是不够均匀的,可在该方案中增加一个半精车过程,即可满足精车要求。

(2) 先近后远方案

这里所说的近与远,是按加工部位相对于起刀点的位置而言的。在一般情况下,特别是在粗加工时,通常安排离起刀点近的部位先加工,远的部位后加工,以便缩短刀具移动距离,减少空行程时间,如图6-1-6所示。对于车削加工,先近后远方案还有利于保持坯件或半成品的刚性,改善其切削条件。

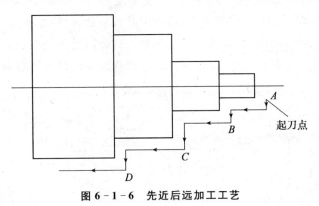

图6-1-6 先近后远加工工艺

(3)先内后外方案

对既有内表面又有外表面的零件,在制定其加工方案时,通常应安排先加工内形表面,后加工外形表面。这是因为控制内表面的尺寸和形位精度较困难,刀具刚性相应较差,刀尖或刀刃的使用寿命易受到切削热的影响,以及在加工中清除切屑较困难等原因造成的。

2. 制定加工方案的要求

在制定加工方案过程中,除了必须严格保证零件的加工质量外,还应注意以下几个方面的要求:

(1)程序段最少

在加工程序的编制过程中,为使程序简洁、减少出错率及提高编程工作的效率等,总是希望以最少的程序段实现对零件的加工。

由于车床数控装置具有直线和圆弧插补等运算功能,除非圆曲线等特殊插补功能要求外,精加工程序的段数一般可由构成零件的几何要素及由工艺路线确定的各条程序段直接得到。这时,应重点考虑如何使粗车的程序段数和辅助程序段数为最少。例如,在粗加工时尽量采用车床数控系统的固定循环等功能(可大大减少其程序段数);又如在编程中尽量避免刀具每次进给后均返回对刀点或车床的固定原点位置上(可减少辅助程序段的段数)。

(2)进给路线最短

确定进给路线的重点主要在于确定粗加工和空行程路线,因精加工切削过程的进给路线基本上都是沿其零件轮廓顺序进行的。

进给路线泛指刀具从对刀点(或机床固定原点)开始运动起,直至返回该点并结束加工程序所经过的路径,包括切削加工的路径及刀具引入、切出等非切削空行程的路径。

在保证加工质量的前提下,使加工程序具有最短的进给路线,不仅可以节省整个加工过程的执行时间,还能减少一些不必要的刀具消耗及车床进给机构滑动部件的磨损等。

任务实施

典型零件的数控车削工艺分析及程序编制。

1. 零件工艺分析

图 6-1-7 所示为轴套类零件的零件图,其毛坯是 $\phi145$ mm 的 45 号钢棒料。在该零件上需要加工孔、内槽、外圆、外槽、台阶和圆弧,结构形状较复杂,但精度不高,加工时分粗、精加工两道工序完成加工(假设零件已进行粗加工),夹紧方式采用通用三爪卡盘。

根据零件的尺寸标注特点及基准统一的原则,编程原点选择零件右端面中心点。

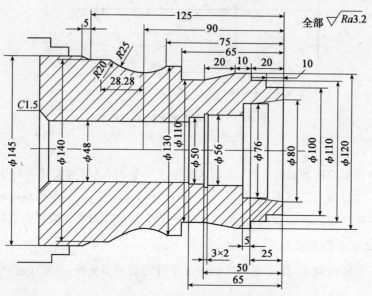

图 6-1-7 典型零件图

2. 确定装夹方案

因粗加工工序已经将零件总长确定,本工序装夹关键是定位。用三爪卡盘夹住 $\phi145$ 外圆进行车削,如图 6-1-8 所示。

3. 确定加工工序和进给路线

由于该零件形状复杂,必须使用多把车刀才能完成车削加工。根据零件的具体要求和切削加工进给路线的确定原则,该轴套类零件的加工顺序和进给路线确定如下:

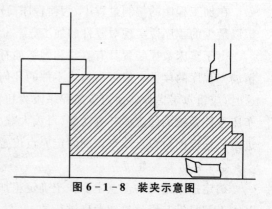

图 6-1-8 装夹示意图

① 粗车 $\phi130$ mm、$\phi120$ mm、$\phi110$ mm、$\phi100$ mm 外表,和 $\phi76$ mm、$\phi56$ mm、$\phi50$ mm 和 $\phi48$ mm 内孔,留精加工余量 0.5。

② 精车内锥及锥内孔。

③ 精车内沟槽。

④ 精车台阶 $\phi130$ mm、$\phi120$ mm、$\phi110$ mm 和 $\phi100$ mm。

⑤ 精车 $\phi110$ mm 槽和锥面。

⑥ 精车圆弧面 R25 mm 和 R20 mm。

4. 选择刀具及切削用量

根据加工的具体要求和各工序加工的表面形状选择刀具和切削用量,如图 6-1-9 所示。

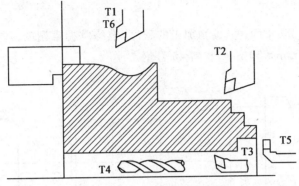

图 6-1-9　刀具选用示意图

工件坐标系选择在工件右端面 $\phi100$ mm 端面中心,所选择的刀具全部为硬质合金机夹刀和焊接车刀。规定 90°精车刀为 T1 号刀,外圆粗车刀为 T2 号刀,内孔粗镗刀为 T3 号刀,内孔精镗刀为 T4 号刀,内沟槽刀为 T5 号刀,外圆精车刀为 T6 号刀。

各工序所用的刀具及切削用量的选择见表 6-1-3。

表 6-1-3　刀具及切削用量的选择

序号	工　序	刀　具	切削用量选择	
			主轴转速/(r·min^{-1})	进给量/(mm·r^{-1})
1	粗车外形	机夹外圆粗车刀	400	0.2
	粗车内孔	机夹内孔粗镗刀	400	0.15
2	精车内锥及内孔	机夹内孔精镗刀	400	0.08
3	精车内沟槽	焊接内沟槽刀	300	0.1
4	精车台阶 $\phi130$ mm、$\phi120$ mm、$\phi110$ mm 和 $\phi100$ mm	机夹外圆精车刀	800	0.1
5	精车 $\phi110$ mm 槽和锥面	机夹仿形精车刀	800	0.1
6	精车圆弧 $R25$ mm 和 $R20$ mm	机夹仿形精车刀	800	0.1

【任务评价】

零件综合评分表见附表 6-1-1。

课题二　初级技能加工实例

学习目标:

◇ 能正确编制零件的加工工艺;

◇ 能够对简单轴类零件进行数控车削工艺分析;

◇ 掌握一种常用的对刀方法,完成一把刀的正确对刀;

◇ 操作 FANUC-0i(或华中)系统,完成零件的加工;

◇掌握简单零件的数控编程。

任务引入

加工图 6-2-1 所示的工件,编制加工的程序,熟练掌握常用的刀具,使加工符合精度和公差要求。毛坯 $\phi 35$ mm×90 mm,材料 45 号钢。

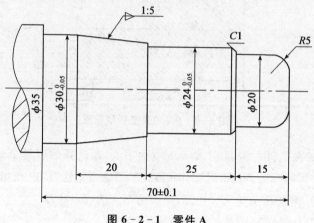

图 6-2-1　零件 A

任务分析

这是一种常见的轴类工件,包含圆台、圆锥和圆弧等组成,加工之前首先计算圆弧相关尺寸。

任务实施

一、图样分析

该零件 A(见图 6-2-1)外形较简单,需要加工端面、台阶、外圆并切断。毛坯直径为 $\phi 35$ mm,对 $\phi 30$ mm 外圆的直径尺寸和长度尺寸有一定的精度要求。工艺处理与普通车床加工工艺相似。

二、确定工件的装夹方案

工件是一个直径 $\phi 35$ mm 的实心轴,且有足够的夹持长度和加工余量,便于装夹。采用三爪自定心卡盘夹紧,能自动定心,工件装夹后一般不需找正。以毛坯表面为定位基准面,装夹时注意跳动不能太大。工件伸出卡盘 75～80 mm 长,能保证 70 mm 车削长度,同时便于切断刀进行切断加工。

三、工件坐标系建立

该零件单件生产,端面为设计基准,也是长度方向测量基准,选用 93°硬质合金外圆刀进行粗、精加工,刀号为 T0101,工件坐标原点在工件右端面。加工前刀架从任意位置回参考点,进行换刀动作(确保 1 号刀在当前刀位),建立 1 号刀工件坐标系。

四、填写加工刀具卡和工艺卡

图 6-2-1 所示工件加工的刀具和工艺卡见表 6-2-1。

表 6-2-1 加工工件的刀具和工艺卡

零件图号	6-2-1	数控车床加工工艺卡		机床型号	CKA6150
零件名称	零件 A			机床编号	
刀具表				量具表	
刀具号	刀补号	刀具名称	刀具参数	量具名称	规格/mm·mm⁻¹
T01	01	95°外圆端面车刀	C 型刀片	游标卡尺 千分尺 千分尺	0~150/0.02 0~25/0.01 25~50/0.01
T02	02	93°外圆精车刀	D 型刀片	游标卡尺 千分尺 千分尺	0~150/0.02 0~25/0.01 25~50/0.01
工序	工艺内容		切削用量		加工性质
		$S/\text{r·min}^{-1}$	$f/\text{mm·r}^{-1}$	a_p/mm	
数控车	车外圆、端面	800	0.2~0.3	2	
	车圆弧、圆锥	800	0.2~0.3	2	

五、编写加工程序

根据图 6-2-1 所示零件 A,分析了工件的加工方式,并采用合理的刀具及切削用量,根据工艺过程按工序内容进行加工。

表 6-2-2 所列为 FANUC-0i(或华中)数控系统的机床车削工件的程序。

表 6-2-2 车削工件的程序

程序内容		程序说明
FANUC 0i	华中 HNC-21/22	
O6001;	O6001	主程序
N1;	%6001	第一程序段号
G99 M03 S800 T0101;	G95 M03 S800 T0101	选 1 号刀,主轴正转,转速为 800 r/min
G00 X100. Z100.;	G00 X100 Z100	快速移动到安全点
X38. Z2.;	X38 Z2	快速移动到循环点
M08;	M08	冷却液开
G00 X0 Z0 F0.1;	G00 X0 Z0 F0.1	端面循环
G71 U2. R0.5	G71 U2 R0.5 P10 Q20 U0.5 W0.05	粗加工复合循环
G71 P10 Q20 U0.5 W0.05	F0.15	
F0.15;	M03 S1500	
N10 G00 X10.;	N10 G00 X10	快速到达切削点
G01 Z0;	G01 Z0	
G03 X20. Z-5. R5.;	G03 X20 Z-5 R5	圆 角
G01 Z-15.;	G01 Z-15	车外圆
G01 X24. C1.;	G01 X24 C1	车斜角
Z-40.;	Z-40	车外圆
X26.;	X26	
X30. Z-60.;	X30. Z-60	车削圆锥
Z-70.;	Z-70	车外圆
N20 G00 X38.;	N20 G00 X38	返回循环起点
G00 X100. Z100.;	G00 X100 Z100	快速运动到安全点

续表 6 - 2 - 2

程序内容		程序说明
FANUC 0i	华中 HNC-21/22	
M05;	M05	主轴停
M09;	M09	冷却液关
M00;	M30（华中系统为程序结束）	程序暂停
N2;		第 2 程序段号
G99 M03 S1500 T0202;		选 2 号刀，主轴正转，转速 1 500 r/min
G00 X100. Z100.;		快速移动到安全点
X38. Z2.;		快速移动到循环点
M08;		冷却液开
G70 P10 Q20 F0.1;		精加工复合循环
G00 X100. Z100.;		快速运动到安全点
M05;		主轴停
M09;		冷却液关
M30;		程序结束并返回

加工后的零件 A 立体图实物如图 6 - 2 - 2 所示。

图 6 - 2 - 2　零件 A 立体图

六、加工过程

图 6 - 2 - 1 所示零件 A 的加工过程分为如下 4 大步。

1. 装刀过程

刀具安装正确与否，直接影响加工过程和加工质量。车刀不能伸出刀架太长，否则会降低刀杆刚性，容易产生变形和振动，影响粗糙度。一般不超过刀杆厚度的 1.5～2 倍。四刀位刀架安装时垫片要平整，要减少片数，一般只用 2～3 片，否则会产生振动。压紧力度要适当，车刀刀尖要与工件中心线等高。

2. 对刀

数控车床的对刀一般采用试切法，用所选的刀具试切零件的外圆和端面，经过测量和计算得到零件端面中心点的坐标值。即通过试切，找到所选刀具与坐标系原点的相对位置，把相应的偏置值输入刀具补偿的寄存器中。

3. 程序模拟仿真

为了使加工得到安全保证，在加工之前先要对程序进行模拟验证，检查程序的正确性。程序的模拟仿真对于初学者来讲是非常好的一种检查程序正确与否的办法。FANUC-0i 数控系统具有图形模拟功能,通过观察刀具的运动路线可以检查程序是否符合零件的外形。如果路线有问题可及时进行调整。另外,也可以利用数控车仿真软件在计算机上进行仿真模拟,也能起到很好的效果。

4. 机床操作

先将"快速进给"和"进给速率调整"开关的倍率打到"零"上,启动程序,慢慢地调整"快速进给"和"进给速率调整"旋钮,直到刀具切削到工件。这一步的目的是检验车床的各种设置是否正确,如果不正确有可能发生碰撞现象,这时可以迅速停止车床的运动。

当切到工件后,通过调整"进给速率调整"和"主轴转速"调整旋钮,使得切削三要素进行合理的配合,就可以持续地进行加工了,直到程序运行完毕。

在加工中,要适时的检查刀具的磨损情况,工件的表面加工质量,保证加工过程的正确,避免事故的发生。每运行完一个程序后,应检查程序的运行效果,对有明显过切或表面粗糙度达不到要求的,应立即进行必要的调整。

七、操作注意事项

① 机床必须回参考点。

② 正确对刀,输入到形状及磨耗中。

③ 正确输入程序后,校验和仿真。

任务评价

初级零件综合评分表见附表 6-2-1。

思考与练习

编写图 6-2-3~图 6-2-7 所潮头零件的加工程序。

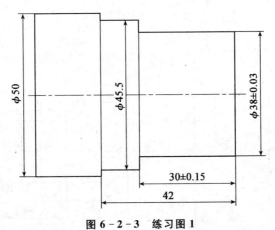

图 6-2-3　练习图 1

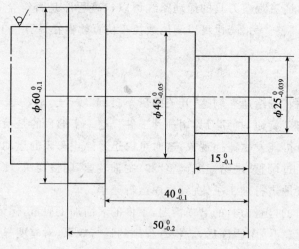

图 6 - 2 - 4　练习图 2

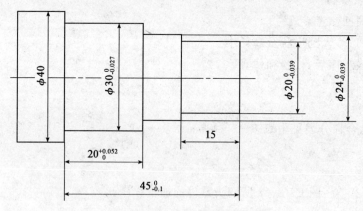

图 6 - 2 - 5　练习图 3

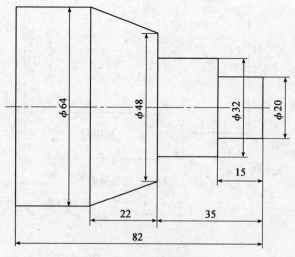

图 6 - 2 - 6　练习图 4

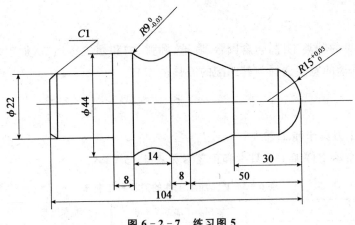

图 6-2-7　练习图 5

课题三　中级技能加工实例

学习目标：

◇ 能正确编制零件的加工工艺；

◇ 掌握简单零件的数控编程；

◇ 数控车工中级技能。

任务引入

加工如图 6-3-1 所示的工件，编制加工的程序，熟练掌握常用的刀具，使加工符合精度和公差要求。毛坯 φ32 mm×100 mm，材料为 45 号钢。设该工件的大外圆直径 φ32 mm 已加工好并作为夹持基准。

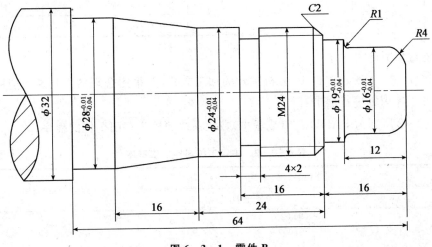

图 6-3-1　零件 B

任务分析

这是一种常见的轴类工件,包含圆台、圆锥、圆弧、槽和螺纹等组成,加工之前首先计算螺纹相关尺寸,根据槽的宽度选择与其匹配的刀具。

任务实施

一、填写加工刀具卡和工艺卡

图 6-3-1 所示工件加工刀具卡和工艺卡见表 6-3-1。

表 6-3-1 加工工件的刀具和工艺卡

零件图号		6-3-1	数控车床加工工艺卡		机床型号	CKA6150
零件名称		零件 B			机床编号	
刀具表					量具表	
刀具号	刀补号	刀具名称	刀具参数		量具名称	规格/mm·mm^{-1}
T01	01	95°外圆端面车刀	C 型刀片		游标卡尺 千分尺 千分尺	0~150/0.02 25~50/0.01 50~70/0.01
T02	02	93°外圆精车刀	D 型刀片		游标卡尺 千分尺 千分尺	0~150/0.02 25~50/0.01 50~70/0.01
T03	03	切刀	刀宽 4		游标卡尺	0~150/0.02
T04	04	螺纹刀	螺纹刀片		螺纹环规	M24
工 序		工艺内容	切削用量			加工性质
			S/r·min^{-1}	f/mm·r^{-1}	a_p/mm	
数控车		车外圆、端面	800	0.2~0.3	2	自 动
		车圆弧、圆锥	800	0.2~0.3	2	自 动
		切槽、螺纹	800	0.05~0.1	0.5	自 动

二、编写加工程序

根据图 6-3-1 所示零件 B,分析工件的加工方式,并采用合理的刀具及切削用量,根据工艺过程按工序内容进行加工。

表 6-3-2 所列为 FANUC 0i(或华中)数控系统的机床车削工件的程序。

表 6-3-2 中级工练习件加工程序

程序内容		程序说明
FANUC 0i	华中 HNC-21/22	
O6002;	O6002 %6002	主程序
N1;	N1	第一程序段号
G99 M03 S800 T0101;	G95 M03 S800 T0101	选 1 号刀,主轴正转,转速 800 r/min
G00 X100. Z100.;	G00 X100 Z100	快速移动到安全点
X34. Z2.;	X34 Z2	快速移动到循环点

程序内容		程序说明
FANUC 0i	华中 HNC-21/22	
M08；	M08	冷却液开
G94 X0 Z0 F0.1；	G84 X0 Z0 F0.1	端面循环
G71 U2. R0.5；	G71 U2 R0.5P10 Q20 U0.5 W0.05	粗加工复合循环
G71 P10 Q20 U0.5 W0.05	F0.15	
F0.15；	M03 S1500	
N10 G00 X8.；	N10 G00 X8	快速到达切削点
GO1 Z0；	G01 Z0	
G03 X16. Z-4. R4.；	G03 X16 Z-4 R4	圆　角
G01 Z-11.；	G01 Z-11	车外圆
G02 X18. Z-12. R1.；	G02 X18 Z-12 R1	圆　角
G01 X19.；	G01 X19	
Z-16.；	Z-16	车外圆
X23.8. C2；	X23.8 C2	倒斜角
Z-32.；	Z-32	车外圆
X24.；	X24	
Z-40.；	Z-40	车外圆
X28. Z-56.；	X28 Z-56	车削圆锥
Z-64.；	Z-64	车外圆
N20 G00 X34.；	N20 G00 X34	返回循环起点
G00 X100. Z100.；	G00 X100 Z100	快速运动到安全点
M05；	M05	主轴停
M09；	M09	冷却液关
M00；	M00（华中系统为程序精车）	程序暂停
N2；		第 2 程序段号
G99 M03 S1500 T0202；		选 2 号刀，主轴正转，转速 1 000 r/min
G00 X100. Z100.；		快速移动到安全点
X34. Z2.；		快速移动到循环点
M08；		冷却液开
G70 P10 Q20 F0.1；		精加工复合循环
G00 X100. Z100.；		快速运动到安全点
M05；		主轴停
M09；		冷却液关
M00；		程序暂停
N3；	N3	第 3 程序段号
G99 M03 S800 T0303；	G95 M03 S800 T0303	选 3 号刀，主轴正转，转速为 1 000 r/min
G00 X100. Z100.；	G00 X100 Z100	快速移动到安全点
X26. Z-32；	X26 Z-32	快速移动到循环点
M08；	M08	冷却液开
G01 X20 F0.05；	G01 X20 F0.05	切　槽
G00 X26；	G00 X26	退　刀
G00 X100.；	G00 X100	快速移动到安全点
Z100.；	Z100	

程序内容		程序说明
FANUC 0i	华中 HNC-21/22	
M05；	M05	主轴停
M09；	M09	冷却液关
M00；	M00	程序暂停
N4；	N4	第 4 程序段号
G99 M03 S800 T0404；	G95 M03 S800 T0404	选 4 号刀,主轴正转,转速为 800 r/min
G00 X100. Z100.；	G00 X100 Z100	快速移动到安全点
X26. Z-13.；	X26 Z-13	快速移动到循环点
M08；	M08	冷却液开
G76 P020060 Q50 R0.05；	G76 P020060 Q50 R0.05 X20.1	螺纹循环
G76 X20.1 Z-30. P1950	Z-30.	
Q300 F3.；	P1950 Q300 F3.	
G00 X100. Z100.；	G00 X100 Z100	快速运动到安全点
M05；	M05	主轴停
M09；	M09	冷却液关
M30；	M30	程序结束返回程序头

加工后的零件 B 立体图如图 6 - 3 - 2 所示。

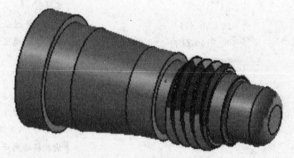

图 6 - 3 - 2　零件 B 立体图

三、加工过程

以工件左端面及直径 $\phi32$ mm 外圆为安装基准,夹于车床卡盘上,该工件加工工艺路线如下。

① 粗加工工艺路线。

• 粗车外圆各部分,留精车余量。

• 粗车 $R4$ 圆弧,留精车余量。

② 精加工工艺路线。

• 倒 $R4$ mm 圆→精车外圆→倒 $R1$ mm 圆→精车螺纹外圆→精车 $\phi24$ mm 外圆→精车锥面→精车 $\phi28$ mm 外圆和端面。

• 车 4 mm×2 mm 空刀槽。

• 车 M24 螺纹。

③ 输入程序。

④ 进行程序校验及加工轨迹仿真。

⑤ 自动加工。

⑥ 零件精度检测。

四、操作注意事项

① 采用顶尖装夹方式最应注意的是刀具和刀架与尾座顶尖之间的距离。刀伸出长度要适当,要确认刀尖到达 $\phi 28$ mm 时刀架不与尾座碰撞。

② 刀头宽度及起刀点离 Z 向距离要适当。

③ 换刀点只能在工件正上方一适当安全位置,程序里不能用 G28 回参考点指令,以免发生碰撞。

任务评价

中级工零件综合评分表见附表 6 - 3 - 1。

思考与练习

编写图 6 - 3 - 3~图 6 - 3 - 7 所示零件的加工程序。

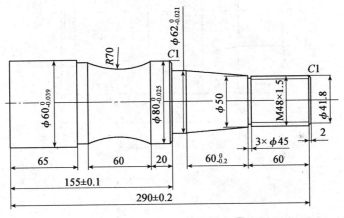

图 6 - 3 - 3 练习图 1

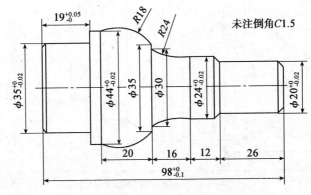

图 6 - 3 - 4 练习图 2

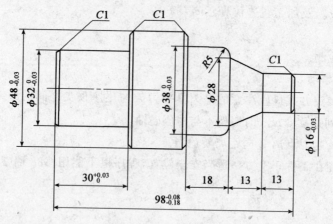

图 6 - 3 - 5 练习图 3

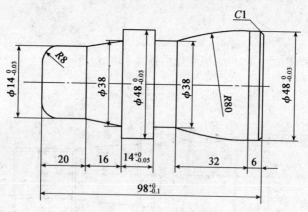

图 6 - 3 - 6 练习图 4

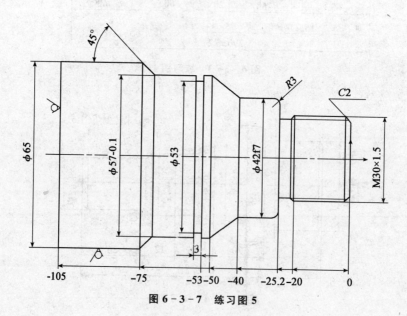

图 6 - 3 - 7 练习图 5

课题四　高级技能加工实例

学习目标：

◇ 对典型零件进行综合分析；

◇ 数控车工高级技能。

任务引入

加工图 6-4-1 所示的零件 C，编制加工的程序，熟练掌握常用的刀具，使加工符合精度和公差要求。毛坯 $\phi55 \times 200$，材料为 45 号钢。

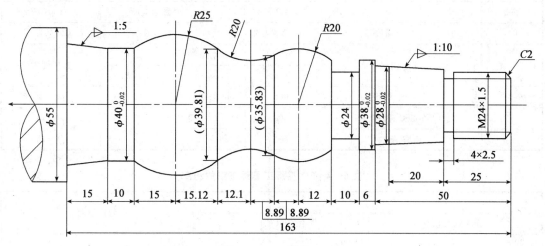

图 6-4-1　零件 C

任务分析

该零件由外圆、外槽、螺纹和圆弧组成，形状结构复杂，圆弧连接较多，加工时需注意刀具的选择，分粗、精加工完成，装夹方式为通用三爪卡盘。

任务实施

一、填写加工刀具卡和工艺卡

用 6-4-1 所示工件加工刀具卡和工艺卡见表 6-4-1。

二、编写加工程序

根据图 6-4-1 所示零件 C，分析工件的加工方式，并采用合理的刀具及切削用量，根据工艺过程按工序内容进行加工。

表 6-4-2 所列为 FANUC 0i(或华中)数控系统的机床车削工件的程序。

表 6 – 4 – 1　加工工件的刀具和工艺卡

零件图号		6 – 4 – 1	数控车床加工工艺卡		机床型号	CKA6150
零件名称		零件 C			机床编号	
刀具表					量具表	
刀具号	刀补号	刀具名称	刀具参数		量具名称	规 格/mm·mm^{-1}
T01	01	95°外圆端面车刀	C 型刀片		游标卡尺 千分尺 千分尺	0～150/0.02 25～50/0.01 50～70/0.01
T02	02	93°外圆精 车刀	D 型刀片		游标卡尺 千分尺 千分尺	0～150/0.02 25～50/0.01 50～70/0.01
T03	03	切刀	刀宽 4		游标卡尺	0～150/0.02
T04	04	螺纹刀	螺纹刀片		螺纹环规	M24×1.5
工　序	工艺内容		切削用量			加工性质
			S/r·min^{-1}	f/mm·r^{-1}	a$_p$/mm	
数控车	车外圆、端面		800	0.2～0.3	2	自　动
	车圆弧、圆锥		800	0.2～0.3	2	自　动
	切槽、螺纹		800	0.05～0.1	0.5	自　动

表 6 – 4 – 2　高级工零件车削的程序

程序内容		程序说明
FANUC 0i	华中 HNC-21/22	
O6003；	O6003 ％6003	主程序
N1；	N1	第一程序段号
G99 M03 S800 T0101；	G99 M03 S800 T0101	选 1 号刀,主轴正转,转速为 800 r/min
G00 X100. Z100.；	G00 X100 Z100	快速移动到安全点
X57. Z2.；	X57 Z2	快速移动到循环点
M08；	M08	冷却液开
G94 X0 Z0 F0.1；	G84 X0 Z0 F0.1	端面循环
G73U8 RA	G73 U2 R0.5 P10 Q20 U0.5 W0.05	粗加工复合循环
G73 P10 Q20 U0.5 W0.05 F0.15；	F0.15 M03 S1500	
N10 G00 X20.；	N10 G00 X20	快速到达切削点
G01 Z0；	G01 Z0	
G01 X23.8 Z-2.；	G01 X23.8 Z-2	斜　角
G01 Z-25.；	G01 Z-25	车外圆
X26.；	X26	
X28. Z-45.；	X28 Z-45	车削圆锥
Z-50.；	Z-50	车外圆
X32.；	X32	
Z-66.；	Z-66	车外圆
G03 X35.83 Z-86.89　R20.；	G03 X35.83 Z-86.89　R20	车削圆弧
G02 X39.81 Z-107.88 R20.；	G02 X39.81 Z-107.88 R20	车削圆弧
G03 X40. Z-138. R25.；	G03 X40. Z-138. R25	车削圆弧

程序内容		程序说明
FANUC 0i	华中 HNC-21/22	
G01 Z-148. ;	G01 Z-148	车外圆
X43. Z-163.	X43 Z-163	车削圆锥
N20 G00 X57. ;	N20 G00 X57	返回循环起点
G00 X100. Z100. ;	G00 X100. Z100	快速运动到安全点
M05;	M05	主轴停
M09;	M09	冷却液关
M00;	M00(华中系统为程序精车)	程序暂时停
N2;		第 2 程序段号
G99 M03 S1000 T0202;		选 2 号刀,主轴正转,转速为 1 000 r/min
G00 X100. Z100. ;		快速移动到安全点
X57. Z2. ;		快速移动到循环点
M08;		冷却液开
G70 P10 Q20 F0. 1;		精加工复合循环
G00 X100. Z100. ;		快速运动到安全点
M05;		主轴停
M09;		冷却液关
M00;		程序暂停
N3;	N3	第 3 程序段号
G99 M03 S800 T0303;	G99 M03 S800 T0303	选 3 号刀,主轴正转,转速为 800 r/min
G00 X100. Z100. ;	G00 X100 Z100	快速移动到安全点
X28. Z-25. ;	X28 Z-25	快速移动到循环点
M08;	M08	冷却液开
G01 X19. F0. 05;	G01 X19 F0. 05	切　　槽
G00 X34. ;	G00 X34	退　　刀
Z-66. ;	Z-66	
G01 X24. 2 F0. 05;	G01 X24. 2 F0. 05	切　　槽
G00 X34. ;	G00 X34	退　　刀
W3. ;	W3	
G01 X24. 2 F0. 05;	G01 X24. 2 F0. 05	切　　槽
G00 X34. ;	G00 X34	退　　刀
Z-60. ;	Z-60	
G01 X24. F0. 05;	G01 X24 F0. 05	切　　槽
Z-66. ;	Z-66	精车槽底
G00 X100. ;	G00 X100	快速移动到安全点
Z100. ;	Z100	
M05;	M05	主轴停
M09;	M09	冷却液关
M00;	M00	程序暂停
N4;	N4	第 4 程序段号
G99 M03 S800 T0404;	G99 M03 S800 T0404	选 4 号刀,主轴正转,转速为 800 r/min
G00 X100. Z100. ;	G00 X100 Z100	快速移动到安全点
X26. Z2. ;	X26 Z2	快速移动到循环点
M08;	M08	冷却液开
G76 P020060 Q50 R0. 05;	G76 P020060 Q50 R0. 05 X22. 05	螺纹循环
G76 X22. 05. P975 Q100 F1. 5;	P975 Q100 F1. 5	
G00 X100. Z100. ;	G00 X100 Z100	快速运动到安全点
M05;	M05	主轴停
M09;	M09	冷却液关
M30;	M30	程序结束返回程序头

加工后的零件 C 立体图如图 6-4-2 所示。

图 6-4-2　零件 C 立体图

三、加工过程

① 精车右端面→精车螺纹外圆→精车 ϕ28 mm 外圆→精车锥面→精车 ϕ32 mm 外圆→精车 R20 mm 圆弧→精车 R20 mm 圆弧→精车 R25 mm 圆弧→精车 ϕ40 mm 外圆→精车锥面→精车 ϕ55 mm 外圆。车 M24×1.5 螺纹。

② 输入程序。

③ 进行程序校验及加工轨迹仿真。

④ 自动加工。

⑤ 零件精度检测。

任务评价

综合零件综合评分表见附表 6-4-1。

思考与练习

编写图 6-4-3～图 6-4-7 所示零件的加工程序。

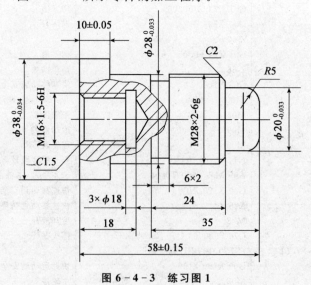

图 6-4-3　练习图 1

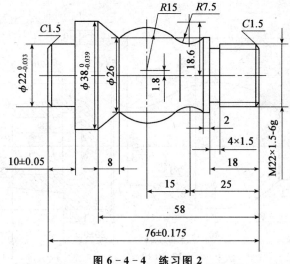

图 6 - 4 - 4　练习图 2

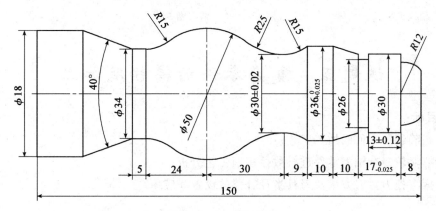

图 6 - 4 - 5　练习图 3

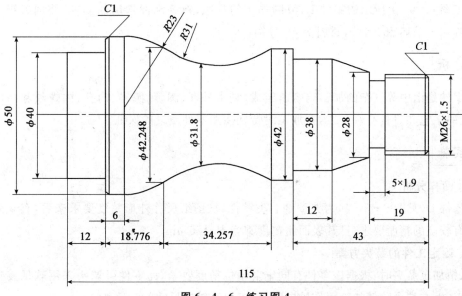

图 6 - 4 - 6　练习图 4

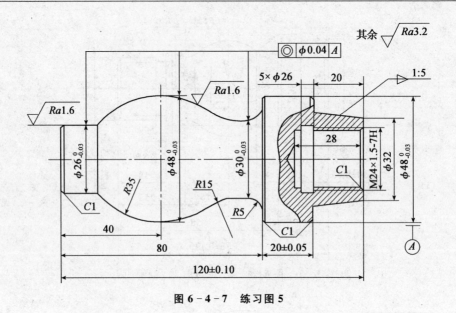

其余 $\sqrt{Ra3.2}$

图 6-4-7　练习图 5

课题五　复杂零件的编程及加工

学习目标：

◇ 能正确编制零件的加工工艺；

◇ 能够对较复杂轴类零件进行数控车削工艺分析；

◇ 掌握多把刀对刀方法及刀具半径补偿的设置和应用。

任务引入

加工图 6-5-1 所示的零件 D，编制加工的程序，熟练掌握常用的刀具，使加工符合精度和公差要求。毛坯 $\phi60\times70$，材料为 45 号钢。

任务分析

该零件是由中等复杂的加工内容所组成，它由外圆、圆弧、圆锥、内孔、内螺纹和内锥面组成，涉及的工艺和刀具有些复杂，在加工时特别注意零件质量的保证。

任务实施

一、图样分析

此零件 D（见图 6-5-1）为典型轴套类零件，从图纸尺寸外形精度要求来看，有 5 处径向尺寸都有较高的精度要求，且其表面粗糙度都为 $Ra1.6\ \mu m$。

二、确定工件的装夹方案

粗、精加工装夹时，根据该零件有同轴度形位精度要求，此零件可调头采用软爪装夹方式进行加工，以左端台阶精加工面作轴向限位，可保证轴向尺寸的一致性。

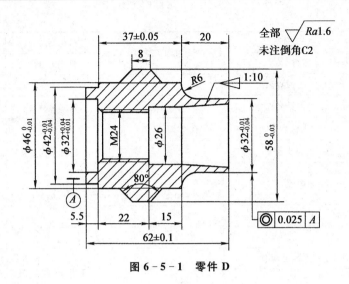

图 6-5-1 零件 D

三、切削用量选择

粗加工切削用量选择（在实际操作当中可通过"进给倍率"开关进行调整）。

① 切削深度 $a_p = 2 \sim 3$ mm（单边）；

② 主轴转速 $n = 800 \sim 1\,000$ r/min；

③ 进给量 $f = 0.1 \sim 0.2$ mm/r。

四、确定加工路线

① 粗、精加工零件左端面 $\phi 58$ mm、$\phi 46$ mm 及 $\phi 42$ mm 外圆。

② 钻孔 $\phi 20$ mm，粗、精车 $\phi 32$ mm 及螺纹底孔并倒角，车 M24 螺纹。

③ 工件调头，软卡爪装夹 $\phi 46$ mm 外圆，车端面保总长 (62 ± 0.1) mm。

④ 粗、精车 $\phi 46$ mm、$\phi 32$ mm，及 R6 圆弧。

⑤ 粗、精车 $\phi 26$ mm 及 1 : 10 锥孔。

五、填写加工刀具卡和工艺卡

图 6-5-1 所示工件的加工刀具卡和工艺卡见表 6-5-1。

表 6-5-1 加工工件的刀具和工艺卡

零件图号		6-5-1	数控车床加工工艺卡	机床型号	CKA6150
零件名称		零件 D		机床编号	
刀具表				量具表	
刀具号	刀补号	刀具名称	刀具参数	量具名称	规格/mm·mm^{-1}
T01	01	95°外圆端面车刀	C 型刀片	游标卡尺 千分尺 千分尺	0~150/0.02 25~50/0.01 50~75/0.01
T02	02	93°外圆精车刀	D 型刀片	游标卡尺 千分尺 千分尺	0~150/0.02 25~50/0.01 50~75/0.01
T03	03	内螺纹刀		螺纹塞规	M24

零件图号	6 - 5 - 1	数控车床加工工艺卡		机床型号	CKA6150
零件名称	零件 D			机床编号	
刀具表				量具表	
刀具号	刀补号	刀具名称	刀具参数	量具名称	规格/mm·mm^{-1}
T04	04	91°镗孔车刀	T 型刀片	内径表	0.01
T05	05	钻头 $\phi20$		游标卡尺	0~150/0.02

工序	工艺内容	切削用量			加工性质
		$S/\text{r·min}^{-1}$	$f/\text{mm·r}^{-1}$	a_p/mm	
数控车	车外圆、端面完成工艺面	800	0.2~0.3	2	自 动
	钻 孔	300	0.2~0.3	10	自动或手动
	调头车端面确定基准	1 000	0.05~0.1	0.5~1.5	自 动
	车外圆、倒角	1 200	0.05~0.1	0.5	自 动
	车内螺纹	800			自 动
	调头软爪夹 $\phi50$ mm 外圆车端面	1 000	0.1~0.2	0.5~1.5	自 动
	车外轮廓倒角符合技术要求	1 200	0.1~0.2	0.5~2	自 动
	镗锥孔至尺寸	1 200	0.05~0.1	0.5~1.5	自 动

六、编写加工程序

根据图 6 - 5 - 1 所示零件 D,分析了工件的加工方式,并采用合理的刀具及切削用量,根据工艺过程按工序内容进行加工。

表 6 - 5 - 2 所列为 FANUC 0i 和华中数控系统的机床车削工件的程序。

表 6 - 5 - 2　车削工件的程序

程序内容		程序说明
FANUC 0i	华中 HNC-21/22	
O6004;	O6004	主程序
N1;	%6004	第一程序段号
G99 M03 S800 T0101;	G95 M03 S800 T0101	选 1 号刀,主轴正转,转速为 800 r/min
G00 X100. Z100.;	G00 X100 Z100	快速移动到安全点
X34. Z2.;	X34 Z2	快速移动到循环点
M08;	M08	冷却液开
G94 X0 Z0 F0.1;	G94 X0 Z0 F0.1	端面循环
G71 U2. R0.5;	G71 U2. R0.5 P10 Q20 U0.5 W0.05	粗加工复合循环
G71 P10 Q20 U0.5 W0.05 F0.1;	F0.1	循环加工起始面程序
	M03 S1500	
N10 G00 G42 X40.;	N10 G00 G42 X40	刀具右补偿
X42. Z-1.;	X42 Z-1	倒 角
W-5.5.;	W-5.5	车外圆
X46.;	X46	车端面
W-9.5;	W-9.5	车外圆
X58. W-5.;	X58 W-5	车锥面

续表 6-5-2

程序内容		程序说明
FANUC 0i	华中 HNC-21/22	
N20 G00 G40 X62.;	N20 G00 G40 X62	循环加工终点段程序,取消刀具补偿
G00 X100. Z100.;	G00 X100 Z100	快速移动到安全点
M05;	M05	主轴停
M09;	M09	冷却液关
M00;	M00(华中系统为程序精车)	程序暂停
N2;		第 2 程序段
G99 M03 S1500 T0202;		换精加工 2 号刀具 转速为 1 500 r/min
G00 X100. Z100.;		快速移动到安全点
X62. Z2.;		刀具快速到循环点
M08;		冷却液开
G70 P10 Q20 F0.05;		精加工循环
G00 X100. Z100.;		快速运动到安全点
M05;		主轴停
M09;		冷却液关
M00;		程序暂停
N3;	N3	第 3 程序段
G99 M03 S1000 T0404;	G95 M03 S1000 T0404	选 4 号刀,主轴正转,转速为 1 000 r/min
G00 X100. Z100.;	G00 X100 Z100	快速移动到安全点
X17. Z2.;	X17 Z2	刀具快速到循环点
M08;	M08	冷却液开
G71 U1.5 R0.5;	G71 U1.5 R0.5 P30 Q40 U-0.5	粗加工镗孔复合循环
G71 P30 Q40 U-0.5 W0.05 F0.1;	W0.05 F0.1	
	M03 S1500	
N30 G00 X34.;	N30 G00 X34	快速到达切削点
G01 Z0;	G01 Z0	
X32. Z-1.;	X32 Z-1	倒　角
W-5.5;	W-5.5	镗　孔
X25.;	X25	车端面
X21. W-2.;	X21 W-2	倒　角
W-22.;	W-22	镗　孔
N40 G00 X17.;	N40 G00 X17	快速返回切削点
G00 Z100.;	G00 Z100	快速运动到安全点
X100.;	X100	
M05;	M05	主轴停
M09;	M09	冷却液关
M00;	M00(华中系统为程序精车)	程序暂停
N4;		第 4 程序段
G99 M03 S1200 T0404;		选 4 号刀,主轴正转,转速为 1 200 r/min
G00 X100. Z100.;		快速移动到安全点
X17. Z2.;		刀具快速到循环点
M08;		冷却液开
G70 P30 Q40 F0.05;		精加工镗孔复合循环
G00 Z100.;		快速运动到安全点
X100.;		
M05;		主轴停
M09;		冷却液关
M00;		程序暂停

程序内容		程序说明
FANUC 0i	华中 HNC-21/22	
N5；	N5	第 5 程序段
G99 M03 S800 T0303；	G95 M03 S800 T0303	选 3 号刀，主轴正转，转速为 800 r/min
G00 X100. Z100.；	G00 X100 Z100	快速移动到安全点
X20. Z3.；	X20 Z3	刀具快速到循环点
M08；	M08	冷却液开
G76 P020060 Q50 R0.05；	G76 P020060 Q50 R0.05 X24. Z-28	螺纹复合循环
G76 X24. Z-28. P1950 Q300 F3.；	P1950 Q300 F3	
G00 X100. Z100.；	G00 X100 Z100	快速移动到安全点
M05；	M05	主轴停
M09；	M09	冷却液关
M30；	M30	程序结束返回程序头
O0002；	O0002	调头加工程序名
N1；	N1	程序段号
G99 M03 S1000 T0101；	G95 M03 S1000 T0101	选 1 号刀，主轴正转，转速为 1 000 r/min
G00 X100. Z100.；	G00 X100 Z100	快速移动到安全点
X62. Z2.；	X62 Z2	快速移动到循环点
M08；	M08	冷却液开
G94 X0 Z0 F0.1；	G84 X0 Z0 F0.1	端面循环
G71 U2. R0.5；	G71 U2. R0.5 P10 Q20 U0.5 W0.05	外圆粗加工循环
G71 P10 Q20 U0.5 W0.05 F0.1；	F0.1	
	M03 S500	
N10 G00 G42 X30.；	N10 G00 G42 X30	循环加工起始段程序，刀具右补偿
X32. Z-1.；	X32 Z-1	倒　角
Z-14.；	Z-14	车外圆
G02 X42. W-6. R6.；	G02 X42. W-6 R6	车圆弧
G01 X46.；	G01 X46	车端面
W-9.5；	W-9.5	车外圆
X58. W-5.；	X58 W-5	车圆锥
W-10.；	W-10	车外圆
N22 G00 G40 X62.；	N22 G00 G40 X62	循环加工终点段程序，取消刀具补偿
G00 X100. Z100.；	G00 X100 Z100	快速运动到安全点
M05；	M05	主轴停
M09；	M09	冷却液关
M00；	M00(华中系统为程序精车)	程序暂停
N2；		第 2 程序段
G99 M03 S1500 T0202；		选 2 号刀，主轴正转，转速为 1 500 r/min
G00 X100. Z100.		快速移动到安全点
X62. Z2.；		快速移动到循环点
M08；		冷却液开
G70 P10 Q20 F0.05；		精加工循环
G00 X100. Z100.；		快速移动到安全点
M05；		主轴停
M09；		冷却液关
M00；		程序暂停
N3；	N3	第 3 程序段
G99 M03 S1000 T0404；	G95 M03 S1000 T0404	选 4 号刀，主轴正转，转速为 1 000 r/min
G00 X100. Z100.；	G00 X100 Z100	快速移动到安全点

程序内容		程序说明
FANUC 0i	华中 HNC-21/22	
X17. Z2. ;	X17 Z2	快速移动到循环点
M08；	M08	冷却液开
G71 U1.5 R0.5；	G71 U1.5 R0.5 P30 Q40 U-0.5	粗加工镗孔复合循环
G71 P30 Q40 U-0.5 W0.05 F0.1；	W0.05 F0.1	
	M03 S1200	
N30 G00 G41 X27.95 ；	N30 G00 G41 X27.95	快速到达切削点,刀具半径左补偿
G01 Z0. ；	G01 Z0	镗　孔
X26 W-19.5；	X26 W-19.5	车内锥
W-15. ；	W-15	镗　孔
N40 G00 G40 X17. ；	N40 G00 G40 X17	快速返回切削点,取消刀具补偿
G00 Z100. ；	G00 Z100	快速运动到安全点
X100. ；	X100	
M05；	M05	主轴停
M09；	M09	冷却液关
M00；	M30(华中系统为程序结束)	程序暂停
N4；		第 4 程序段
G99 M03 S1200 T0404；		选 4 号刀,主轴正转,转速为 1 200 r/min
G00 X100. Z100. ；		快速移动到安全点
X17. Z2. ；		快速移动到循环点
M08；		冷却液开
G70 P30 Q40 F0.05；		精加工镗孔复合循环
G00 Z100. ；		快速运动到安全点
X100. ；		
M05；		主轴停
M09；		冷却液关
M30；		程序结束返回程序头

加工后的零件 D 立体图如图 6-5-2 所示。

七、加工过程

① 粗、精加工零件左端外圆及内孔并倒角。装夹毛坯,伸出约 50 mm,此处为简单的台阶外圆及孔,可应用 G71 和 G70 编制加工程序,用 G92 车内螺纹。

② 加工右端型面。

③ 工件调头,用软卡瓜装夹 φ46 mm 外圆,找正,保总大。

④ 用 G71 指令粗车去除 φ46 mm、φ32 mm、R6 圆弧尺寸,X 向留 0.5 mm,Z 向留 0.1 mm 的精加工余量。

⑤ 用 G70 指令进行外形精加工。

⑥ 车内孔及锥孔。

图 6-5-2　零件 D 立体图

⑦ 输入程序,进行程序校验及加工轨迹仿真。

⑧ 自动加工。

⑨ 零件精度检测。

任务评价

复杂零件综合评分表见附表 6-5-1。

思考与练习

编写图 6-5-3~图 6-5-9 所示零件的加工工序。

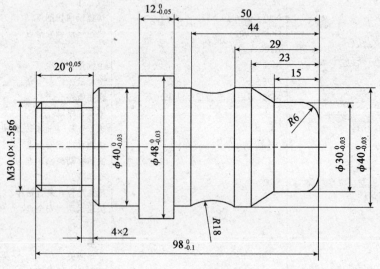

图 6-5-3　练习图 1

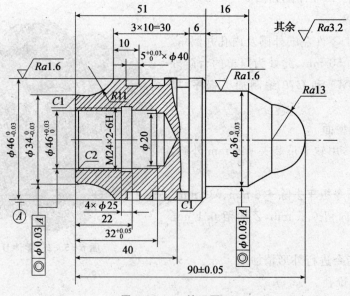

图 6-5-4　练习图 2

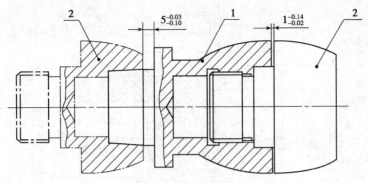

图 6 - 5 - 5 练习图 3

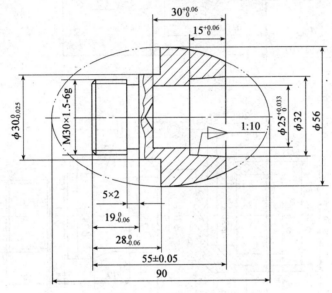

图 6 - 5 - 6 练习图 4

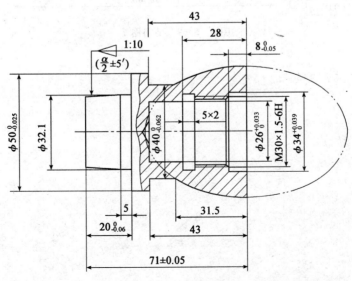

图 6 - 5 - 7 练习图 5

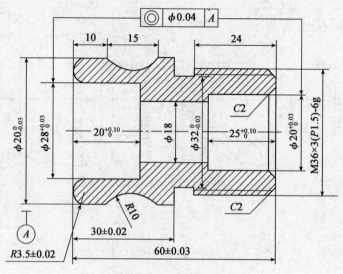

图 6-5-8　练习图 6

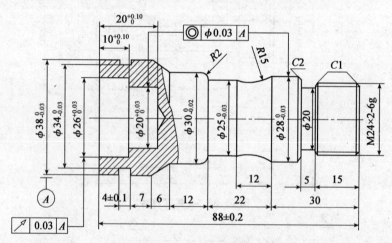

图 6-5-9　练习图 7

模块七 自动编程

课题一 CAXA 数控车 XP 版自动编程

学习目标：

◇ 根据要加工零件编写加工工艺；

◇ 掌握绘制零件的方法及其要点；

◇ 根据编写的加工工艺，合理地填写加工参数；

◇ 根据数控系统选择机床类型及后处理设置，以便生成加工代码；

◇ 掌握 CAXA 数控车 XP 版自动编程软件的使用。

任务引入

随着当今社会的快速发展，数字机械化程度也在迅猛发展，一些较为复杂的工件以手工编程已无法完成。计算机自动编程便凸显出了它的长处。自动编程是利用 CAD 技术进行计算机辅助设计，再利用 CAM 技术进行辅助数控编程，通过 DNC 技术传送到数控机床进行加工，从而完成整个复杂零件的数控加工过程。

任务分析

数控机床计算机编程技术随着科技的发展日新月异，掌握计算机编程在现今尤为重要。利用 CAXA 数控车编程软件可以较好地完成这一任务。

相关知识

一、CAXA 数控车 XP 软件界面与菜单介绍

CAXA 数控车 XP 版基本应用界面如图 7-1-1 所示。该软件操作环境与其他 Windows 风格软件一样。各种应用功能通过菜单栏和工具条加以驱动。下方状态栏指导用户进行操作并且提示当前操作所处位置及状态，绘图区域显示当前操作及已操作完成的效果，并且绘图区域和参数栏为用户操作使用提供了各种功能的交互。该软件系统可以实现自定义界面布局，便于个人操作。工具条中每个图标都对应一个菜单命令，单击图标和选择菜单命令作用是一样的。

1. 窗口布置

CAXA 数控车 XP 工作窗口分为绘图区、菜单栏、工具条、参数输入栏（进入相应功能后出现）和状态栏 5 个部分。

屏幕最大的部分是绘图区，该区用于绘制和修改图形。

菜单栏位于屏幕的顶部。状态栏位于屏幕的左边。

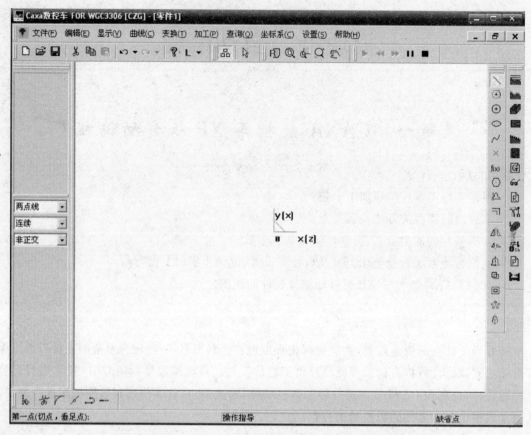

图 7 – 1 – 1　CAXA 数控车 XP 基本应用界面

工具条分为曲线编辑工具条、曲线生成工具条、数控车功能工具条、标准工具条和显示工具条等。曲线编辑工具条位于绘图区的下方,曲线生成工具条和数控车功能工具条位于屏幕的右侧,标准工具条和显示工具条位于菜单栏的下方。

状态栏位于屏幕的底部,指导用户进行操作,并提示当前及所处位置。

2. 功能驱动方式

CAXA 数控车采用菜单驱动、工具条驱动和热键驱动相结合的方式,根据用户对 CAXA 数控车运用的熟练程度,用户可以选择不同的命令驱动方式。

(1) 主菜单命令

主菜单包括系统的所有功能项,以下根据功能的不同类别进行基本分类。

① 文件模块:对其系统的文件进行管理。

包含新建、打开、关闭(关闭当前的文件)、保存、另存为、数据输入、数据输出和退出等内容。

② 编辑模块:对其已有的对象进行编辑。

包含撤销、恢复、剪切、复制、粘贴、删除、元素不可见、元素可见、元素颜色修改和元素层修改等内容。

③ 应用模块:在屏幕上绘制图形和设置刀具路径,该模块是最重要的模块。

包含各种曲线生成、线面编辑、后置处理、轨迹生成和几何变换等功能项。

- 曲线生成包括直线、圆、圆弧、样条、点、公式曲线、多边形、二次曲线、椭圆和等距线等。
- 轨迹生成包括刀具库管理、平面轮廓加工、平面区域加工、参数线加工、限制线加工、曲面轮廓加工、曲面区域加工、投影加工、曲线加工、粗加工、钻孔、等高线加工和轨迹生成等。
- 后置处理包括后置设置、生成 G 代码和校核 G 代码。
- 线面编辑包括曲线裁剪、曲线过渡、曲线打断、曲线组合和曲线拉伸等。
- 几何变换包括平移、平面旋转、旋转、平面镜像、镜像、阵列和缩放等。

④ 设置模块：用来设置当前工作状态、拾取状态和用户界面的布局。

包含当前颜色、层设置、拾取过滤设置、系统设置、绘制草图、曲面真实感、特征窗口和自定义等内容。

⑤ 工具模块：坐标系、显示工具和查询。

包含坐标系、查询、点工具、矢量工具、选择集拾取工具等功能组。

（2）弹出菜单

CAXA 数控车 XP 通过空格键弹出的菜单作为当前命令状态下的子命令。不同的命令执行状态可能有不同的子命令组，主要分为"点工具"组、"矢量工具"组、"选择集拾取工具"组、"轮廓拾取工具"组和"岛拾取工具"组。如果子命令是用来设置某种子状态，该软件会在状态条中显示提示。

① "点工具"：用来确定当前选取点的方式。

包含缺省点、屏幕点、端点、中点、交点、圆心、垂足点、切点、最近点、控制点、刀位点和存在点等内容。

② "矢量工具"：用来确定矢量选取方向。

包含直线方向、X 轴正方向、X 轴负方向、Y 轴正方向、Y 轴负方向、Z 轴正方向、Z 轴负方向和端点切矢等内容。

③ "选择集拾取工具"：用来确定拾取集合的方式。

包含拾取添加、拾取所有、拾取取消、取消尾项和取消所有等内容。

④ "轮廓拾取工具"：用来确定轮廓的拾取方式。

包含单个拾取、链拾取和限制链拾取等内容。

⑤ "岛拾取工具"：用来确定岛的拾取方式。

包含单个拾取、链拾取和限制链拾取等内容。

（3）工具条

CAXA 数控车为比较熟练的用户提供了工具条命令驱动方式。它把用户经常用的功能分类组成工具组，放在显著的地方以备用户方便使用。为用户提供了标准工具栏、显示工具栏、曲线栏、特征栏、曲面栏和线面编辑栏。用户也可根据个人经常使用的功能编辑成组，放在最佳位置。工具条如图 7-1-2 所示。

（4）键盘、鼠标及热键

① Enter 键和数值键。在 CAXA 数控车 XP 中，在系统要求输入点时，按 Enter 键和数值键可以激活一个坐标输入条，在输入条中可以输入坐标值。如果坐标值以"@"开始，表示一个相对于前一个输入点的相对坐标，在某些情况也可以输入字符串。

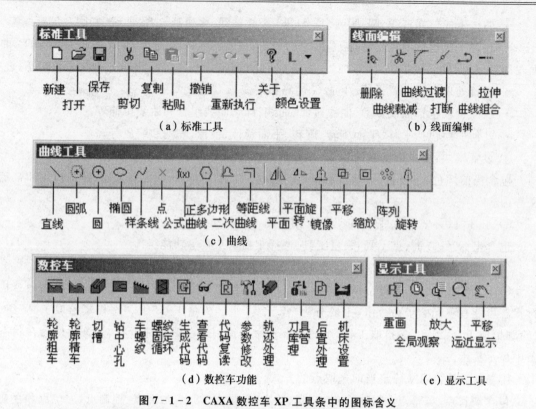

图 7-1-2　CAXA 数控车 XP 工具条中的图标含义

②　空格键。在系统要求输入点时,按空格键可以弹出"点工具"菜单。

③　热键。CAXA 数控车 XP 为用户提供热键操作,对于一个熟练的 CAXA 数控车用户,热键将极大地提高工作效率,用户还可以自定义想要的热键。

CAXA 数控车中设置了以下几种功能热键。

- F5 键:将当前面切换至 XOY 面,同时将显示平面置为 XOY 面,将图形投影到 XOY 面内进行显示。

- F6 键:将当前面切换至 YOZ 面,同时将显示平面置为 YOZ 面,将图形投影到 YOZ 面内进行显示。

- F7 键:将当前面切换至 XOZ 面,同时将显示平面置为 XOZ 面,将图形投影到 XOZ 面内进行显示。

- F8 键:显示轴测图,按轴测图方式显示图形。

- F9 键:切换当前面,将当前面在 XOY、YOZ 和 ZOX 之间进行切换,但不改变显示平面。

- 方向键(←、↑、→、↓):显示旋转。

- Ctrl+方向键(←、↑、→、↓):显示平移。

- Shift+↑:显示放大。

- Shift+↓:显示缩小。

二、CAXA 数控车 XP 的 CAD 功能

CAXA 数控车 XP 软件,具有 CAD 软件的强大绘图功能和完善的外部数据接口,可以绘

制任意复杂的二维零件图形,并可对图形进行编辑与修改;可通过 DXF 和 IGES 等数据接口与其他系统进行数据交换,下面介绍基本图形的构建。

1. 点

单击"曲线生成"工具图标,即可激活点生成功能,通过切换立即菜单,可以用下面几种方式生成点,如表 7-1-1 所列。

表 7-1-1　生成点的方式

生成点的方式		状态菜单	说　明
单个点	工具点	单个点 / 工具点	利用"点工具"菜单生成单个点,此时不能利用切点和垂足点生成单个点
	曲线投影交点	单个点 / 曲线投影交	对于两条不相交的空间曲线,如果它们在当前平面的投影有交点,则生成该投影交点,生成的点在被拾取的第一条曲线上
	曲面上投影点	单个点 / 曲面上投影	对于一个给定位置的点,通过矢量工具菜单给定一个投影方向,可以在曲面上得到一个投影点
	曲线曲面交点	单个点 / 曲线曲面交 / 精度 0.0100	可以求一条曲线和一张曲面的交点
批量点	等分点	批量点 / 等分点 / 段数 10	在曲线上生成按照弧长等分的点
	等距点	批量点 / 等距点 / 点数 4 / 弧长 10.0000	生成曲线上的间隔为给定弧长的点
	等角度点	批量点 / 等角度点 / 点数 4 / 角度 15.0000	生成圆弧上等圆心角间隔的点

2. 直　线

单击"曲线生成"工具图标,或从菜单栏中选择"应用"→"曲线生成"→"直线",激活直线生成功能通过切换立即菜单,以不同的方法生成直线,如表 7-1-2 所列。

3. 圆　弧

CAXA 数控车 XP 软件中,若要绘制圆弧可以单击"曲线生成"工具图标,或从菜单栏中选择"应用"→"曲线生成"→"圆弧",激活圆弧生成功能,通过切换立即菜单,可以采用不同方式生成圆弧,生成圆弧的各种方法如表 7－1－3 所列。

表 7－1－2　生成直线的方法

生成点的方式		状态菜单	实例	说明
两点线	非连续方式画线	两点线 / 单个 / 非正交		利用"点工具"菜单中切点和垂足点生成切线和垂线
	连续方式画线	两点线 / 连续 / 非正交		
平行线	过点	平行线 / 过点		根据状态栏提示,先选直线再选点
	距离	平行线 / 距离 / 距离＝20.0000 / 条数＝1		在立即菜单中输入直线与已知直线的距离
角度线		角度线 / X轴夹角 / 角度＝45.0000		作与已知直线或 X 轴或 Y 轴成一定角度的直线
曲线切线/法线		切线/法线 / 切线 / 长度＝100.000		作已知曲线的切线或法线
角等分线		角等分线 / 份数＝2 / 长度＝100.000		作已知角度的任意等分线

生成点的方式	状态菜单	实 例	说 明
水平/铅垂线	水平/铅垂线 ▾ 水平 ▾ 长度= 100.000		绘制水平和垂直十字线

表 7-1-3 生成圆弧的方法

生成圆弧的方式	状态菜单	实 例	说 明
三点圆弧	三点圆弧 ▾		通过给定三点生成一个圆弧
圆心+起点+圆心角	圆心_起点_ ▾		通过给定圆心、起点坐标和圆心角生成一个圆弧
圆心+半径+起始角	圆心_半径_j ▾ 起始角= 0.0000 终止角= 180.0000		在立即菜单中输入起始角、终止角的角度,然后确定圆心和半径
两点+半径	两点_半径 ▾		确定两点后,输入一个半径或通过给定圆上一点定义圆弧
起点+终点+圆心角	起点_终点_l ▾ 圆心角= 60.0000		首先在立即菜单中输入圆心角,然后确定起点和终点
起点+半径+起始角	起点_半径_j ▾ 半径= 30.0000 起始角= 0.0000 终止角= 60.0000		首先在立即菜单中输入半径、起始角、终止角,然后确定圆弧的起点

4. 圆

在 CAXA 数控车中有 3 种生成圆的方法。表 7-1-4 给出了生成圆的各种方法，单击"曲线生成工具"图标或从菜单条中选择"应用"→"曲线生成"→"圆"，可激活圆生成功能，通过切换立即菜单，可采用不同的方式生成圆。

表 7-1-4　生成圆的方法

生成圆的方式	状态菜单	实　例	说　明
圆心＋半径	圆心_半径 ▼	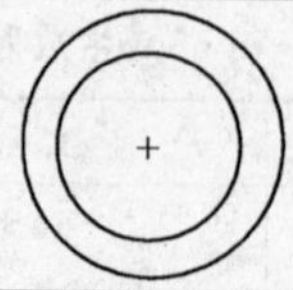	根据状态栏提示先确定圆心，然后输入圆上一点或半径来确定圆
三　点	三点 ▼	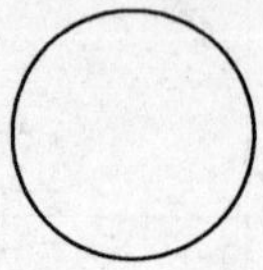	按顺序依次给定三点来定义一个圆
两点＋半径	两点_半径 ▼		根据状态栏提示先确定前两点，然后输入圆上一点或半径来确定

5. 样条曲线

在 CAXA 数控车中生成的样条曲线有两种方式：插值方式和逼近方式。

(1) 插值方式

按顺序输入一系列的点，通过这些点生成一条光滑的 B 样条曲线。单击"曲线生成"工具图标，或从菜单栏中选择"应用"→"曲线生成"→"样条"，可激活样条生成功能，通过切换立即菜单，可采用不同的方式生成样条曲线。表 7-1-5 列出了用插值方法生成样条曲线的方法。

表 7-1-5　插值方式生成样条曲线的方法

生成点的方式		状态菜单	实　例	说　明
给定切矢	开曲线	插值 ▼ / 给定切矢 ▼ / 开曲线 ▼	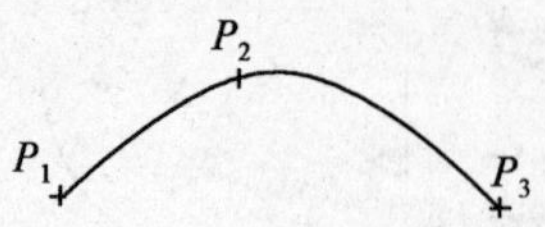	按点的顺序依次拾取各点，拾取完成后右击结束，然后确定切矢方向
	闭曲线	插值 ▼ / 给定切矢 ▼ / 闭曲线 ▼	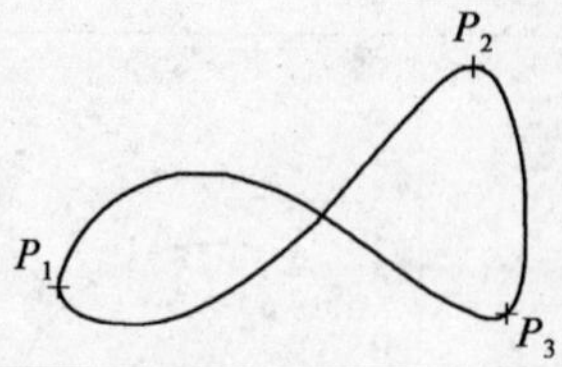	
缺省切矢	开曲线	插值 ▼ / 缺省切矢 ▼ / 开曲线 ▼	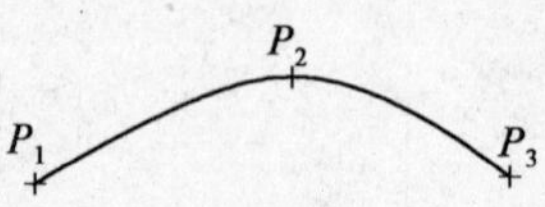	按点的顺序依次拾取各点，拾取完成后右击结束

续表 7 - 1 - 5

生成点的方式	状态菜单	实　例	说　明
缺省切矢	闭曲线 插值 ▼ 缺省切矢 ▼ 闭曲线 ▼		按点的顺序依次拾取各点,拾取完成后右击结束

（2）逼近方式

依次输入一系列点,根据给定的精度生成拟合这些点的光滑 B 样条曲线,如图 7 - 1 - 3 所示。

6. 公式曲线

图 7 - 1 - 3　用逼近方式生成样条曲线

当需要生成的曲线是用数学公式表示时,可利用"公式曲线"生成功能来得到所需要的曲线。

从菜单栏中选择"应用"→"曲线生成"→"公式曲线",或单击"曲线生成"工具图标,弹出"公式曲线"对话框,如图 7 - 1 - 4 所示。按图 7 - 1 - 4 所示设置渐开线参数,单击"确定"按钮后,生成的公式曲线如图 7 - 1 - 5 所示。

图 7 - 1 - 4　"公式曲线"对话框

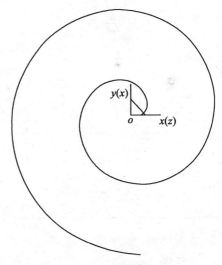

图 7 - 1 - 5　生成的公式曲线

其中"公式曲线"对话框中参数作用如下。

①"坐标系":指定参数坐标系是直角坐标系还是极坐标系。

②"参数":针对参数变量 t,进行两部分内容的设置。

• "精度控制":指定用 B 样条曲线拟合公式曲线所能达到的精确程度。

• "起始值"、"终止值":指定参数表达式中 t 的最大值和最小值。

③"单位":设定三角函数的变量是用角度表示还是弧度表示。

7. 生成等距曲线

利用等距线功能可以生成给定曲线的等距线。这里的等距是广义的,可以是变化的距离。

8. 曲线几何变换

曲线的几何变换包括镜像、平面镜像、旋转、平面旋转、平移、缩放和阵列等。

9. 曲线编辑

在"图形编辑"模块中,包含有曲线裁剪、曲线过渡和曲线打断、曲线组合、曲线延伸等功能。

① 曲线裁剪:使用曲线作剪刀,剪掉曲线上不需要的部分。即利用一个或多个几何元素(曲线或点,称为剪刀)对给定曲线(称为被裁剪线)进行修整,删除不需要的部分,得到新的曲线。系统提供 4 种曲线裁剪方式,即快速裁剪、线裁剪、点裁剪和修剪,如表 7 - 1 - 6 所列。

表 7 - 1 - 6 曲线裁剪的方法

曲线裁剪		状态菜单	说 明
曲线裁剪	快速裁剪	快速裁剪 ▼ 正常裁剪 ▼	系统对曲线修剪具有"指哪裁哪"的快速反应
	线裁剪	线 裁 剪 ▼ 正常裁剪 ▼	以一条曲线作为剪刀,对其他曲线进行裁剪 (1)曲线延伸功能如果剪刀线和被裁剪曲线之间没有实际交点,系统在依次自动延长裁剪线和剪刀线后进行求交,在得到的交点处进行裁剪 (2)在拾取了剪刀线之后,可拾取多条被裁剪曲线 (3)系统还提供"正常方式"和"投影方式"进行裁剪
	点裁剪	点 裁 剪 ▼	利用点作为剪刀,对曲线进行裁剪 (1)在拾取了被裁剪曲线之后,利用"点工具"菜单输入一个剪刀点,系统对曲线在离剪刀点最近处实行裁剪 (2)具有曲线延伸功能
	修剪	修 剪 ▼ 投影裁剪 ▼	需要拾取一条曲线或多条曲线作为剪刀线,对一系列被裁剪曲线进行裁剪 (1)系统将裁剪掉所拾取的曲线段,而保留在剪刀线另一侧的曲线段 (2)只在有实际交点处进行裁剪 (3)剪刀线同时也可作为被裁剪线

② 曲线过渡:是对指定的两条曲线进行圆弧过渡、尖角过渡或对两条直线倒角,如表 7 - 1 - 7所列。

③ 曲线打断:是把拾取到的一条曲线在指定点处打断,形成两条曲线。

④ 曲线的组合:是把拾取到的几条闭合曲线链接成一条曲线。

三、CAXA 数控车 XP 的 CAM 功能

1. CAXA 数控车 CAM 功能概述

CAXA 数控车 XP 软件中,实现自动编程的主要过程包括:根据零件图纸,进行几何建模,即用曲线表达工件;根据使用机床的数控系统,设置好机床参数;根据工件形状,选择加工方式,合理选择刀具及设置刀具参数,确定切削用量参数;生成刀位点轨迹并进行模拟检查,生成程序代码,经后置处理传送给数控机床。

表 7 - 1 - 7　曲线过渡的方式

曲线过渡		状态菜单	说　明
曲线过渡	圆弧过渡	 圆弧过渡 ▼ 半径 1.0000 精度 0.0100 裁剪曲线1 ▼ 裁剪曲线2 ▼	用于在两根曲线之间进行给定半径的圆弧光滑过渡
	尖角过渡	 尖角 ▼ 精度 0.0100	用于在给定的两根曲线之间进行过渡,过渡后在两曲线的交点处呈尖角
	倒角过渡	 倒角 ▼ 角度 45.0000 距离 1.0000 裁剪曲线1 ▼ 裁剪曲线2 ▼	用于在给定的两直线之间进行过渡,过渡后在两直线之间倒一条直线

在介绍 CAM 功能之前先了解下面几个基本概念。

（1）两轴加工

在 CAXA 数控车加工中,机床坐标系的 Z 轴即是绝对坐标系中的 X 轴,软件中的 Y 轴相当于车床的 X 轴,平面图形均指投影到绝对坐标系 OXY 面的图形。

（2）轮　廓

车削轮廓是一系列首尾相接曲线的集合,分为外轮廓、内轮廓和端面轮廓。

毛坯轮廓是加工前毛坯的表面轮廓。在进行数控编程及交互指定待加工图形时,常常需要用户指定毛坯的轮廓,将该轮廓用来界定被加工的表面或被加工的毛坯本身。如果毛坯的轮廓是用来界定被加工表面的,则要求指定的轮廓是闭合的;如果加工的是毛坯轮廓本身,则毛坯轮廓也可以不闭合。

（3）加工余量

车削加工是一个从毛坯开始逐步除去多余的材料(即加工余量)的过程,以便得到需要的零件。这种过程往往由粗加工和精加工构成,必要时还需要进行半精加工,即需经过多道工序的加工。在前一道工序中,往往要给下一道工序留下一定的余量。

（4）机床的速度参数

数控机床的一些速度参数,包括主轴转速、接近速度、进给速度和退刀速度,如图 7 - 1 - 6 所示(图中 L 为慢速下刀或快速下刀距离)。

主轴转速是切削时机床主轴转动的角速度;进给速度是正常切削时刀具行进速度;接近速度为从进刀点到切入工件前刀具行进的线速度,又称进刀速度;退刀速度为刀具离开工件回到退刀位置时刀具行进的线速度。

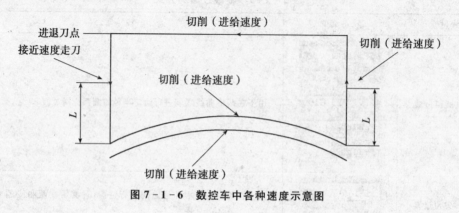

图 7 - 1 - 6　数控车中各种速度示意图

(5) 加工误差

加工轨迹和实际加工模型的偏差即加工误差。用户可通过控制加工误差来控制加工的精度。在两轴加工中,对于直线和圆弧的加工不存在加工误差,加工误差指对样条线进行加工时用折线段逼近样条时的误差。

(6) 干　涉

切削被加工表面时,刀具切到了不应该切的部分,称为出现干涉现象,或者叫作过切。在CAXA 数控系统中,干涉分为以下两种:被加工表面存在刀具切削不到部分时存在的干涉现象;切削时,刀具与未加工表面存在的干涉现象。

2. CAXA 数控车 XP 软件的车削加工

CAXA-Lathe 有 5 种车削加工方式:轮廓粗车、轮廓精车、车槽、钻中心孔和车螺纹。在计算机上建立好工件图形,设置好刀具,确定了加工工艺之后,就可以生成加工轨迹了。

(1) 轮廓粗车

轮廓粗车可对工件的外轮廓表面、内轮廓表面和端面进行粗车加工,用来快速清除毛坯的多余部分。做轮廓粗车时要确定被加工轮廓和毛坯轮廓,被加工轮廓就是加工结束后的工件表面轮廓,毛坯轮廓就是加工前毛坯的表面轮廓。被加工轮廓和毛坯轮廓两端点相连,两轮廓共同构成一个封闭的加工区域,在此区域的材料被加工去除。被加工轮廓和毛坯轮廓不能单独闭合或自相交。

1) 操作步骤

在"应用"菜单区中的"数控车"子菜单区中选取"轮廓粗车"菜单项(见图 7 - 1 - 7)。系统弹出"粗车参数表"对话框,如图 7 - 1 - 8 所示。

在参数表中首先要确定被加工的是外轮廓表面,还是内轮廓表面或端面,接着按加工要求确定其他各加工参数。

确定参数后拾取被加工的轮廓和毛坯轮廓,此时可使用系统提供的轮廓拾取工具,对于多段曲线组成的轮廓可使用"限制链拾取",它使拾取变得非常方便。采用"链拾取"和"限制链拾取"时的拾取箭头方向与实际的加工方向无关。

　　"轮廓拾取"工具提供3种拾取方式:单个拾取、链拾取和限制拾取。其中,"单个拾取"需用户挨个拾取需批量处理的各条曲线,适合于曲线条数不多且不适合于"链拾取"的情形。"链拾取"需用户指定起始曲线及链搜索方向,系统按起始曲线及搜索方向自动寻找所有首尾搭接的曲线,适合于需批量处理的曲线数目较大且无两根以上曲线搭接在一起的情形。"限制链拾取"需用户指定起始曲线、搜索方向和限制曲线,系统按起始曲线及搜索方向自动寻找首尾搭接的曲线至指定的限制曲线,适用于避开有两根以上曲线搭接在一起的情形,以正确地拾取所需要的曲线。

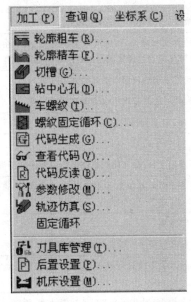

图7-1-7　CAXA"数控车"菜单

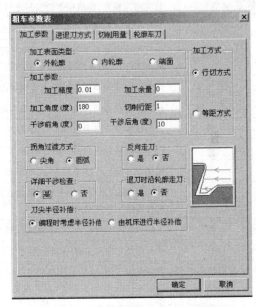

图7-1-8　"粗车参数表"对话框

　　在拾取完轮廓后确定进退刀点,指定一点为刀具加工前和加工后所在的位置。单击鼠标右键可忽略该点的输入。完成上述步骤后即可生成加工轨迹。在图7-1-1所示"数控车"菜单区中选取"代码生成"菜单项,拾取刚生成的加工轨迹,即可生成加工指令。

　　2)参数说明

　　"粗车参数表"对话框中各部分参数作用如下。

　　①"加工参数":主要用于对粗加工中的各种工艺条件和加工方式进行限定,单击该对话框中的"加工参数"选项卡即进入"加工参数表",各加工参数含义如表7-1-8所列。

　　②"进退刀方式":单击对话框中的"进退刀方式"选项卡即进入"进退刀方式"参数表(见图7-1-9),用于对加工中的进退刀方式进行设定。

　　进刀方式有两种,"每行相对毛坯进刀方式"用于指定对毛坯部分进行切削时的进刀方式,"每行相对加工表面进刀方式"用于指定对加工表面部分进行切削时的进刀方式。

　　•"与加工表面成定角":指在每一切削行前加入一段与轨迹切削方向成一定角度的进刀段,刀具垂直进刀到该进刀段的起点,再沿该进刀段进刀至切削行。"角度"定义为该进刀段与轨迹切削方向的夹角。"长度"定义为该进刀段的长度。

表 7-1-8　加工参数说明

内　容	选　项	说　明
加工表面类型	外轮廓	采用外轮廓车刀加工外轮廓,此时缺省加工方向角度为 180°
	内轮廓	采用内轮廓车刀加工内轮廓,此时缺省加工方向角度为 180°
	车端面	此时缺省加工方向应垂直于系统 X 轴,即加工角度为 90°或 270°
加工参数	干涉前角	做底切干涉检查时确定干涉检查的角度,避免加工反锥时出现前刀面与工件干涉
	干涉后角	做底切干涉检查时确定干涉检查的角度,避免加工正锥时出现刀具底面与工件干涉
	加工角度	刀具切削方向与机床 Z 轴(软件系统 X 正方向)正方向的夹角
	切削行距	行间切入深度,即两相邻切削行之间的距离
	加工余量	加工结束后被加工表面没有加工部分的剩余量(与最终加工结果比较)
	加工精度	用户可按需要来控制加工的精度对轮廓中的直线和圆弧,机床可以精确地加工;对由样条曲线组成的轮廓,系统将按给定的精度把样条转化成直线段来满足用户所需的加工精度
拐角过渡方式	圆　弧	在切削过程遇到拐角时刀具从轮廓的一边到另一边的过程以圆弧的方式过渡
	尖　角	在切削过程遇到拐角时刀具从轮廓的一边到另一边的过程中以尖角的方式过渡
方向走刀	否	刀具按缺省方向走刀,即刀具从机床 Z 轴正向,向 Z 轴负向移动
	是	刀具按与缺省方向相反的方向走刀
详细干涉检查	否	假定刀具前后干涉角均为 0°,对凹槽部分不做加工,以保证切削轨迹无前角及底切干涉
	是	加工凹槽时,用定义的干涉角度检查加工中是否有刀具前角及底切干涉,并按定义的干涉角度生成无干涉的切削轨迹
退刀时沿轮廓走刀	否	刀位行首末直接进退刀,不加工行与行之间的轮廓
	是	两刀位行之间如果有一段轮廓,在后一刀位行之前和之后增加对行间轮廓的加工
刀尖半径补偿	编程时考虑半径补偿	在生成加工轨迹时,系统根据当前所用刀具的刀尖半径进行补偿计算(按假想刀尖点编程),所生成代码即为已考虑半径补偿的代码
	由机床进行半径补偿	在生成加工轨迹时,假设刀尖半径为 0,按轮廓编程,不进行刀尖半径补偿计算,所生成代码在用于实际加工时应根据实际刀尖半径由机床指定补偿值

• "垂直":指刀具直接进刀到每一切削起始点。

• "矢量":指在每切削行前加入一段与系统 X 轴(机床 Z 轴)正方向成一定夹角的进刀段,刀具进到该进刀段起点,再沿该进刀段进刀至切削行。"角度"定义为矢量进刀段内系统 X 轴正方向的夹角,"长度"定义为矢量(进刀段)的长度。

退刀方式有两种:"每行相对毛坯退刀方式"用于只对毛坯部分进行切削的退刀方式,"每行相对加工表面退刀方式"用于指定对加工表面部分进行切削时的退刀方式。

• "与加工表面成定角":指在每一切削行后加入一段与轨迹切削方向成一定角度的退刀段,刀具先沿该退刀段退刀,再从该退刀段的末点开始垂直退刀。"角度"定义为该退刀段与轨迹切削方向的夹角,"长度"定义为该退刀段的长度。

• "垂直":指刀具直接垂直退刀,回到每一切削行的起始点。

• "矢量":指在每一切削行后加入一段与系统 X 轴(机床 Z 轴)正方向成一定夹角的退刀段,刀具先沿该退刀段退刀,再从该退刀段的末点开始垂直退刀。"角度"定义为矢量(退刀段)与系统 X 轴正方向的夹角,"长度"定义为矢量(退刀段)的长度。

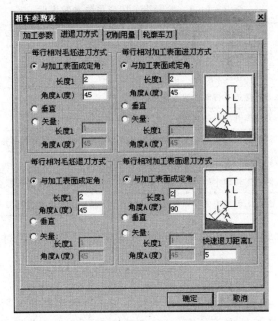

图 7 - 1 - 9　轮廓"粗车参数表—进退刀方式"选项卡

• "快速退刀距离"：以给定的退刀速度回退的距离（相对值），在此距离上以机床允许的最大进给速度退刀。

③切削用量：在每种加工轨迹生成时，都需要设置一些与切削用量及机床加工相关的参数。单击"切削用量"选项卡可进入切削用量参数设置对话框（见图 7 - 1 - 10）。具体说明见表 7 - 1 - 9。

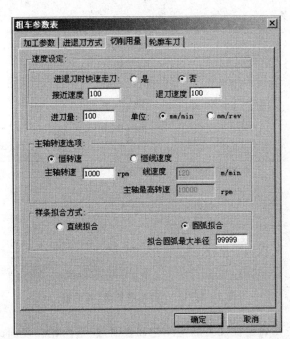

图 7 - 1 - 10　"粗车参数表—切削用量"选项卡

表 7-1-9　轮廓粗车切削用量参数说明

内　容	选　项	说　明
速度设定	主轴转速	机床主轴旋转的速度,计量单位是机床默认的单位
	切削速度	刀具切削工件时的进给速度
	接近速度	刀具接近工件时的进给速度
	退刀速度	刀具离开工件的速度
主轴转速选项	恒转速	切削过程中按指定的主轴转速保持主轴转速恒定,直到下一指令改变该转速
	恒线速度	切削过程中按指定的线速度值保持线速度恒定
样条拟合方式	直线拟合	对加工轮廓中的样条线根据给定的加工精度用直线段进行拟合
	圆弧拟合	对加工轮廓中的样条线根据给定的加工精度用圆弧段进行拟合

　　④ 轮廓车刀:单击"轮廓车刀"选项卡可进入轮廓车刀参数设置对话框,设置加工中所用刀具的参数。

　　(2) 轮廓精车

　　对工件外轮廓表面、内轮廓表面和端面的精车加工。轮廓精车需要确定被加工轮廓,被加工轮廓就是加工结束后的工件表面轮廓,被加工轮廓不能闭合或自相交。

　　1) 操作步骤

　　在"应用"菜单区中的"数控车"子菜单区中选取"轮廓精车"菜单项,系统弹出"精车参数表"对话框,如图 7-1-11 所示。

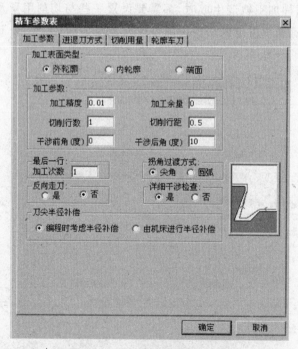

图 7-1-11　"精车参数表"对话框

　　在该对话框中首先要确定被加工的是外轮廓表面,还是内轮廓表面或端面,接着按加工要求确定其他各加工参数。

确定参数后拾取被加工轮廓,此时可使用系统提供的"轮廓拾取"工具。

选择完轮廓后确定进退刀点,指定一点为刀具加工前和加工后所在的位置,右击可忽略该点的输入。完成上述步骤后可生成精车加工轨迹。在图 7-1-1 所示"数控车"菜单区中选取"代码生成"菜单项,拾取刚生成的加工轨迹,即可生成加工指令。

2)参数说明

①"加工参数":用于对精车加工中的各种工艺条件和加工方式进行限定。各加工参数含义说明如下,与轮廓粗车含义相同的省略。

* 切削行距:行与行之间的距离。沿加工轮廓走刀一次称为一行。
* 切削行数:加工轨迹的加工行数,不包括最后一行的重复次数。
* 最后一行加工次数:精车时,为提高车削的表面质量,最后一行常常在相同进给量的情况下进行多次切削,该处定义多次切削的次数。

②"进退刀方式":单击"进退刀方式"选项卡即进入"进退刀方式"参数表(见图 7-1-12),用于对加工中的进退刀方式进行设定,各参数的含义与轮廓粗车部分相同。

③"切削用量":切削用量参数的说明与轮廓粗车相同。

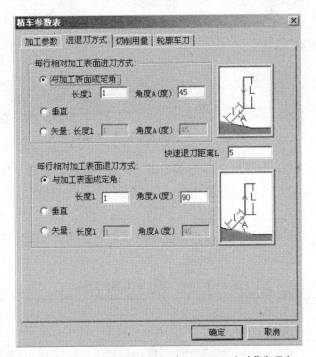

图 7-1-12　轮廓"精车参数表—进退刀方式"选项卡

④"轮廓车刀":单击"轮廓车刀"选项卡可进入轮廓车刀参数设置页,用于设置加工中所用刀具的参数。

(3)钻中心孔

CAXA 数控车提供了多种钻孔方式,包括高速啄式深孔钻、左攻丝、精镗孔、钻孔、镗孔和反镗孔等。

在工件的旋转中心钻中心孔,车削加工中的钻孔位置只能是工件的旋转中心,最终所有的加工轨迹都在工件的旋转轴上,也就是系统的 X 轴(机床 Z 轴)上。

1) 操作步骤

在"应用"菜单区中的"数控车"子菜单区中选取"钻中心孔"菜单项,弹出"钻孔参数表"对话框(见图 7 – 1 – 13),用户可在其中确定各参数。

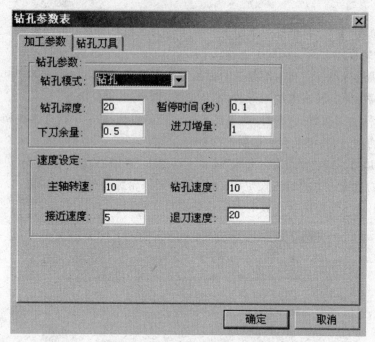

图 7 – 1 – 13 "钻孔参数表"对话框

确定各加工参数后,拾取钻孔的起始点,因为轨迹只能在系统的 X 轴上(机床的 Z 轴),所以把输入的点向系统的 X 轴投影,得到的投影作为钻孔的起始点,拾取完钻孔之后即生成加工轨迹。

2) 参数说明

① "加工参数":主要对加工中的各种工艺条件和加工方式进行限定。各加工参数的说明见表 7 – 1 – 10。

表 7 – 1 – 10 钻孔加工参数说明

内 容	选 项	说 明
加工参数	钻孔深度	要钻孔的深度
	暂停时间	攻丝时刀在工件底部的停留时间
	钻孔模式	钻孔的方式,钻孔模式不同,后置处理中用到机床的固定循环指令也不同
	进刀增量	钻深孔时每次进刀量或镗孔时每次侧进量
	下刀余量	当钻下一个孔时,刀具从前一个孔顶端的抬起量
速度设定	接近速度	刀具接近工件时的进给速度
	钻孔速度	钻孔时的进给速度
	主轴转速	机床主轴旋转的速度计量单位是机床默认的单位
	退刀速度	刀具离开工件的速度

②"钻孔刀具"：单击"钻孔刀具"选项卡可进入钻孔刀具参数设置页，用于设置加工中所用刀具的参数。

（4）车　槽

该功能可以在工件外的轮廓表面、内轮廓表面或端面切槽。切槽时要确定被加工轮廓，被加工轮廓就是加工结束后的工件表面轮廓，被加工轮廓不能闭合或自相交。

1）操作步骤

在"应用"菜单区中的"数控车"子菜单区中选取"车槽"菜单项，系统弹出"切槽参数表"对话框，如图7-1-14所示。其中首先要确定被加工的是外轮廓表面，还是内轮廓表面或端面，接着按加工要求确定其他各加工参数。

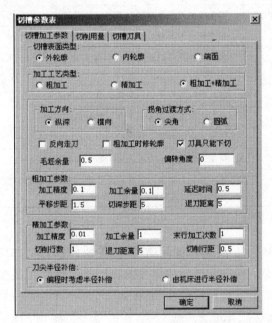

图7-1-14　"切槽参数表"对话框

确定切槽参数后拾取被加工轮廓，此时可使用系统提供的轮廓拾取工具。选择完轮廓后确定进退刀点，指定一点为刀具加工前和加工后所在的位置。单击鼠标右键可忽略该点的输入。

完成上述步骤后即可生成切槽加工轨迹。在"数控车"菜单区中选取"代码生成"菜单项，拾取刚生成的加工轨迹，即可生成加工指令。

2）参数说明

①"加工参数"：主要对切槽加工中各种工艺条件和加工方式进行限定。各加工参数的说明见表7-1-11（与轮廓粗车、轮廓精车含义相同的省略）。

②"切削用量"：切削用量参数的说明与轮廓粗车相同。

③"切槽车刀"：单击"切槽刀具"选项卡可进入切槽刀具参数对话框，用于设置加工中所用切槽刀具的参数。

（5）螺纹固定循环

CAXA数控车的该功能采用固定循环方式加工螺纹，输出的代码适用于西门子840C/840

控制器。

表 7-1-11　切槽加工参数说明

内　容	选　项	说　明
加工轮廓	外轮廓	外轮廓切槽或用切槽刀加工外轮廓
	内轮廓	内轮廓切槽或用切槽刀加工内轮廓
	端面	端面切槽或用切槽刀加工端面
加工工艺类型	粗加工	对槽只进行粗加工
	精加工	对槽只进行精加工
	粗加工＋精加工	对槽进行粗加工之后接着精加工
粗加工参数	延迟时间	粗车槽时刀具在槽的底部停留的时间
	切深步距	粗车槽时刀具每一次纵向切槽的切入量(机床 X 向)
	平移步距	粗车槽时刀具切到指定的切深平移量后进行下一次切削前的水平平移量(机床 Z 向)
	退刀距离	粗车槽时进行下一行切削前退刀到槽外的距离
	加工余量	粗加工时被加工表面未加工部分的预留量
精加工参数	退刀距离	精加工中切削完一行之后,进行下一行切削前退刀的距离
	加工余量	精加工时被加工表面未加工部分的预留量
	未行加工次数	精车槽时为提高加工的表面质量,最后一行常常在相同进给量的情况下进行多次车削,该处定义多次切削的次数

1）操作步骤

在"数控车"子菜单区中选取"螺纹固定循环"菜单项,然后依次拾取螺纹起点、终点、第一个中间点和第二个中间点。该固定循环功能可以进行两段螺纹连接加工。若只有一段螺纹,则在拾取完终点后右击。若只有两段螺纹,则在拾取完第一个中间点后右击。

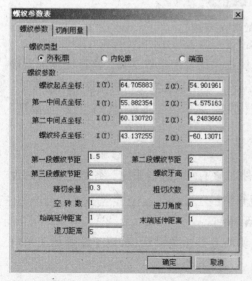

图 7-1-15　"螺纹参数表"对话框

拾取完毕,弹出"螺纹参数表"对话框(见图 7-1-15),前面拾取的点的坐标也将显示在该参数表中,用户可在该对话框中确定各加工参数。参数填写完毕,单击"确认"按钮,生成加工轨迹。该加工轨迹仅为一个示意性的轨迹,但可用于输出固定循环指令。

在"数控车"菜单区中选取"代码生成"菜单项,拾取刚生成的加工轨迹,即可生成螺纹加固定循环指令。

2）参数说明

该螺距切削固定循环功能仅针对西门子 840C/840 控制器。详细的参数说明和代码格式说明请参考西门子 840C/840 控制器的固定循环编程说明书。

螺纹参数表中的螺纹起点、终点、第一中间点、第二中间点坐标及螺纹长度来自于前面的拾取结果,用户可作进一步修改。

- "粗切次数":螺纹粗切的次数,用于控制系统自动计算保持固定的切削截面时各次进刀的深度。
- "进刀角度":刀具可以垂直于切削的方向进刀也可以沿着侧面进刀,角度输入时无符号并且不能超过螺纹角的一半。
- "空转数":指末行走刀次数,为提高加工质量,最后一个切削行有时需要重复走刀多次,此时需要指定重复走刀次数,粗切完成后进行一次精切后运行指定的空转数。
- "精切余量":螺纹深度减去精切深度为粗切余量。
- "始端延伸距离":刀具切入点与螺纹始端的距离。
- "末端延伸距离":刀具退刀点与螺纹末端的距离。

(6)车螺纹

CAXA 数控车的该功能为非固定循环方式加工螺纹,可对螺纹加工中的各种工艺条件和加工方式进行更为灵活的控制。

1)操作步骤

在"数控车"子菜单区中选取"螺纹固定循环"菜单项,依次拾取螺纹起点和终点。拾取完毕,弹出"螺纹参数"对话框,如图 7-1-16 所示。前面拾取的点坐标也将显示在参数表中,用户可在对话框中确定各加工参数。参数填写完毕,单击"确定"按钮,即生成螺纹车削加工轨迹。

在"数控车"菜单区中选取"代码生成"菜单项,拾取刚生成的加工轨迹,即可生成螺纹加工指令。

2)参数说明

"螺纹参数"选项卡如图 7-1-16 所示,主要包含了与螺纹性质相关的参数,如螺纹深度、节距和头数等。螺纹始点和终点坐标来自前一步的拾取结果,用户也可以进行修改。

"螺纹加工参数"选项卡如图 7-1-17 所示,用于对螺纹加工中的工艺条件和加工方式进行设置,各参数说明见表 7-1-12。

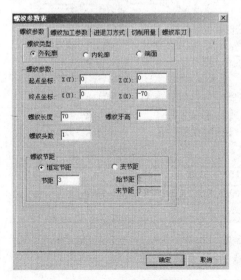

图 7-1-16 "螺纹参数"选项卡

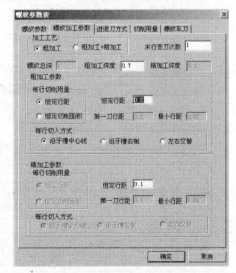

图 7-1-17 "螺纹加工参数"选项卡

表 7 - 1 - 12   螺纹加工参数说明

内 容	选 项	说 明
加工工艺	粗加工	指直接采用粗切方式加工螺纹
	粗加工＋精加工	指根据指定的粗加工深度进行粗切后,再采用精切方式(如采用更小的行距)切除剩余余量(精加工深度)
	精加工深度	螺纹精加工的切深量
	粗加工深度	螺纹粗加工的切深量
每行切削用量	恒定行距	每一切削行的间距保持恒定
	恒定切削面积	为保证每次切削面积恒定,各次切削深度将逐步减小,直至等于最小行距此时用户需指定第一刀行距及最小行距
	末行走刀次数	为提高加工质量,最后一个切削行有时需要重复走刀多次,此时需要指定重复走刀次数
	每行切入方式	指刀具在螺纹始端切入时的切入方式刀具在螺纹末端的退出方式与切入方式相同

(7) 机床设置与后置处理

1) 机床设置

机床设置就是针对不同的机床和不同的数控系统,设置特定的数控代码、数控程序格式及参数,并生成配置文件。生成数控程序时,系统根据该配置文件的定义,生成用户所需要的特定代码格式的加工指令。

机床配置给用户提供了一种灵活方便地设置系统配置的方法。通过设置系统配置参数,后置处理所生成的数控程序可以直接输入数控机床或加工中心进行加工,而无需进行修改。如果已有的机床类型中没有所需的机床,可增加新的机床类型以满足使用需求,并可对新增的机床进行设置。机床配置的各参数如图 7 - 1 - 18 所示。

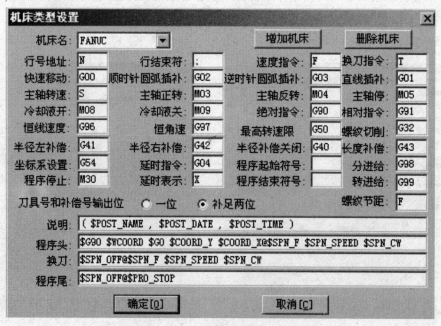

图 7 - 1 - 18   "机床类型设置"对话框

① 机床参数设置。可在"机床名"下拉列表中用鼠标选取,也可以选择已存在的机床,或单击"增加机床"按钮增加系统中没有的机床;也可通过单击"删除机床"按钮删除当前机床。

"机床类型设置"对话框中,可以对机床的各种指令地址,根据所用数控系统的代码规则进行设置。

机床配置参数中的"说明"、"程序头"、"换刀"和"程序尾"必须按照使用数控系统的编程规则(参看所用机床的编程手册),利用宏程序格式书写,否则生成的数控加工程序可能无法使用。

② 常用的宏指令。CAXA 软件的程序格式,以字符串、宏程序@字符串和宏程序的方式进行设置,其中宏指令格式为 $＋宏指令串,详见表 7-1-13。

表 7-1-13 系统提供的宏指令串

内　容	宏指令串	内　容	宏指令串
当前后置文件名	POST_NAME	冷却液开	COOL_ON
当前日期	POST_DATE	冷却液关	COOL_OFF
当前时间	POST_TIME	程序停	PRO_STOP
当前 X 坐标值	COORD_Y	左补偿	DCMP_LEF
当前 Z 坐标值	COORD_X	右补偿	DCMP_RGT
当前程序号	POET_CODE	补偿关闭	DCMP_OFF
行号指令	LINE_NO_ADD	@号	换行标志,若是字符串则输出@本身
行结束符	BLOCK_END	$ 号	输出空格

2)后置处理

后置处理就是针对特定的机床,结合已经设置好的机床设置,对后置输出的数控程序格式,如程序段行号、程序大小、数据格式、编程方式和圆弧控制方式等进行设置。在"数控车"子菜单中选择"后置设置"菜单项,系统弹出"后置处理设置"对话框,如图 7-1-19 所示,用户可按自己的需要更改已有机床的后置设置。

(8)代码生成

1)生成代码

生成代码就是按照当前机床类型的配置要求,把已经生成的加工轨迹转化生成 G 代码数据文件,即 CNC 数控程序。生成代码的操作步骤如下:

在"数控车"子菜单选择"生成代码"菜单项,则弹出一个需要用户输入文件名的对话框,要求用户填写后置程序文件名,如图 7-1-20 所示。

输入文件名后单击"保存"按钮,系统提示拾取加工轨迹。当拾取到加工轨迹后,该加工轨迹变为被拾取颜色。右击结束拾取,系统即生成数控程序。拾取时,使用系统提供的拾取工具,可以同时拾取多个加工轨迹,被拾取轨迹的代码将保存在一个文件当中,生成的先后顺序与拾取的先后顺序相同。

2)查看代码

查看代码就是查看和编辑已生成代码的内容。在"数控车"子菜单区选择"查看代码"菜单

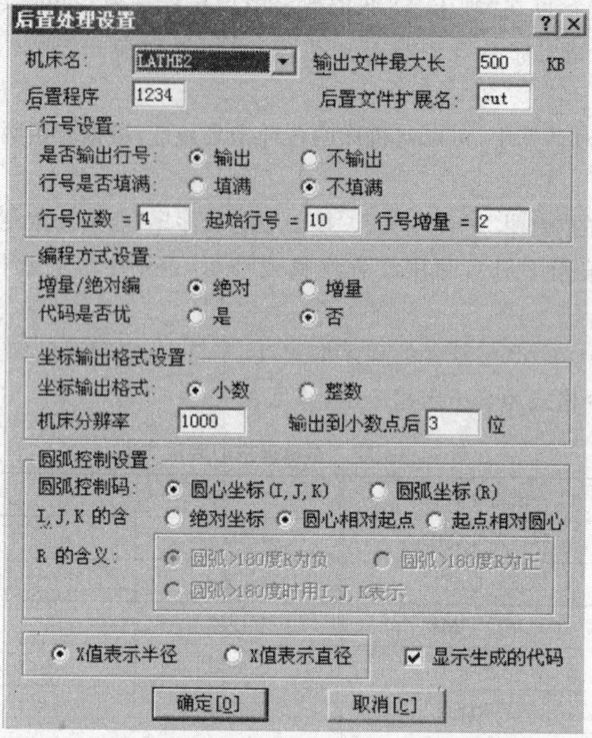

图 7－1－19　"后置处理设置"对话框

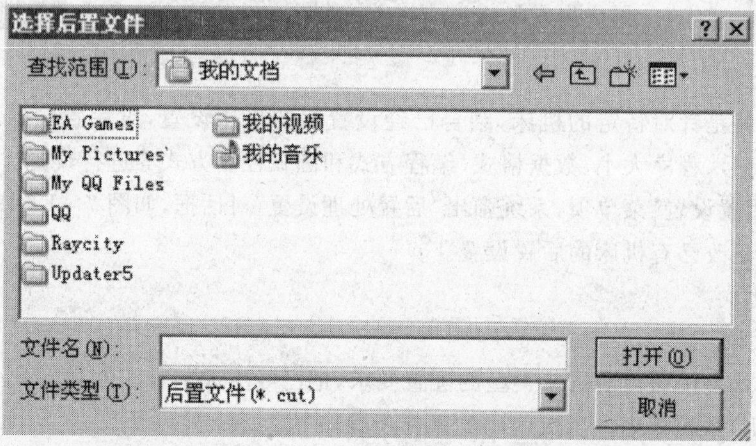

图 7－1－20　"选择后置文件"对话框

项,则弹出一个要用户选择数控程序的对话框。选择一个程序后,系统即用 Windows 提供的
"记事本"显示代码的内容,当代码文件较大时,则要用"写字板"打开,用户可在其中对代码进
行修改。

　　3) 参数修改

　　对生成的轨迹不满意时,可以用"参数修改"功能对轨迹的各种参数进行修改,以生成新的
加工轨迹。在"数控车"子菜单中选择"参数修改"菜单项,则提示用户拾取要进行参数修改的

加工轨迹,拾取轨迹后将弹出该轨迹的参数表供用户修改。参数修改完毕单击"确定"按钮,即依据新的参数重新生成轨迹。

4）轨迹仿真

轨迹仿真即对已有的加工轨迹进行加工过程模拟,以检查加工轨迹的正确性。对系统生成的加工轨迹,仿真时用生成轨迹时的加工参数,即轨迹中记录的参数;对从外部反读进来的加工轨迹,仿真时用系统当前的加工参数。

轨迹仿真分为动态仿真和静态仿真两种。动态仿真是指模拟动态的切削过程,不保留刀具在每一个切削位置的图像。静态仿真是指仿真过程中保留刀具在每一个切削位置的图像,直至仿真结束。仿真时可指定仿真的步长,用来控制仿真的速度。当步长设为 0 时,步长值在仿真中无效;当步长大于 0 时,所设的步长即为仿真中每一个切削位置之间的间隔距离。

轨迹仿真操作步骤如下:

在"数控车"子菜单中选择"轨迹仿真"菜单项,同时可指定仿真的步长。拾取要仿真的加工轨迹,此时可使用系统提供的选择的拾取工具。在结束拾取前仍可修改仿真的类型或仿真的步长。右击结束拾取,系统即开始仿真,仿真过程中可按键盘左上角的 ESC 键终止。

5）代码反读（校核 G 代码）

代码反读就是把生成的 G 代码文件反读进来,生成加工轨迹,以检查生成的 G 代码的正确性。如果反读的刀位文件中包含圆弧插补,用户应指定相应的圆弧插补方式,否则可能得到错误的结果,若后置文件中的坐标输出格式为整数,且机床分辨率不为 1 时,反读的结果是不对的,亦即系统不能读取坐标格式为整数且分辨率为非 1 的情况。

在"数控车"子菜单选择"代码反读"菜单项,则弹出一个供用户选取数控程序的对话框,系统要求用户选择要校对的 G 代码程序。选择要校对的数控程序后,系统根据程序 G 代码立即生成加工轨迹。

刀位校核只用来对 G 代码的正确性进行检验,由于精度等方面的原因,用户应避免将反读出的刀位重新输出,因为系统无法保证其精度。

校对加工轨迹时,如果存在圆弧插补,则系统要求选择圆心的坐标编程方式,其含义可参考后置设置中的说明。用户应正确选择对应的形式,否则会导致错误。

（9）刀具的管理功能

CAXA 数控车 XP 提供轮廓车刀、切槽刀具、螺纹车刀和钻孔刀具 4 种类型的管理功能。刀具库管理功能用于定义和确定刀具的有关数据,以便于用户从刀具库中获取刀具信息和对工具库进行维护。

1）操作方法

单击主菜单"应用",选择"数控车"子菜单"刀具管理"菜单项,系统弹出"刀具库管理"对话框,如图 7-1-21 所示。用户可按自己的需要添加新的刀具,进行已有刀具参数的修改,更换当前使用的刀具等操作。

刀具库中的各种刀具只是同一类刀具的抽象描述,并非符合国际或其他的标准,所以刀具库只列出了对轨迹生成有影响的部分参数,其他与具体加工工艺相关的刀具参数并未列出。例如,将各种外轮廓、内轮廓和端面粗/精车刀均归为轮廓车刀,对轨迹生成没有影响。其他补

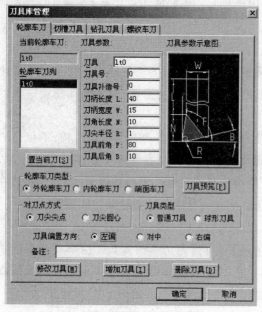

（a）"轮廓车刀"选项卡

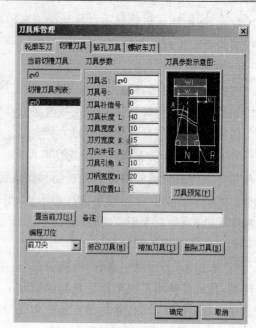

（b）"切槽刀具"选项卡

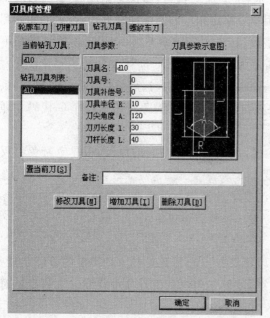

（c）"钻孔刀具"选项卡

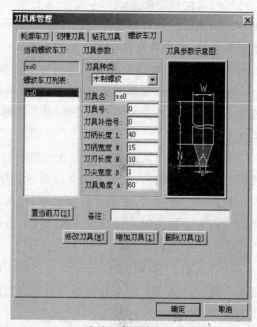

（d）"螺纹车刀"选项卡

图 7-1-21　"刀具库管理"对话框

充信息可在"备注"栏中输入。

2）刀具参数说明

轮廓车刀、切槽刀具、钻孔刀具和螺纹车刀的参数,包括共有参数和自身(自由身几何形状定义的参数)参数两部分。4 种刀具共有的参数有以下几种。

① 刀具名:刀具的名称,用于刀具标识和列表,刀具名是唯一的。

② 刀具号:刀具的系列号,用于后置处理的自动换刀指令,刀具号是唯一的。

③ 刀具补偿号:刀具补偿值的序列号,其值对应于机床的刀具偏置表。

④ 刀柄长度:刀具可夹持段的长度(钻孔刀具无此项)。

⑤ 刀柄宽度:刀具可夹持段的宽度(钻孔刀具无此项)。

⑥ 当前轮廓(切槽、钻孔、螺纹):车刀显示当前使用刀具的刀具名,即在加工中要使用的刀具。在加工轨迹生成时,要使用当前刀具的刀具参数。

⑦ 轮廓(切槽、钻孔、螺纹):车刀列表显示刀具库中所有同类型刀具的名称,可通过鼠标或键盘的上、下键选择不同的刀具名。刀具参数表中将显示所选刀具的参数,双击所选的刀具可将其置为当前刀具。

轮廓车刀几何参数包括以下几种。

① 刀角长度:刀具可切削的长度。

② 刀尖半径:刀尖部分用于切削的圆弧的半径。

③ 刀具前角:刀具前刃与工件旋转轴的夹角。

切槽刀具几何参数包括以下几种。

① 刀刃宽度:刀具切削刃的宽度。

② 刀尖半径:刀具切削刃两端圆弧的半径。

③ 刀具引角:刀具切削段两侧边与垂直于切削方向的夹角。

钻孔刀具几何参数包括以下几种。

① 刀尖角度:钻头前段尖部的角度。

② 刀刃长度:刀具可用于切削部分的长度。

③ 刀杆长度:刀尖到刀柄之间的距离。刀杆长度应大于刀刃有效长度。

螺纹车刀几何参数包括以下几种。

① 刀刃长度:刀具切削刃顶部的长度。

② 刀具角度:刀具切削段两侧边与垂直于切削方向的夹角,该角度决定了车削出螺纹的螺纹角。

③ 刀尖宽度:螺纹齿底宽度,对于三角螺纹车刀,刀尖宽度等于 0。

四、CAXA 数控车 XP 自动编程加工实例

图 7-1-22 所示零件已加工成 $\phi54$ mm×70 mm 及 $\phi18$ mm 孔的尺寸形状,材料为 45 号钢。试分析加工工艺,用自动编程方法生成加工程序。

1. 分析加工工艺

(1) 零件图的工艺分析

该零件形状结构比较简单,由外圆柱面、圆锥面、圆弧和螺纹等构成,其中直径尺寸与轴向尺寸没有尺寸精度和表面粗糙度的要求。零件材料为 45 号钢,切削加工性能较好,没有热处理和硬度要求。

通过上述分析,可以采用以下几点工艺措施:

① 零件图没有公差和表面粗糙度的要求,可完全看成是理想化的状态,在安排工艺时不

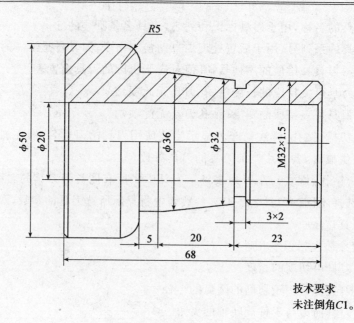

技术要求
未注倒角 C1。

图 7-1-22　典型轴套类零件

考虑零件的粗、精加工,故零件建模的时候直接按照零件图上的尺寸建模即可。

② 工件右端面为轴向尺寸的设计基准,在相应工序加工前,用手动方式先将右端面车削完成。

③ 采用一次装夹完成工件的全部加工。

(2) 确定车床的尺寸和加工要求

选择经济型的四刀位数控车床,采用三爪自动定心卡盘对工件进行定位夹紧。

(3) 确定加工顺序及走刀路线

加工顺序按照由内到外、由粗到精和由近到远的原则确定,在一次加工中尽可能地加工出较多的表面。走刀路线设计不考虑最短进给路线或者最短空行程路线。外轮廓表面车削走刀路线可沿着零件轮廓顺序进行。

(4) 刀具的选择

根据零件的形状和加工要求选择刀具,如表 7-1-14 所列。

表 7-1-14　数控加工刀具卡片

产品名称或代号			零件名称	典型轴	零件图号	图 7-1-22
序　号	刀具号	刀具规格名称	数量	加工表面	刀尖半径/mm	备　注
1	T01	93°硬质合金车刀	1	车外轮廓	0.4	右 20×20
2	T02	60°螺纹车刀	1	车 M30×1.5 螺纹		20×20
3	T03	3 mm 切槽车刀	1	切　槽	0.2	20×20
4	T04	60°螺纹车刀	1	车 M30×1.5 螺纹		20×20

(5) 切削用量的选择

切削用量一般根据毛坯的材料、主轴转速、进给速度和刀具的刚度等因素选择。

(6) 数控加工工艺卡

将前面分析的各项内容综合成数控加工工艺卡,在这里就不做详细的介绍了。

2. 加工建模

（1）进入 CAXA

双击桌面上的"数控车"图标进入 CAXA 数控车 XP 的操作界面。

（2）作水平线

① 从菜单栏选择"应用"→"曲线生成"→"直线"，或单击"曲线生成"工具栏"直线"图标，在立即菜单中选择"两点线"中的"连续"→"正交"→"长度方式"→用鼠标左键拾取"长度"文本框，填写数值"70"→右击确定，如图 7-1-23（a）所示。

② 根据状态栏提示输入直线的"第一点：（切点、垂直点）"，按空格键弹出如图 7-1-23（b）所示菜单栏，用鼠标左键选取"缺省点"，用鼠标捕捉原点；状态栏提示输入直线的"第二点：（切点、垂足点）"，把鼠标指向"-X"方向并单击确定，生成如图 7-1-23c 所示的直线 L_1。

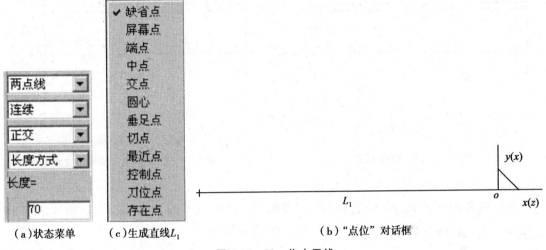

（a）状态菜单　　　（c）生成直线L_1　　　　　　（b）"点位"对话框

图 7-1-23　作水平线

（3）作水平线 L_1 的等距线

从菜单栏选择"应用"→"曲线生成"→"等距线"，或单击"曲线生成"工具栏"等距"图标，在立即菜单中选择"等距"，在"距离"栏中输入"25"，按 Enter 键或右击确定。状态栏提示"拾取直线"，用单击直线 L_1；状态栏提示"选择等距方向"，如图 7-7-1-24（a）所示，单击向上的箭头，生成直线 L_2，如图 7-7-1-24（b）所示。用同样的方法作与 L_1 距离为"18"、"16"和"14"的等距线 L_3、L_4 和 L_5。

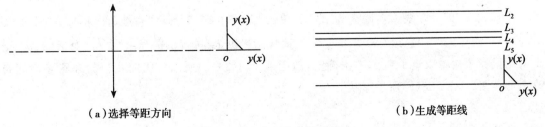

（a）选择等距方向　　　　　　　　　　　　（b）生成等距线

图 7-1-24　生成等距线

（4）作直线 L_1 的垂直线

单击"曲线生成"工具栏"直线"图标 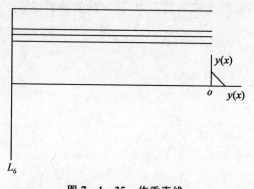，在立即菜单中选择"水平/铅垂线"中的"铅垂"，输入长度为"50"，按"确定"按钮。根据状态栏提示"输入直线中点"，按空格键弹出"点位"对话框，选取"端点"，用鼠标拾取直线 L_1 的左端点，右击以确定，生成如图 7-1-25 所示的垂直线 L_6。

（5）作直线 L_6 的等距线

从菜单栏选择"应用"→"曲线生成"→"等距线"，或单击"曲线生成"工具栏"等距"图标，在立即菜单中选择"等距"，在距离栏中输入"20"，按 Enter 键或右击确定。状态栏提示"拾取直线"，用鼠标左键单击直线 L_5；状态栏提示"选择等距方向"，单击向右的箭头，生成直线 L_7，用同样的方法生成 L_8、L_9、L_{10} 和 L_{11}，如图 7-1-26 所示。

图 7-1-25　作垂直线

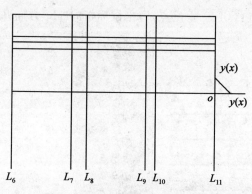

图 7-1-26　作轴向位置尺寸线

（6）曲线裁剪和删除

从菜单栏选择"应用"→"曲线编辑"→"裁剪"，或单击"曲线编辑"工具栏的"曲线裁剪"图标，在立即菜单中选择"快速裁剪"；状态栏提示"拾取被裁剪线（选取被裁剪段）"，用鼠标直接拾取被裁剪的线段即可。从菜单栏选择"编辑"→"删除"，或单击"曲线编辑"工具栏的删除图标，状态栏提示"拾取元素"，用鼠标左键拾取曲线裁剪后多余的线段，被拾取的线段变成点划线，拾取完毕后右击确定，修改图形至如图 7-1-27 所示。

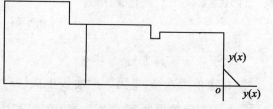

图 7-1-27　曲线裁剪与删除

（7）作圆锥线

作直线 L_1 的等距线 L_{12}，距离为"16"。单击"曲线生成"工具栏"直线"图标；在立即菜单中选择"两点线"→"连续"→"非正交"；根据状态栏提示，按空格键弹出"点位"对话框，选"交点"；用鼠标依次拾取点 1 和 2，右击确定，如图 7-1-28（a）所示。用曲线裁剪和删除功能修改图形至图 7-1-28（b）所示形状。

（8）作圆弧

从菜单栏选择"曲线"→"曲线过渡"，或单击"曲线编辑"工具栏的圆弧过渡图标，在立

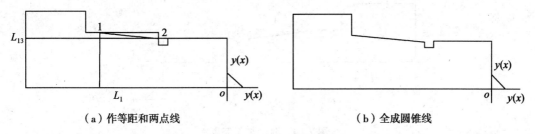

（a）作等距和两点线　　　　　　　（b）全成圆锥线

图 7 - 1 - 28　作圆锥线

即菜单中选择"圆弧过渡"，在半径位置输入"5"；根据状态栏提示"拾取第一条曲线"，用鼠标依次拾取位置 3 处两侧的线段，如图 7 - 1 - 29 所示。

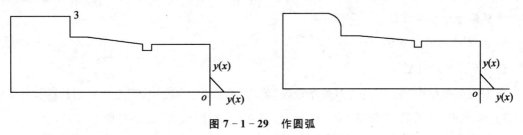

图 7 - 1 - 29　作圆弧

（9）作倒角

从菜单栏选择"曲线"→"曲线过渡"，或单击"曲线编辑"工具栏的"圆弧过渡"图标 ，在立即菜单中选择"倒角"，如图 7 - 1 - 30（a）所示；根据状态栏提示"拾取第一条曲线"，用鼠标依次拾取位置 5 处两侧的线段，两侧的线段被裁剪，如图 7 - 1 - 30（b）所示，用同样的方法分别对位置 6 处的两侧线段进行裁剪。

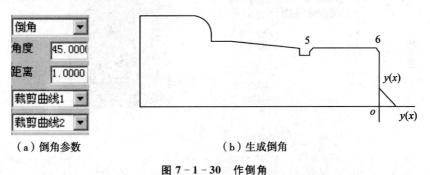

（a）倒角参数　　　　　　　（b）生成倒角

图 7 - 1 - 30　作倒角

（10）作内轮廓线

从菜单栏选择"曲线"→"等距线"，或单击"曲线生成"工具栏"等距"图标 ，在立即菜单中选择"等距"；在距离栏中输入"10"，按 Enter 键或右击确定。状态栏提示"拾取直线"，单击直线 L_1；状态栏提示"选择等距方向"，用鼠标单击向上的箭头，生成内轮廓线，作倒角并裁剪删除多余线段。至此完成整个零件的加工造型，如图 7 - 1 - 31 所示。

注　意：

① 建模前必须根据加工工艺确定好建模原点，坐标轴的方向应与所用数控机床的坐标轴方向一致。

② 对于加工建模，只需绘制加工部分的外轮廓和毛坯轮廓，组成封闭的区域，其余线条不

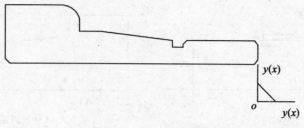

图 7 - 1 - 31 加工造型

必画出。

③ 造型过程中要先选主菜单或工具栏中的功能项,在立即菜单中进行参数设置,然后根据状态栏提示分步骤操作图。

3. 加工轨迹的生成

(1) 刀具参数设置

单击主菜单栏中"加工"→"刀具库管理"菜单项,或单击"数控车"工具栏图标██,系统弹出"刀具库管理"对话框,如图 7 - 1 - 32 所示。CAXA 数控车 XP 提供轮廓车刀、切槽刀具、钻孔刀具和螺纹车刀 4 种类型的刀具管理功能。

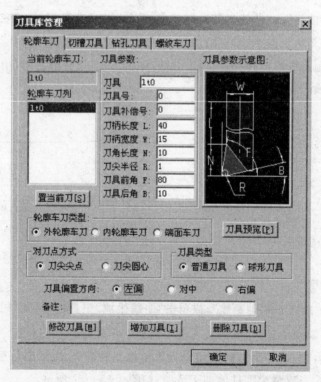

图 7 - 1 - 32 "刀具库管理"对话框

① 增加 T01 号 93°硬质合金车刀和 T02 号 93°内孔车刀。单击"刀具库管理"对话框中"轮廓车刀"选项卡,单击"增加刀具"按钮,出现如图 7 - 1 - 33 所示的对话框。在"轮廓车刀类型"中选"外轮廓车刀",填写刀具参数后单击"确定"按钮,完成 T01 号车刀的增加。同样方法,在"外轮廓

车刀类型"中选"内轮廓车刀",完成 T03 号车刀的增加,各项参数如图 7－1－34 所示。

②　增加 T03 号 3mm 硬质合金切槽车刀。

单击"刀具库管理"对话框中"切槽刀具"选项卡,单击"增加刀具"按钮,出现如图7－1－35 所示对话框,填写刀具参数后单击"确定"按钮。

③　增加 T04 号 60°螺纹车刀。单击"刀具库管理"对话框中"螺纹车刀"选项卡,单击"增加刀具"按钮,出现如图 7－1－36 所示对话框,填入刀具参数后单击"确定"铵钮。

（2）生成零件的加工轨迹

生成车外圆的粗、精加工轨迹的步骤如下:

①　轮廓建模。图 7－1－37 所示为车右端外圆的加工造型。

②　填写粗车参数表。单击主菜单中"加工"→"轮廓粗车"菜单项,或单击"数控车"工具栏图标 ,系统弹出"粗车参数表"对话框,然后分别按如下设置填写参数表。

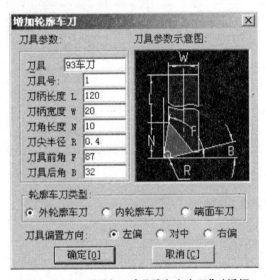

图 7－1－33　"增加 93°硬质合金车刀"对话框

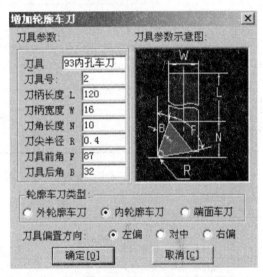

图 7－1－34　"增加 93°内孔车刀"对话框

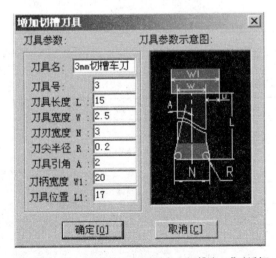

图 7－1－35　"增加 3 mm 硬质合金切槽车刀"对话框

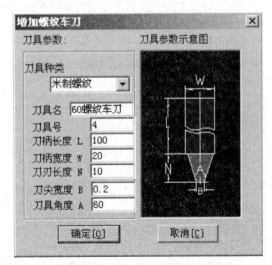

图 7－1－36　"增加 60°螺纹车刀"对话框

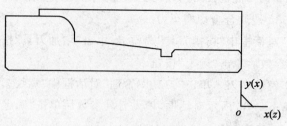

图 7 - 1 - 37　粗、精外圆的加工造型

- 单击"加工参数"选项卡,按表 7 - 1 - 15 参数填写。

表 7 - 1 - 15　粗车加工参数

内　容	选项及参数	内　容	选项及参数
加工表面类型	外轮廓	干涉后角	10
加工方式	行切方式	拐角过渡方式	尖角
加工精度	0.1	反向走刀	否
加工余量	0.3	详细干涉检查	是
加工角度	180	退刀时沿轮廓走刀	否
切削行距	1.5	刀尖半径补偿	编程时考虑半径补偿
干涉前角	0		

- 单击"进退刀方式"选项卡,按表 7 - 1 - 16 参数填写。

表 7 - 1 - 16　粗车进退刀参数

内　容	选　项	参　数
每行相对毛坯进刀方式	与加工表面成定角	长度 $L=2$,角度 $A=45$
每行相对加工表面进刀方式	与加工表面成定角	长度 $L=2$,角度 $A=45$
每行相对毛坯退刀方式	垂直	—
每行相对加工表面退刀方式	垂直	—
快速退刀距离	—	$L=5$

- 单击"切削用量"选项卡,选择切削用量,按表 7 - 1 - 17 参数填写。

表 7 - 1 - 17　粗车切削用量参数

内　容	选　项	参　数	说　明
速度设定	接近速度/mm·min^{-1}	100	单位也可为旋转进给率/mm·r^{-1}
	退刀速度/mm·min^{-1}	100	
	进刀量/mm·min^{-1}	150	
	主轴转速/r·min^{-1}	800	采用机械变速时刻不设定
	主轴最高转速/r·min^{-1}	2 000	
主轴转速选项	恒转速	—	—
样条拟合方式	圆弧拟合	999.9	—

● 单击"轮廓车刀"选项卡,直接选取刀具库中的"93°车刀"即可,其他按表 7 - 1 - 18 所示的参数填写。

表 7 - 1 - 18　粗车刀具参数

内　容	选项及参数
刀具名	93°车刀
刀具号	1
刀具补偿号	1
对刀点方式	刀尖圆心
刀具偏置方向	左　偏

③ 生成粗车加工轨迹。根据状态栏提示"拾取被加工表面轮廓",按空格键弹出工具菜单,系统提供 3 种拾取方式,如图 7 - 1 - 38(a)所示,选"单个拾取"。当拾取第一条轮廓线后,此轮廓线变成红色的虚线,系统给出提示:"选择方向",如图 7 - 1 - 38(b)所示,顺序拾取加工轮廓线并右击确定。状态栏提示"拾取定义的毛坯轮廓",顺序拾取毛坯的轮廓线并右击确定。状态栏提示"输入进退刀点",按 Enter 键弹出"输入"对话框,输入"5,35"后再按 Enter 键,生成如图 7 - 1 - 38(c)所示的加工轨迹。

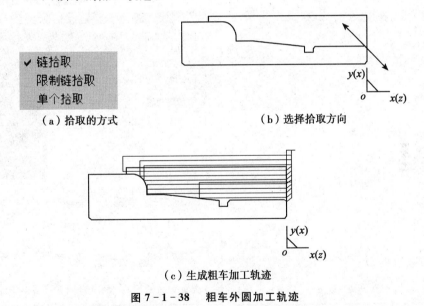

（a）拾取的方式　　　　　　（b）选择拾取方向

（c）生成粗车加工轨迹

图 7 - 1 - 38　粗车外圆加工轨迹

④ 填写精车参数表。单击主菜单中"加工"→"轮廓精车"菜单项,或单击"数控车"工具栏图标 ▆▆ ,系统弹出"精车参数表"对话框,各项参数如图 7 - 1 - 39 所示。

⑤ 生成精车加工轨迹。根据状态栏提示"拾取被加工表面轮廓",按方向拾取加工轮廓线并右击确定。状态栏提示"输入进退刀点",按 Enter 键弹出"输入"对话框,输入起始点后按 Enter 键,生成如图 7 - 1 - 40 所示加工轨迹。

4. 生成车外沟槽加工轨迹

① 轮廓建模。图 7 - 1 - 41 所示为车外沟槽的加工造型。

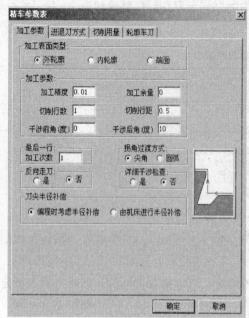

（a）"加工参数"选项卡

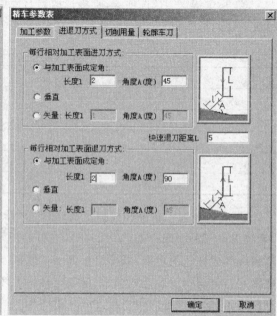

（b）"进退刀方式"选项卡

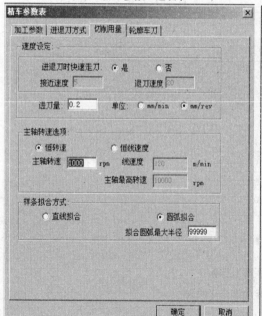

（c）"切削用量"选项卡

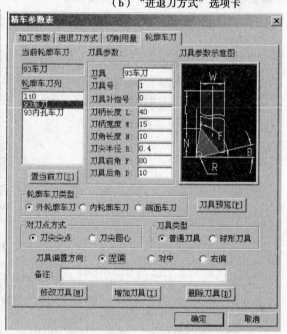

（d）"轮廓车刀"选项卡

图 7 - 1 - 39　外圆"精车参数表"对话框

　　② 填写参数表。单击主菜单中"加工"→"切槽"菜单项，或单击"数控车"工具栏图标

，系统弹出"切槽参数表"对话框，填写各项参数（见图 7 - 1 - 42），并单击"确定"按钮。

　　③ 生成切槽加工轨迹。根据状态栏提示，拾取加工轮廓线，按箭头方向顺序完成。输入起始点后按 Enter 键，生成如图 7 - 1 - 43 所示的加工轨迹。

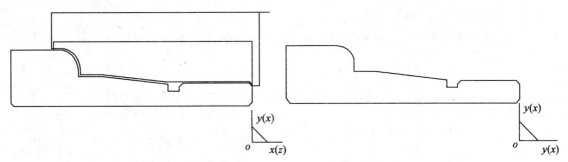

图 7 - 1 - 40　精车外圆加工轨迹　　　　　　图 7 - 1 - 41　外沟槽的加工造型

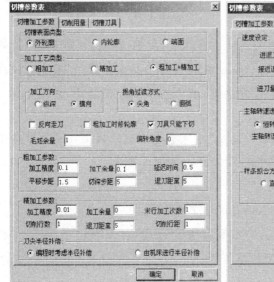

（a）"切槽加工参数"选项卡

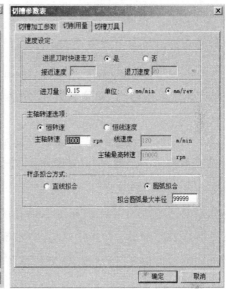

（b）"切削用量"选项卡

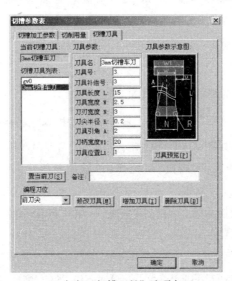

（c）"切槽刀具"选项卡

图 7 - 1 - 42　"切槽参数表"对话框

5. 生成车螺纹加工轨迹

① 轮廓建模。图 7-1-44 所示为车螺纹的加工造型,螺纹两端各延伸 2 mm。

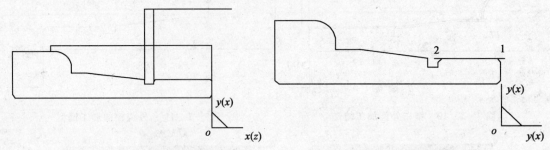

图 7-1-43　外沟槽的加工造型　　　　　　图 7-1-44　车螺纹加工造型

② 填写参数表。单击主菜单中"加工"→"车螺纹"菜单项,或单击"数控车"工具栏图标▰▰,状态栏提示"拾取螺纹的起始点",用鼠标左键拾取点 1;状态栏提示"拾取螺纹终点",用鼠标左键拾取点 2,系统弹出"螺纹参数表"对话框,填写各项参数(见图 7-1-45),并单击"确定"按钮。

③ 生成车螺纹加工轨迹。根据状态栏提示"输入进退刀点",按 Enter 键弹出输入对话框,输入起始点后按 Enter 键,生成如图所示 7-1-46 的加工轨迹。

6. 生成车内孔加工轨迹。

① 轮廓建模。图 7-1-47 所示为车内孔的加工造型。

② 填写参数表。单击主菜单中"加工"→"轮廓粗车"菜单项,或单击"数控车"工具栏图标▰▰,系统弹出"粗车参数表"对话框,填写各项参数(见图 7-1-48 所示),并单击"确定"按钮。

③ 生成车内孔加工轨迹。根据状态栏提示"拾取被加工表面轮廓",拾取加工轮廓线并确定。状态栏提示"输入进退刀点",按 Enter 键弹出输入对话框,输入刀具的起始点后按 Enter 键,生成如图 7-1-49 所示的加工轨迹。

7. 机床设置与后置处理

(1) 机床设置

现以 FANUC 0i 数控系统的指令格式进行说明。

① 单击主菜单中"加工"→"机床设置"菜单项,或单击"数控车"工具栏图标▰▰,系统弹出"机床类型设置"对话框,如图 7-1-50 所示。

② 单击对话框中"增加机床"按钮,系统弹出"增加新机床"对话框,如图 7-1-51 所示,输入"FANUC",并单击"确定"按钮。

③ 按照 FANUC 0i 数控系统的编程指令格式,填写各项参数,如图 7-1-52 所示。

其中宏指令参数如下。

• 说明:O $ POST_CODE。

• 程序头:$ CHANGE_TOOL　$ TOOL_NO　$ COMP_NO @ $ SPN_F $ SPN_SPEED $ SPN_CW @ $ COOL_ON。

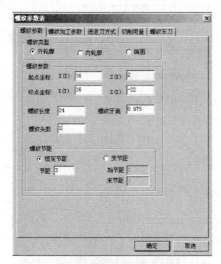

（a）"螺纹参数"选项卡

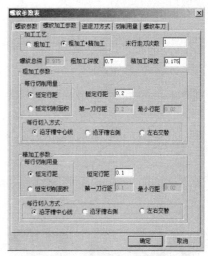

（b）"螺纹加工参数"选项卡

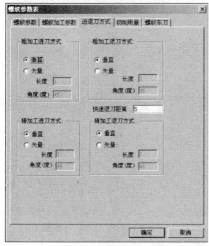

（c）"进退刀方式"选项卡

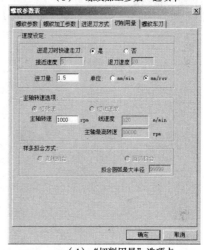

（d）"切削用量"选项卡

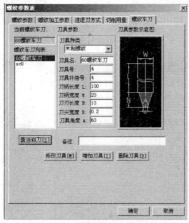

（e）"螺纹车刀"选项卡

图 7－1－45 "螺纹参数表"对话框

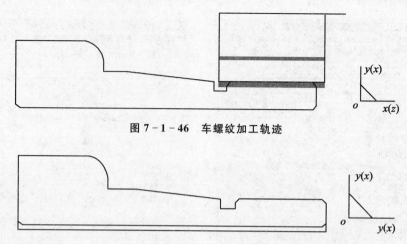

图 7 - 1 - 46　车螺纹加工轨迹

图 7 - 1 - 47　内孔加工造型

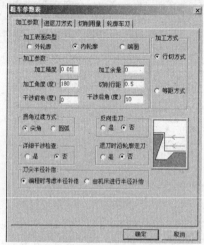

（a）"加工参数"选项卡

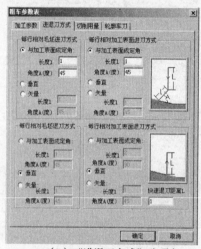

（b）"进退刀方式"选项卡

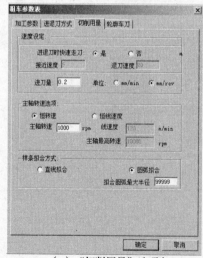

（c）"切削用量"选项卡

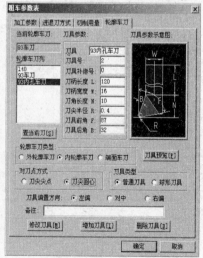

（d）"轮廓车刀"选项卡

图 7 - 1 - 48　车内孔"粗车参数表"对话框

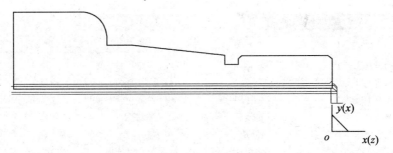

图 7-1-49 车内孔加工轨迹

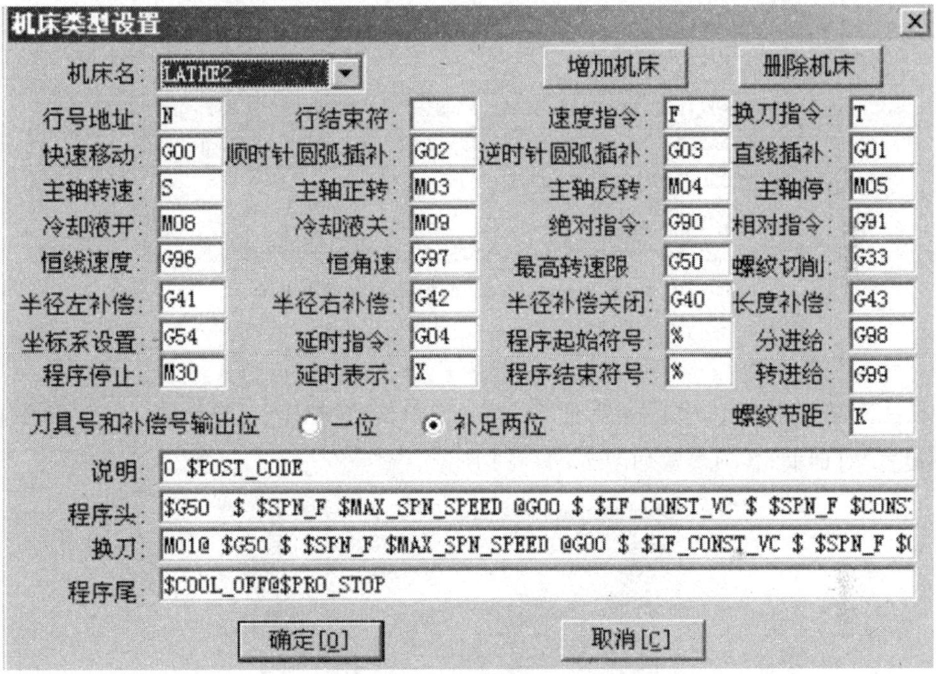

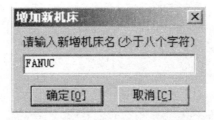

图 7-1-50 "机床类型设置"对话框

图 7-1-51 "增加新机床"对话框

• 换刀：$ CHANGE_TOOL $ TOOL_NO $ COMP_NO @ $ SPN_F $ SPN_SPEED $ SPN_CW。

• 程序尾：$ COOL_OFF@ $ SPN_OFF@ $ PRO_STOP。

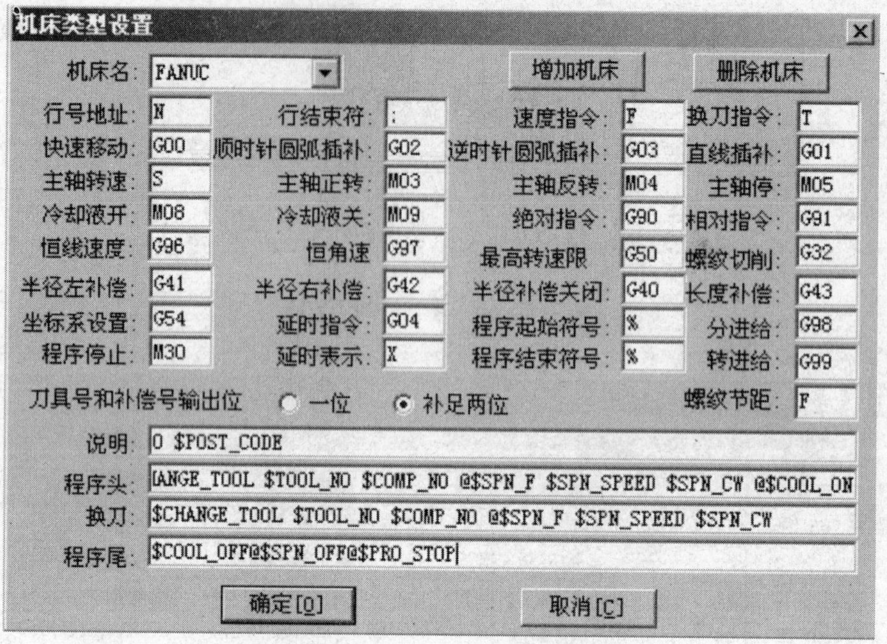

图 7-1-52　FANUC 0i 数控系统编程指令

（2）后置处理

单击主菜单中"加工"→"后置处理"菜单项，或单击"数控车"工具栏图标，系统弹出"后置处理设置"对话框，各项参数如图 7-1-53 所示。

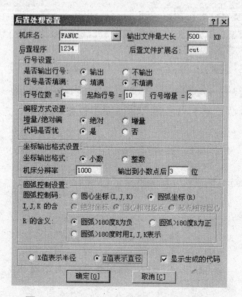

图 7-1-53　"后置处理设置"对话框

8. 后置处理生成加工程序（NC 代码）

① 单击主菜单中"加工"→"生成代码"菜单项，或单击"数控车"工具栏图标，系统弹出

一个需要用户输入文件名的对话框,填写后置程序文件名"1234",如图7-1-54所示。

② 单击"打开"按钮,系统弹出图7-1-55所示对话框,问是否创建该文件,单击"是"按钮创建文件。

③ 状态栏提示"拾取加工轨迹",顺序拾取图7-1-56所示的外轮廓粗、精加工轨迹,切槽加工轨迹,螺纹加工轨迹和内孔加工轨迹,右击以确定。

图7-1-54 "选择后置文件"对话框

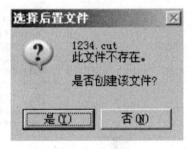

图7-1-55 创建文件

④ 生成如图7-1-57所示的加工程序。

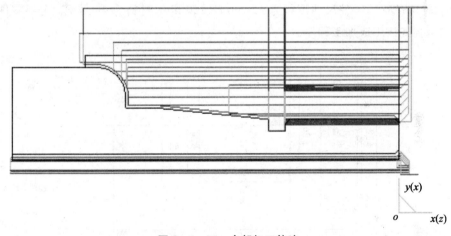

图7-1-56 全部加工轨迹

注　意:

① 使用轮廓粗车功能时,加工轮廓与毛坯轮廓必须构成一个封闭区域,被加工轮廓和毛坯轮廓不能单独闭合或自交。

② 根据加工工艺要求填写各项参数,生成加工轨迹后应进行模拟,以检查加工轨迹的正确性。

③ 进行机床设置时,必须针对不同的机床和不同的数控系统设置特定的数控代码、数控程序格式及参数。

④ 加工程序生成后,应仔细检查与修改。

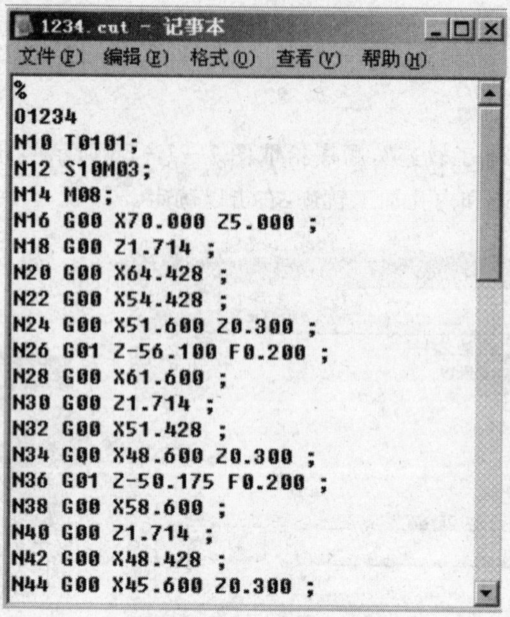

```
%1234.cut - 记事本
文件(F)  编辑(E)  格式(O)  查看(V)  帮助(H)
%
01234
N10 T0101;
N12 S10M03;
N14 M08;
N16 G00 X70.000 Z5.000 ;
N18 G00 Z1.714 ;
N20 G00 X64.428 ;
N22 G00 X54.428 ;
N24 G00 X51.600 Z0.300 ;
N26 G01 Z-56.100 F0.200 ;
N28 G00 X61.600 ;
N30 G00 Z1.714 ;
N32 G00 X51.428 ;
N34 G00 X48.600 Z0.300 ;
N36 G01 Z-50.175 F0.200 ;
N38 G00 X58.600 ;
N40 G00 Z1.714 ;
N42 G00 X48.428 ;
N44 G00 X45.600 Z0.300 ;
```

图 7 - 1 - 57　加工程序

五、CAXA 数控车 XP 自动编程实训

图 7 - 1 - 58 所示,零件尺寸形状为 ϕ43 mm×100 mm,材料为 45 号钢。分析零件加工工艺,用自动编程方法生成加工程序。

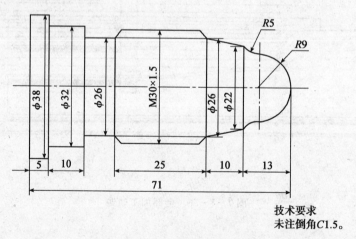

技术要求
未注倒角C1.5。

图 7 - 1 - 58　典型轴类零件

1. 零件图的工艺分析

该零件形状结构比较简单,由外圆柱面、圆锥面、圆弧和螺纹等构成,其中直径尺寸与轴向尺寸没有尺寸精度和表面粗糙度的要求。零件材料为 45 号钢,切削加工性能较好,没有热处理和硬度要求。

通过上述分析,可以采用以下工艺措施:

① 零件图没有公差和表面粗糙度的要求,可完全看成是理想化的状态,在安排工艺时不考虑零件的粗、精加工,故零件建模的时候直接按照零件图上的尺寸建模即可。

② 工件右端面为轴向尺寸的设计基准,在相应工序加工前,用手动方式先将右端面车削完成。

③ 采用一次装夹完成工件的全部加工。

2. 确定车床的尺寸和加工要求

选择经济型的四刀位数控车床,采用三爪自动定心卡盘对工件进行定位夹紧。

3. 确定加工顺序及走刀路线

加工顺序按照由内到外、由粗到精和由近到远的原则确定,在一次加工中尽可能地加工出较多的表面。走刀路线设计不考虑最短进给路线或者最短空行程路线。外轮廓表面车削走刀路线可沿着零件轮廓顺序进行。

4. 刀具的选择

根据零件的形状和加工要求选择刀具,见表 7-1-19。

表 7-1-19　数控加工刀具卡片

产品名称或代号			零件名称	典型轴类零件	零件图号	图 7-1-58
序号	刀具号	刀具规格名称	数　量	加工表面	刀尖半径/mm	备　注
1	T01	93°硬质合金车刀	1	车外轮廓	0.4	右 20×20
2	T02	3 mm 切槽车刀	1	切槽	0.2	20×20
3	T03	60°螺纹车刀	1	车 M30×1.5 螺纹		20×20

自动编程加工轨迹图如图 7-1-59~图 7-1-64 所示。

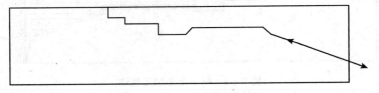

图 7-1-59　选择拾取方向

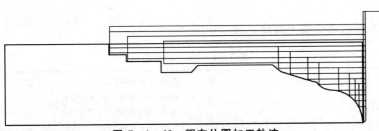

图 7-1-60　粗车外圆加工轨迹

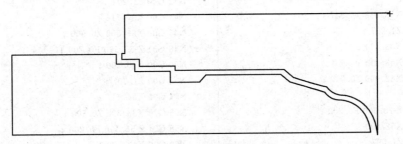

图 7-1-61　精车外圆加工轨迹

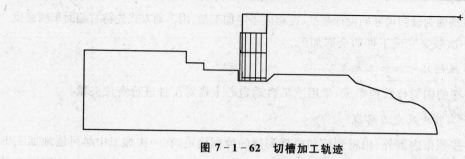

图 7 – 1 – 62　切槽加工轨迹

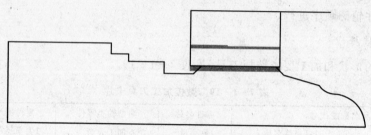

图 7 – 1 – 63　螺纹加工轨迹

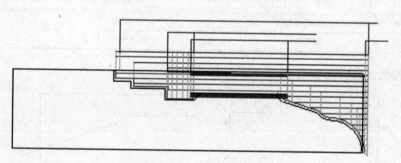

图 7 – 1 – 64　全部加工轨迹

5. 程序单

图 7 – 1 – 58 所示零件加工程序见表 7 – 1 – 20。

表 7 – 1 – 20　程序单

程序	
O1234；	N34 G00 X40.714；
N10 G99T0101；	N36 G00 X39.300 Z0.500；
N12 S400M03；	N38 G01 Z-70.500 F0.200；
N14 M08；	N40 G00 X49.300；
N16 G00 X58.018 Z6.547；	N42 G00 Z1.207；
N18 G00 Z1.207；	N44 G00 X37.714；
N20 G00 X53.414；	N46 G00 X36.300 Z0.500；
N22 G00 X43.414；	N48 G01 Z-65.500 F0.200；
N24 G00 X42.000 Z0.500；	N50 G00 X46.300；
N26 G42	N52 G00 Z1.207；
N28 G01 Z-70.500 F0.200；	N54 G00 X34.714；
N30 G00 X52.000；	N56 G00 X33.300 Z0.500；
N32 G00 Z1.207；	N58 G01 Z-55.500 F0.200；
	N60 G00 X43.300；

续表 7 - 1 - 20

N62 G00 Z1. 207 ;	N160 G00 X13. 300 ;
N64 G00 X31. 714 ;	N162 G00 Z1. 207 ;
N66 G00 X30. 300 Z0. 500 ;	N164 G00 X1. 714 ;
N68 G01 Z-23. 443 F0. 200 ;	N166 G00 X0. 300 Z0. 500 ;
N70 G00 X40. 300 ;	N168 G01 Z0. 499 F0. 200 ;
N72 G00 Z1. 207 ;	N170 G00 X53. 414 ;
N74 G00 X28. 714 ;	N172 G00 X58. 018 ;
N76 G00 X27. 300 Z0. 500 ;	N174 G00 Z6. 547 ;
N78 G01 Z-20. 093 F0. 200 ;	N176 T0101;
N80 G00 X37. 300 ;	N178 S400M03;
N82 G00 Z1. 207 ;	N180 G00 X67. 458 Z4. 799 ;
N84 G00 X25. 714 ;	N182 G00 Z0. 707 ;
N86 G00 X24. 300 Z0. 500 ;	N184 G00 X54. 000 ;
N88 G01 Z-15. 093 F0. 200 ;	N186 G00 X-1. 414 ;
N90 G00 X34. 300 ;	N188 G00 X0. 000 Z-0. 000 ;
N92 G00 Z1. 207 ;	N190 G42
N94 G00 X22. 714 ;	N192 G03 X18. 000 Z-9. 000 R9. 000 F0. 100 ;
N96 G00 X21. 300 Z0. 500 ;	N194 G02 X22. 000 Z-13. 000 R5. 000 ;
N98 G01 Z-12. 005 F0. 200 ;	N196 G01 X28. 000 Z-23. 000 ;
N100 G00 X31. 300 ;	N198 G01 X32. 000 Z-25. 000 ;
N102 G00 Z1. 207 ;	N200 G01 Z-46. 000 ;
N104 G00 X19. 714 ;	N202 G01 Z-56. 000 ;
N106 G00 X18. 300 Z0. 500 ;	N204 G01 X34. 000 ;
N108 G01 Z-6. 445 F0. 200 ;	N206 G01 Z-66. 000 ;
N110 G00 X28. 300 ;	N208 G01 X38. 000 ;
N112 G00 Z1. 207 ;	N210 G01 Z-71. 000 ;
N114 G00 X16. 714 ;	N212 G01 X44. 000 ;
N116 G00 X15. 300 Z0. 500 ;	N214 G00 X54. 000 ;
N118 G01 Z-3. 367 F0. 200 ;	N216 G00 X67. 458 ;
N120 G00 X25. 300 ;	N218 G00 Z4. 799 ;
N122 G00 Z1. 207 ;	N220 T0202;
N124 G00 X13. 714 ;	N222 S400M03;
N126 G00 X12. 300 Z0. 500 ;	N224 G00 X62. 307 Z-39. 082 ;
N128 G01 Z-1. 759 F0. 200 ;	N226 G00 Z-48. 954 ;
N130 G00 X22. 300 ;	N228 G00 X56. 000 ;
N132 G00 Z1. 207 ;	N230 G00 X46. 000 ;
N134 G00 X10. 714 ;	N232 G42
N136 G00 X9. 300 Z0. 500 ;	N234 G01 X32. 707 F0. 150 ;
N138 G01 Z-0. 716 F0. 200 ;	N236 G04X0. 500;
N140 G00 X19. 300 ;	N238 G00 X56. 000 ;
N142 G00 Z1. 207 ;	N240 G00 Z-50. 454 ;
N144 G00 X7. 714 ;	N242 G00 X46. 000 ;
N146 G00 X6. 300 Z0. 500 ;	N244 G01 X29. 707 F0. 150 ;
N148 G01 Z-0. 037 F0. 200 ;	N246 G04X0. 500;
N150 G00 X16. 300 ;	N248 G00 X56. 000 ;
N152 G00 Z1. 207 ;	N250 G00 Z-51. 954 ;
N154 G00 X4. 714 ;	N252 G00 X46. 000 ;
N156 G00 X3. 300 Z0. 500 ;	N254 G01 X29. 000 F0. 150 ;
N158 G01 Z0. 356 F0. 200 ;	N256 G04X0. 500;

续表 7 - 1 - 20

N258 G00 X56.000 ;
N260 G00 Z-53.454 ;
N262 G00 X46.000 ;
N264 G01 X29.000 F0.150 ;
N266 G04X0.500;
N268 G00 X56.000 ;
N270 G00 Z-54.954 ;
N272 G00 X46.000 ;
N274 G01 X29.000 F0.150 ;
N276 G04X0.500;
N278 G00 X56.000 ;
N280 G00 Z-55.500 ;
N282 G00 X46.000 ;
N284 G01 X29.000 F0.150 ;
N286 G04X0.500;
N288 G00 X56.000 ;
N290 G00 X46.000 ;
N292 G00 X44.000 ;
N294 G00 X34.000 ;
N296 G01 X29.000 F0.150 ;
N298 G04X0.500;
N300 G00 X46.000 ;
N302 G00 Z-48.954 ;
N304 G00 X32.707 ;
N306 G01 X29.000 Z-50.807 F0.150 ;
N308 G04X0.500;
N310 G01 Z-55.500 ;
N312 G04X0.500;
N314 G00 X44.000 ;
N316 G00 X36.000 ;
N318 G00 X44.000 ;
N320 G00 Z-56.000 ;
N322 G00 X34.000 ;
N324 G01 X28.000 F0.150 ;
N326 G00 X44.000 ;
N328 G00 Z-48.600 ;
N330 G00 X32.000 ;
N332 G01 X28.000 Z-50.600 F0.150 ;
N334 G01 Z-56.000 ;
N336 G00 X44.000 ;
N338 G00 X62.307 ;
N340 G00 Z-39.082 ;
N342 T0303;
N344 S400M03;
N346 G00 X56.655 Z-20.262 ;
N348 G00 Z-23.000 ;
N350 G00 X39.400 ;
N352 G00 X33.400 ;
N354 G00 X33.200 ;

N356 G01 X31.800 F0.200 ;
N358 G32 Z-48.000 F1.500 ;
N360 G01 X33.200 ;
N362 G00 X33.400 ;
N364 G00 X39.400 ;
N366 G00 X39.000 Z-23.000 ;
N368 G00 X33.000 ;
N370 G00 X32.800 ;
N372 G01 X31.400 F0.200 ;
N374 G32 Z-48.000 F1.500 ;
N376 G01 X32.800 ;
N378 G00 X33.000 ;
N380 G00 X39.000 ;
N382 G00 X38.600 Z-23.000 ;
N384 G00 X32.600 ;
N386 G00 X32.400 ;
N388 G01 X31.000 F0.200 ;
N390 G32 Z-48.000 F1.500 ;
N392 G01 X32.400 ;
N394 G00 X32.600 ;
N396 G00 X38.600 ;
N398 G00 X38.200 Z-23.000 ;
N400 G00 X32.200 ;
N402 G00 X32.000 ;
N404 G01 X30.600 F0.200 ;
N406 G32 Z-48.000 F1.500 ;
N408 G01 X32.000 ;
N410 G00 X32.200 ;
N412 G00 X38.200 ;
N414 G00 Z-23.000 ;
N416 G00 X38.050 ;
N418 G00 X32.050 ;
N420 G00 X31.850 ;
N422 G01 X30.450 F0.200 ;
N424 G32 Z-48.000 F1.500 ;
N426 G01 X31.850 ;
N428 G00 X32.050 ;
N430 G00 X38.050 ;
N432 G00 X37.850 Z-23.000 ;
N434 G00 X31.850 ;
N436 G00 X31.650 ;
N438 G01 X30.250 F0.200 ;
N440 G32 Z-48.000 F1.500 ;
N442 G01 X31.650 ;
N444 G00 X31.850 ;
N446 G00 X37.850 ;
N448 G00 X37.650 Z-23.000 ;
N450 G00 X31.650 ;
N452 G00 X31.450 ;

续表 7-1-20

N454 G01 X30.050 F0.200；	N464 G00 X56.655；
N456 G32 Z-48.000 F1.500；	N466 G00 Z-20.262；
N458 G01 X31.450；	N468 M09；
N460 G00 X31.650；	N470 M05；
N462 G00 X37.650；	N472 M30；

六、自动编程练习题

1. 练习题一

① 按照图 7-1-65 要求填写刀具卡及加工工艺，见表 7-1-21。

② 根据图 7-1-65 利用 CAXA 数控车编写程序。

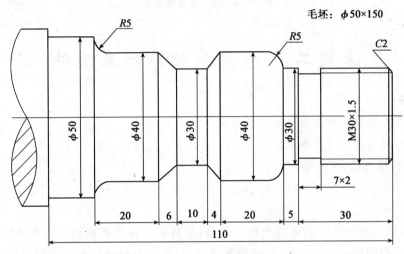

图 7-1-65　轴类零件

表 7-1-21　数控加工刀具卡片

产品名称或代号			零件名称	轴类零件	零件图号	图 7-1-65
序号	刀具号	刀具规格名称	数量	加工表面	刀尖半径/mm	备注
1						
2						
3						

2. 练习题二

① 按照图 7-1-66 要求填写刀具卡及加工工艺，见表 7-1-22。

② 根据图 7-1-66 利用 CAXA 数控车编写程序。

表 7-1-22　数控加工刀具卡片

产品名称或代号			零件名称	螺纹轴零件	零件图号	图 7-1-66
序号	刀具号	刀具规格名称	数量	加工表面	刀尖半径/mm	备注
1						
2						
3						

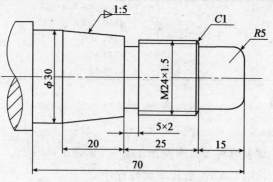

图 7 - 1 - 66　螺纹轴零件

课题二　　宇龙数控车仿真软件

学习目标：
◇ 掌握数控仿真的操作面板及操作方式；
◇ 数控车对刀方式以及检测方法；
◇ DNC 传输方式，文件管理。

任务引入

宇龙数控仿真软件是加工运行全环境仿真，仿真数控程序在自动运行和 MDI 运行模式下，实现三维工件的实时切削，加工轨迹的三维显示；提供刀具补偿和坐标系设置等系统参数的设定，模拟出实际车削时的效果。

任务分析

利用数控仿真模拟加工车削的全部过程，掌握零件的安装、刀具的装夹及机床的装备工作，快速有效地完成程序的模拟切削工作。

相关知识

数控加工仿真系统操作步骤（车削加工）如下。

1. 选择机床

FUNAC 0i 车床标准面板操作，如图 7 - 2 - 1 所示。面板按钮说明见表 7 - 2 - 1。

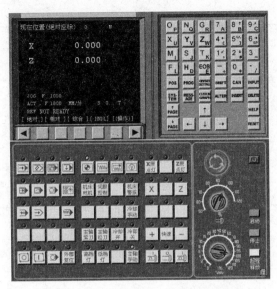

图 7-2-1　FANUC 0i 车床标准面板

表 7-2-1　面板按钮说明

按　钮	名　称	功能说明
	自动运行	此按钮被按下后,系统进入自动加工模式
	编　辑	此按钮被按下后,系统进入程序编辑状态,用于直接通过操作面板输入数控程序和编辑程序
	MDI	此按钮被按下后,系统进入 MDI 模式,手动输入并执行指令
	远程执行	此按钮被按下后,系统进入远程执行模式即 DNC 模式,输入输出资料
	单节	此按钮被按下后,运行程序时每次执行一条数控指令
	单节忽略	此按钮被按下后,数控程序中的注释符号"/"有效
	选择性停止	当此按钮按下后,"M01"代码有效
	机械锁定	锁定机床
	试运行	机床进入空运行状态
	进给保持	程序运行暂停,在程序运行过程中,按下此按钮运行暂停按"循环启动"按钮恢复运行
	循环启动	程序运行开始;系统处于"自动运行"或"MDI"位置时按下有效,其余模式下使用无效
	循环停止	程序运行停止,在数控程序运行中,按下此按钮停止程序运行
	回原点	机床处于回零模式;机床必须首先执行回零操作,然后才可以运行
	手　动	机床处于手动模式,可以手动连续移动

按　钮	名　称	功能说明
	手动脉冲	机床处于手轮控制模式
	手动脉冲	机床处于手轮控制模式
X	X轴选择	在手动状态下,按下该按钮则机床移动 X 轴
Z	Z轴选择	在手动状态下,按下该按钮则机床移动 Z 轴
+	正方向移动	手动状态下,单击该按钮系统将向所选轴正向移动在回零状态时,单击该按钮将所选轴回零
-	负方向移动	手动状态下,单击该按钮系统将向所选轴负向移动
快速	快　速	按下该按钮,机床处于手动快速状态
	主轴倍率选择	将光标移至此旋钮上后,通过单击鼠标的左键或右键来调节主轴旋转倍率
	进给倍率	调节主轴运行时的进给速度倍率
	急停按钮	按下此按钮,使机床移动立即停止,并且所有的输出如主轴的转动等都会关闭
	超程释放	系统超程释放
	主轴控制	从左至右分别为:正转、停止、反转
H	手轮显示	按下此按钮,则可以显示出手轮面板
	手轮面板	单击 H 按钮将显示手轮面板
	手轮轴选择	手轮模式下,将光标移至此旋钮上后,通过单击鼠标的左键或右键来选择进给轴
	手轮进给倍率	手轮模式下将光标移至此旋钮上后,通过点击鼠标的左键或右键来调节手轮步长。X1、X10 和 X100 分别代表移动量为 0.001 mm、0.01 mm 和 0.1 mm
	手　轮	将光标移至此旋钮上后,通过单击鼠标的左键或右键来转动手轮
启动	启　动	启动控制系统
停止	关　闭	关闭控制系统

2. 启动激活车床

单击"启动"按钮 [自动]，此时车床电动机指示灯 [机床断电] 和伺服控制的指示灯 [伺服控制] 变亮。

检查"急停"按钮是否松开至 [⊙] 状态，若未松开，单击"急停"按钮 [⊙]，将其松开。

3. 车床回参考点

检查操作面板上"回原点指示灯" [◈] 是否亮，若指示灯亮，则已进入回原点模式；若指示灯不亮，则单击"回原点"按钮 [◈]，转入回原点模式。

图 7-2-2　参考点坐标

在回原点模式下，先将 X 轴回原点，单击操作面板上的"X 轴选择"按钮 [X]，使"X 轴方向移动指示灯" [x] 变亮，单击"正方向移动"按钮 [+]，此时 X 轴将回原点，"X 轴回原点灯" [X原点灯] 变亮，CRT 上的 X 坐标变为"390.00"。同样，再单击"Z 轴选择"按钮 [Z]，使指示灯变亮，单击"正方向移动"按钮 [+]，Z 轴将回原点，"Z 轴回原点灯" [X原点灯][Z原点灯] 变亮，此时 CRT 界面如图 7-2-2 所示。

4. 工件的定义和使用

① 定义毛坯。

② 选择毛坯材料。

③ 参数输入。

④ 放置零件。

⑤ 调整零件位置（可以参考铣床操作步骤）。

5. 选择刀具

打开菜单"机床/选择刀具"或者在工具条中选择图标 [⚒]，系统弹出"刀具选择"对话框。如图 7-2-3 所示。

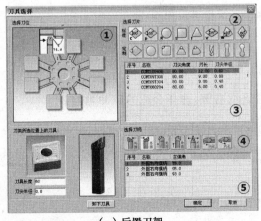
（a）后置刀架

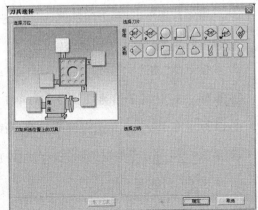
（b）前置刀架

图 7-2-3　"刀具选择"对话框

系统中数控车床允许同时安装 8 把刀具(后置刀架见图 7 - 2 - 3(a))或者 4 把刀具(前置刀架见图 7 - 2 - 3(b))。

① 选择、安装车刀。

• 在刀架图中单击所需的刀位。该刀位对应程序中的 T01~T08(T04)。

• 选择刀片类型。

• 在"选择刀片"列表框中选择刀片。

• 选择刀柄类型。

• 在"选择刀柄"列表框中选择刀柄。

② 变更刀具长度和刀尖半径:完成选择车刀后,该界面的左下部位显示出刀架所选位置上的刀具。其中显示的"刀具长度"和"刀尖半径"均可以由操作者修改。

③ 拆除刀具:在刀架图中单击要拆除刀具的刀位,单击"卸下刀具"按钮。

④ 确认操作完成:单击"确认"按钮。

6. 手动操作

(1) 手动/连续方式

① 单击操作面板上的"手动"按钮 ▥,使其指示灯 ▥亮,机床进入手动模式。

② 分别单击 X , Z 按钮,选择移动的坐标轴。

③ 分别单击 + , − 按钮,控制机床的移动方向。

④ 单击 ▱,▱,▱ 按钮控制主轴的转动和停止。

注意:刀具切削零件时,主轴需转动。加工过程中刀具与零件发生非正常碰撞后(非正常碰撞包括车刀的刀柄与零件发生碰撞;铣刀与夹具发生碰撞等),系统弹出警告对话框,同时主轴自动停止转动,调整到适当位置,继续加工时需再次单击 ▱,▱,▱ 按钮,使主轴重新转动。

(2) 手动脉冲方式

在手动/连续方式或在对刀,需精确调节机床时,用手动脉冲方式调节机床。

① 单击操作面板上的"手动脉冲"按钮 ▥或 ◉,使指示灯 ◉变亮。

② 单击按钮 Ⓗ,显示手轮 ◉。

③ 鼠标对准"轴选择"旋钮 ◉,单击左键或右键,选择坐标轴。

④ 鼠标对准"手轮进给速度"旋钮 ◉,单击左键或右键,选择合适的脉冲当量。

⑤ 鼠标对准手轮 ◉,单击左键或右键,精确控制机床的移动。

⑥ 单击 ▱,▱,▱ 控制主轴的转动和停止。

⑦ 单击 Ⓗ,可隐藏手轮。

7. 对 刀

数控程序一般按工件坐标系编程,对刀的过程就是建立工件坐标系与机床坐标系之间关系的过程。下面具体说明车床对刀的方法。其中将工件右端面中心点设为工件坐标系原点。将工件上其他点设为工件坐标系原点的方法与对刀方法类似。

（1）试切法设置 G54～G59

测量工件原点，直接输入工件坐标系 G54～G59。

① 切削外径：单击操作面板上的"手动"按钮 ▦，"手动状态指示灯" ▦ 变亮，机床进入手动操作模式，单击控制面板上的 X 按钮，使"X 轴方向移动指示灯" ▣ 变亮，单击 + 或 − 按钮，使机床在 X 轴方向移动；同样使机床在 Z 轴方向移动。通过手动方式将机床移到如图 7-2-4 所示的大致位置。

单击操作面板上的 ▨ 或 ▨ 按钮，使其指示灯变亮，主轴转动。再单击"Z 轴方向选择"按钮 Z，使"Z 轴方向指示灯" ▣ 变亮，单击 − 按钮，用所选刀具来试切工件外圆，如图 7-2-5 所示；然后单击 ⊙ 按钮，X 方向保持不动，刀具退出。

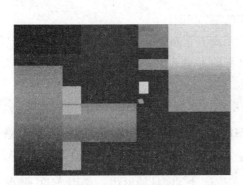

图 7-2-4　对刀操作　　　　　　　　图 7-2-5　外圆切削

② 测量切削位置的直径：单击操作面板上的 ▨ 按钮，使主轴停止转动，单击菜单"测量/坐标测量"（见图 7-2-6），单击试切外圆时所切线段，选中的线段由红色变为黄色。记下下半部对话框中对应的 X 的值（即直径）。

③ 按下 MDI 键盘上的 ▨ 键。

④ 把光标定位在需要设定的坐标系上。

⑤ 光标移到 X。

⑥ 输入直径值。

⑦ 按菜单软键"测量"（通过按软键"操作"，可以进入相应的菜单）；

⑧ 切削端面：单击操作面板上的 ▨ 或 ▨ 按钮，使其指示灯变亮，主轴转动。将刀具移至如图 7-2-7 的位置，单击控制面板上的 X 按钮，使"X 轴方向移动指示灯" ▣ 变亮，单击 − 按钮，切削工件端面，（见图 7-2-8），然后单击 + 按钮，Z 方向保持不动，刀具退出。

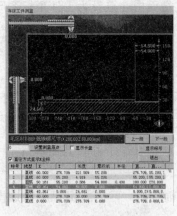

图 7－2－6　测　量

图 7－2－7　退　刀

图 7－2－8　端面切削

⑨ 单击操作面板上的"主轴停止"按钮，使主轴停止转动。

⑩ 把光标定位在需要设定的坐标系上。

⑪ 在 MDI 键盘面板上按下需要设定的轴"Z"键。

⑫ 输入工件坐标系原点的距离（注意距离有正负号）。

⑬ 按菜单软键"测量"，自动计算出坐标值并填入。

（2）测量及输入刀具偏移量

使用这个方法对刀，在程序中直接使用机床坐标系原点作为工件坐标系原点。

用所选刀具试切工件外圆，单击"主轴停止"按钮，使主轴停止转动，单击菜单"测量/坐标测量"，得到试切后的工件直径，记为 α。

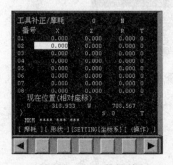

图 7－2－9　数据输入

保持 X 轴方向不动，刀具退出。单击 MDI 键盘上的键，进入形状补偿参数设定界面，将光标移到与刀位号相对应的位置，输入"Xα"，按菜单软键"测量"（见图 7－2－9），对应的刀具偏移量自动输入。

试切工件端面，把端面在工件坐标系中 Z 的坐标值，记为 β（此处以工件端面中心点为工件坐标系原点，则 β 为 0）。

保持 Z 轴方向不动，刀具退出。进入形状补偿参数设定界面，将光标移到相应的位置，输入"Zβ"，按"测量"软键对应的刀具偏移量自动输入。

8. 设置偏置值完成多把刀具对刀

设置偏置值有以下两种方法。

① 方法一：选择一把刀为标准刀，采用试切法或自动设置坐标系法完成对刀，把工件坐标系原点放入 G54～G59，然后通过设置偏置值完成其他刀具的对刀，下面介绍刀具偏置值的获取方法。

按 MDI 键盘上 pos 键和"相对"软键，进入相对坐标显示界面，如图 7－2－10 所示。

图 7－2－10　设偏置值

用选定的标准刀试切工件端面,将刀具当前的 Z 轴位置设为相对零点(设零前不得有 Z 轴位移)。

依次按 MDI 键盘上的 ![SHIFT]、![Z_W]、![0]键输入"W0",按软键"预定",则将 Z 轴当前坐标值设为相对坐标原点。

用选定的标准刀试切零件外圆,将刀具当前 X 轴的位置设为相对零点(设零前不得有 X 轴的位移):依次按 MDI 键盘上的 ![SHIFT]、![X_U]、![0]键输入"U0",按软键"预定",则将 X 轴当前坐标值设为相对坐标原点。此时 CRT 界面如图 7-2-11 所示。

换刀后,移动刀具使刀尖分别与标准刀切削过的表面接触。接触时显示的相对值,即为该刀相对于标准刀的偏置值 ΔX、ΔZ(为保证刀准确移到工件的基准点上,可采用手动脉冲进给方式),此时 CRT 界面如图 7-2-12 所示,所显示的值即为偏置值。

图 7-2-11 设置原点　　　　图 7-2-12 偏置值

将偏置值输入到摩耗参数补偿表或形状参数补偿表内。

注意:MDI 键盘上的 ![SHIFT]键用来切换字母键,如 ![X]键,直接按下时输入的为"X",按![SHIFT]键,再按![X_U],输入的为"U"。

② 方法二:分别对每一把刀测量及输入刀具偏移量。

9. 车床刀具补偿参数

车床的刀具补偿包括刀具的磨损量补偿参数和形状补偿参数,两者之和构成车刀偏置量补偿参数。

(1)输入摩耗量补偿参数

刀具使用一段时间后磨损,会使产品尺寸产生误差,因此需要对刀具设定磨损量补偿。步骤如下:

① 在 MDI 键盘上按![OFFSET SETTING]键,进入摩耗补偿参数设定界面,如图 7-2-13 所示。

② 用方位键![↑]、![↓]键选择所需的番号,并用![←]、![→]键确定所需补偿的值。

③ 按数字键,输入补偿值到输入域。

④ 按菜单软键"输入"或按![INPUT]键,参数输入到指定区域。按![CAN]键逐字删除输入域中的字符。

(2)输入形状补偿参数

形状补偿参数的输入步骤如下:

① 在 MDI 键盘上按![OFFSET SETTING]键,进入形状补偿参数设定界面,如图 7-2-14 所示。

图 7-2-13　磨耗补偿参数设定　　　图 7-2-14　刀尖圆弧半径参数设定

② 用方位键 ↑，↓ 键选择所需的番号，并用 ←，→ 键确定所需补偿的值。

③ 按数字键，输入补偿值到输入域。

④ 按菜单软键"输入"或按 INPUT 键，参数输入到指定区域。按 CAN 键逐字删除输入域中的字符。

（3）输入刀尖半径和方位号

分别把光标移到 R 和 T，按数字键输入半径或方位号，按菜单软键"输入"。

10. 导入数控程序

11. 自动/单段方式

① 检查机床是否机床回零。若未回零，先将机床回零。

② 再导入数控程序或自行编写一段程序。

③ 单击操作面板上的"自动运行"按钮 ⇨，使其指示灯 ⇨ 变亮。

④ 单击操作面板上的"单段"按钮 ⇨。

⑤ 单击操作面板上的"循环启动"按钮 ＋，程序开始执行。

注　意：

- 自动/单段方式执行每一行程序均需单击一次"循环启动"按钮 🔲。

- 单击"单节跳过"按钮 ⇨，则程序运行时跳过符号"/"有效，该行成为注释行，不执行。

- 单击"选择性停止"按钮 ◑，则程序中 M01 有效。

- 可以通过"主轴倍率"旋钮 ◎ 和"进给倍率"旋钮 ◎ 来调节主轴旋转的速度和移动的速度。

- 按 RESET 键可将程序重置。

12. 检查运行轨迹

数控程序导入后，可检查运行轨迹。

单击操作面板上的"自动运行"按钮 ⇨，使"自动运行指示灯" ⇨ 变亮，转入自动加工模式，按 MDI 键盘上的按钮 PROG，按数字/字母键，输入"Ox"（x 为所需要检查运行轨迹的数控程序号），按 ↓ 键开始搜索，找到后，程序显示在 CRT 界面上。单击 CUSTOM GRAPH 按钮，进入检查运行轨迹模式，单击操作面板上的"循环启动"按钮 🔲，即可观察数控程序的运行轨迹，此时也可通过

"视图"菜单中的动态旋转、动态放缩和动态平移等方式对三维运行轨迹进行全方位的动态观察。

13. 自动加工方式

(1)自动/连续方式

自动加工流程如下：

① 检查机床是否回零，若未回零，先将机床回零。

② 导入数控程序或自行编写一段程序。

③ 单击操作面板上的"自动运行"按钮⊡，使其指示灯⊡变亮。

④ 单击操作面板上的"循环启动"按钮⊡，程序开始执行。

(2)中断运行

数控程序在运行过程中可根据需要暂停、急停和重新运行。

数控程序在运行时，单击"进给保持"按钮⊡，程序停止执行；再单击"循环启动"按钮⊡，程序从暂停位置开始执行。

数控程序在运行时，按下"急停"按钮⊙，数控程序中断运行，继续运行时，先将"急停"按钮松开，再按"循环启动"按钮⊡，余下的数控程序从中断行开始作为一个独立的程序执行。

附　　录

附表 2-1-1　两个阶台的阶台轴评分表

班级：_____　姓名：_____　学号：_____　成绩：_____

检测项目		技术要求	配　分	评分标准	自检记录	交检记录	得　分
1	外圆	ϕD_1(50、40)	20	超差无分			
2		ϕD_2(45、35)	20	超差无分			
3	长度	L_1(60、55)	20	超差无分			
4		L_2(35、30)	20	超差无分			
5		倒角 C1.5(3 处)	10	超差无分			
6		Ra6.3(2 处)	10	降一级扣三分			
7		安全文明操作	倒　扣	违者每次扣 2 分			

学生任务实施过程的小结及反馈：

教师点评：

附表 2-1-2　四个阶台的阶台轴零件综合评分表

班级:＿＿＿＿＿＿　姓名:＿＿＿＿＿＿　学号:＿＿＿＿＿＿　成绩:

检测项目		技术要求	配　分	评分标准	自检记录	交检记录	得　分
1	外圆	ϕ48	10	超差无分			
2		ϕ40	10	超差无分			
3		ϕ35	10	超差无分			
4		ϕ30	10	超差无分			
5	长度	40	10	超差无分			
6		50	10	超差无分			
7		65	10	超差无分			
8		95	10	超差无分			
9	倒角 C1.5(5 处)		5	超差无分			
10	Ra3.2(8 处)		10	超差无分			
11	平行度		5	超差无分			
12	安全文明操作		倒　扣	违者每次扣 2 分			

学生任务实施过程的小结及反馈:

教师点评:

附表 2－2－1　使用顶尖辅助车削的工件评分表

班级：＿＿＿＿＿　姓名：＿＿＿＿＿　学号：＿＿＿＿＿　成绩：

检测项目		技术要求	配　分	评分标准	自检记录	交检记录	得　分
1	外圆	$\phi48$	10	超差无分			
2		$\phi D(45、43)$	10	超差无分			
3		$\phi7.5$	10	超差无分			
4		$\phi3$	10	超差无分			
5	长度	180	10	超差无分			
6		200	10	超差无分			
7		7.5	10	超差无分			
8		倒角 C1(2 处)	10	超差无分			
9		Ra6.3(2 处)	10	超差无分			
10		角度 60	10	超差无分			
11		安全文明操作	倒　扣	违者每次扣 2 分			

学生任务实施过程的小结及反馈：

教师点评：

见附表 2-3-1 两顶尖装夹车轴类零件综合评分表

班级：＿＿＿＿＿＿＿ 姓名：＿＿＿＿＿＿＿ 学号：＿＿＿＿＿＿＿ 成绩：

检测项目		技术要求	配 分	评分标准	自检记录	交检记录	得 分
1	外圆	$\phi34$	15	超差无分			
2		ϕD	15	超差无分			
3		ϕd	15	超差无分			
4	长度	40	10	超差无分			
5		50	10	超差无分			
6		130	15	超差无分			
7	倒角 C1(6 处)		10	超差无分			
8	$Ra6.3$(7 处)		10	降一级扣三分			
9	安全文明操作		倒 扣	违者每次扣 2 分			

学生任务实施过程的小结及反馈：

教师点评：

见附表 2-4-1　刀具刃磨练习评分表

	班级：＿＿＿＿＿	姓名：＿＿＿＿＿		学号：＿＿＿＿＿		成绩：	
检测项目	技术要求	配　分	评分标准	自检记录	交检记录	得　分	
1	几何角度	主偏角	20	超差无分			
2		副偏角	20	超差无分			
4		主后角	20	超差无分			
5		前角	20	超差无分			
7	主切削刃		10	超差无分			
8	后刀面		10	超差无分			
9	安全文明操作		倒　扣	违者每次扣2分			

学生任务实施过程的小结及反馈：

教师点评：

附表 2－4－2　切槽练习评分表

班级：＿＿＿＿＿＿　姓名：＿＿＿＿＿＿　学号：＿＿＿＿＿＿　成绩：

检测项目		技术要求	配　分	评分标准	自检记录	交检记录	得　分
1	外圆	$\phi50$	20	超差无分			
2		$\phi36$	20	超差无分			
3	切槽	10×3	15	超差无分			
4	长度	75	15	超差无分			
5		30	15	超差无分			
6		25	15	超差无分			
7	安全文明操作		倒　扣	违者每次扣 2 分			

学生任务实施过程的小结及反馈：

教师点评：

附表 2-5-1 车锥体练习评分表

班级：_____ 姓名：_____ 学号：_____ 成绩：

检测项目		技术要求	配 分	评分标准	自检记录	交检记录	得 分
1	外圆	$\phi40$	20	超差无分			
2		$\phi30$	20	超差无分			
4	长度	75	20	超差无分			
5		50	20	超差无分			
7		倒角 C1(2 处)	10	超差无分			
8		锥度比 1：10	10	超差无分			
9		安全文明操作	倒 扣	违者每次扣2分			

学生任务实施过程的小结及反馈：

教师点评：

附表 2 - 6 - 1　滚花练习图评分表

班级：_____　姓名：_____　学号：_____　成绩：_____

检测项目		技术要求	配　分	评分标准	自检记录	交检记录	得　分
2		ϕD	20	超差无分			
3		ϕd	20	超差无分			
4	长度	40	10	超差无分			
6		L	10	超差无分			
7		倒角 C1	10	超差无分			
8		滚花	20	超差无分			
10		$Ra3.2$	10	不合格每次扣 2 分			
11		安全文明操作	倒　扣	违者每次扣 2 分			

学生任务实施过程的小结及反馈：

教师点评：

附表 2－6－2　成形面练习图评分表

班级：＿＿＿＿＿＿＿　　姓名：＿＿＿＿＿＿＿　　学号：＿＿＿＿＿＿＿　　成绩：

检测项目		技术要求	配　分	评分标准	自检记录	交检记录	得　分
1	外圆	$\phi50$	30	超差无分			
2		ϕD	30	超差无分			
3		ϕd	20	超差无分			
4	切槽 6		10	超差无分			
5	$Ra3.2$		10	不合格每次扣 2 分			
6	安全文明操作		倒　扣	违者每次扣 2 分			

学生任务实施过程的小结及反馈：

教师点评：

附表 2-7-1　三角螺纹练习评分表

班级：＿＿＿＿＿＿＿　　　姓名：＿＿＿＿＿＿＿＿＿　　　学号：＿＿＿＿＿＿＿＿＿　　　成绩：

检测项目		技术要求	配　分	评分标准	自检记录	交检记录	得　分
1	外圆	ϕ34	10	超差无分			
2		M30×2	10	超差无分			
3		M24×1	10	超差无分			
4	长度	40	10	超差无分			
5		50	10	超差无分			
6		130	10	超差无分			
7	倒角 C1(2 处)		10	超差无分			
8	倒角 C2(2 处)		10	超差无分			
9	切槽 6×2(2 处)		10	超差无分			
10	Ra6.3		10	不合格每次扣 2 分			
11	安全文明操作		倒　扣	违者每次扣 2 分			

学生任务实施过程的小结及反馈：

教师点评：

见附表 2-8-1　复合零件评分表

班级：＿＿＿＿＿＿　　姓名：＿＿＿＿＿＿　　学号：＿＿＿＿＿＿　　成绩：＿＿＿＿＿

检测项目		技术要求	配　分	评分标准	自检记录	交检记录	得　分
1	外圆 36 分	$\phi 43_{-0.05}^{0}$	6	超差 0.01 扣 2 分			
2		$\phi 40_{-0.03}^{0}$	6	超差 0.01 扣 2 分			
3		$\phi 39_{-0.03}^{0}$	6	超差 0.01 扣 2 分			
4		$Ra1.6$	12	降一级扣 2 分			
5	长度 19 分	120 ± 0.5	3	超差无分			
6		50 ± 0.1	4	超差无分			
7		45 ± 0.1	4	超差无分			
8		40 ± 0.2	4	超差无分			
9		25 ± 0.1	4	超差无分			
10	切槽	4×2	2	超差无分			
11	螺纹	$M36\times2$	14	超差无分			
12		倒角 $C2$	5	超差无分			
13		锐角倒钝 $C0.3$	4	超差无分			
14		$2°52'\pm6'$	15	每超差 $2'$ 扣 4 分			
15		同轴度 0.05	5	每超差 0.01 扣 2 分			
16		$Ra3.2$(6 处)	6	每处 1 分			
17		安全文明操作	倒扣	违者每次扣 2 分			

学生任务实施过程的小结及反馈：

教师点评：

附表 4-1-1 轴零件综合评分表

班级:＿＿＿＿＿＿＿ 姓名:＿＿＿＿＿＿＿ 学号:＿＿＿＿＿＿＿ 成绩:

检测项目		技术要求	配 分	评分标准	自检记录	交检记录	得 分
1	外圆	$\phi38$	20	超差无分			
2		$\phi45$	10	超差 0.04 mm 无分			
3	长度	30	20	超差 0.1 mm 无分			
4		42	10	超差 0.1 mm 无分			
5	操作是否规范		20	酌情扣分			
6	安全文明操作		20	酌情扣分			
7	时间:90 分			酌情扣分			

学生任务实施过程的小结及反馈:

教师点评:

附表 4－2－1　圆弧轴零件综合评分表

班级：＿＿＿＿＿＿＿　姓名：＿＿＿＿＿＿＿　学号：＿＿＿＿＿＿＿　成绩：

检测项目		技术要求	配　分	评分标准	自检记录	交检记录	得　分
1	外圆	$\phi50$	10	超差 0.04 无分			
2		$\phi42$	10	超差 0.04 无分			
3		$\phi26$	10	超差 0.04 无分			
4	圆弧	$R3$	10	不合格无分			
5		$R6$	10	不合格无分			
6	圆锥		10	不合格无分			
7	长度	63	5	超差 0.1 mm 无分			
8		18	5	超差 0.1 mm 无分			
9		30	5	超差 0.1 mm 无分			
10		10	5	超差 0.1 mm 无分			
11	倒角 C1.5		5	超差无分			
12	安全文明操作		15	酌情扣分			
13	时间:90 分			酌情扣分			

学生任务实施过程的小结及反馈：

教师点评：

附表 4 - 3 - 1　宽槽零件综合评分表

班级:＿＿＿＿＿＿　姓名:＿＿＿＿＿＿　学号:＿＿＿＿＿＿　成绩:

检测项目		技术要求	配　分	评分标准	自检记录	交检记录	得　分
1	外　圆	$\phi40$	20	超差 0.04 mm 无分			
2	槽	$\phi32$	20	超差 0.1 mm 无分			
3		宽 32	20	超差 0.1 mm 无分			
4	长　度	50	10	超差 0.1 mm 无分			
5		54	10	超差 0.1 mm 无分			
6	安全文明操作		20	酌情扣分			
7	时间:90 分			酌情扣分			

学生任务实施过程的小结及反馈:

教师点评:

附表 4－4－1　螺柱零件综合评分表

班级：＿＿＿＿＿＿　姓名：＿＿＿＿＿＿　学号：＿＿＿＿＿＿　成绩：

检测项目		技术要求	配　分	评分标准	自检记录	交检记录	得　分
1	外　圆	$\phi30$	10	超差无分			
2		$\phi20$	10	超差无分			
3	螺　纹	大径	5	超差无分			
4		中径	10	超差无分			
5		两侧 $Ra3.2$	10	超差、降级无分			
6		牙型角	10	样板检查,超差无分			
7	槽	$\phi17$	10	超差无分			
8		3	5	超差无分			
9		两侧 $Ra3.2$	6	超差、降级无分			
10	长　度	45	10	超差无分			
11		35	5	超差无分			
12		28	5	超差无分			
13	倒角 $C1.5$		4	超差无分			
14	安全文明操作		倒扣	违者每次扣2分			
15	时间:60分		倒扣	酌情扣分			

学生任务实施过程的小结及反馈：

教师点评：

附表 4 - 5 - 1 综合件加工评分表

序号	项 目	评分标准	配 分	得 分
一	编 程		60	
1	工艺分析	程序内容与工艺对应	20	
2	刀具选择	符合加工要求	4	
3	坐标系	不标注坐标系原点无分	5	
4	程序号	无程序号无分	3	
5	程序段号	程序段号无分	3	
6	程序内容	每错一条扣2分,出现危险指令扣10分	25	
二	加 工		40	
1	程序输入及校验	每错一条扣2分	10	
2	对刀操作	出错一次扣10分	15	
3	自动加工	操作错误无分	10	
4	时间:90分	超时扣5分	5	

附表 5 - 1 - 1　简单套类零件评分标准

考核项目	考核要求	配　分	评分标准	检测结果		扣　分	得　分
				尺寸精度	粗糙度		
外　圆	$\phi42^{+0.03}_{0}$	12	超差 0.01 扣 6 分				
	$\phi40^{0}_{-0.03}$	12	超差 0.01 扣 6 分				
	$\phi36^{0}_{-0.03}$	12	超差 0.01 扣 6 分				
内　孔	$\phi30^{+0.03}_{0}$	14	超差 0.01 扣 7 分				
	$\phi24^{+0.03}_{0}$	14	超差 0.01 扣 7 分				
	$\phi26^{+0.03}_{0}$	14	超差 0.01 扣 7 分				
长　度	50 ± 0.1	4	超差 0.1 扣 2 分				
表　面	Ra3.2(6 处)	18	Ra 值大 1 级无分				
工艺、程序	工艺与程序的有关规定		违反规定扣总分 1～5 分				
规范操作	数控车床规范操作的有关规定		违反规定扣总分 1～5 分				
安全文明生产	安全文明生产的有关规定		违反规定扣总分 1～50 分				
备　注			每处尺寸超差≥1 mm 酌情扣考件总分 5～10 分				

学生任务实施过程的小结及反馈：

教师点评：

附表 5－2－1　内锥零件评分表

考核项目	考核要求	配　分	评分标准	检测结果		扣　分	得　分
				尺寸精度	粗糙度		
外　圆	$\phi40_{-0.03}^{0}$	8	超差 0.01 扣 4 分				
	$\phi42_{-0.03}^{0}$	8	超差 0.01 扣 4 分				
	$\phi38_{-0.03}^{0}$	8	超差 0.01 扣 4 分				
内　孔	$\phi32_{0}^{+0.03}$	10	超差 0.01 扣 5 分				
	$\phi22_{0}^{+0.03}$	10	超差 0.01 扣 5 分				
	$\phi26_{0}^{+0.03}$	10	超差 0.01 扣 5 分				
内　锥		4	不合格无分				
内圆弧	R3	7	前后有明显接痕无分				
	R5	7	前后有明显接痕无分				
长　度	50±0.1	7	超差 0.1 扣 4 分				
表　面	Ra3.2(7 处)	21	Ra 值大 1 级无分				
工艺、程序	工艺与程序的有关规定		违反规定扣总分 1～5 分				
规范操作	数控车床规范操作的有关规定		违反规定扣总分 1～5 分				
安全文明生产	安全文明生产的有关规定		违反规定扣总分 1～50 分				
备　注			每处尺寸超差≥1 mm 酌情扣考件总分 5～10 分				

学生任务实施过程的小结及反馈：

教师点评：

附表 5‑3‑1 内槽零件评分标准

考核项目	考核要求	配　分	评分标准	检测结果		扣　分	得　分
				尺寸精度	粗糙度		
外　圆	$\phi 42_{-0.03}^{0}$	8	超差 0.01 扣 4 分				
	$\phi 40_{-0.03}^{0}$	8	超差 0.01 扣 4 分				
	$\phi 36_{-0.03}^{0}$	8	超差 0.01 扣 4 分				
内　孔	$\phi 24_{0}^{+0.03}$	10	超差 0.01 扣 5 分				
	$\phi 22_{0}^{+0.03}$	10	超差 0.01 扣 5 分				
	$\phi 24_{0}^{+0.03}$	10	超差 0.01 扣 5 分				
内　槽	4×2	10	不合格无分				
	10×3	10	不合格无分				
长　度	50 ± 0.1	8	超差 0.1 扣 4 分				
表　面	$Ra3.2$(6 处)	18	Ra 值大 1 级无分				
工艺、程序	工艺与程序的有关规定	违反规定扣总分 1~5 分					
规范操作	数控车床规范操作的有关规定	违反规定扣总分 1~5 分					
安全文明生产	安全文明生产的有关规定	违反规定扣总分 1~50 分					
备　注	每处尺寸超差≥1 mm 酌情扣考件总分 5~10 分						

学生任务实施过程的小结及反馈：

教师点评：

附表 5 - 4 - 1 内螺纹零件评分标准

考核项目	考核要求	配 分	评分标准	检测结果		扣 分	得 分
				尺寸精度	粗糙度		
外 圆	$\phi 42^{+0.03}_{0}$	12	超差 0.01 扣 6 分				
	$\phi 40^{0}_{-0.03}$	12	超差 0.01 扣 6 分				
	$\phi 36^{0}_{-0.03}$	12	超差 0.01 扣 6 分				
内 孔	$\phi 22^{0.03}_{0}$	14	超差 0.01 扣 7 分				
内 槽	4×2	8	不合格无分				
内螺纹	$M24 \times 1.5$	10	不合格无分				
	21	7	不合格无分				
长 度	50 ± 0.1	7	超差 0.1 扣 4 分				
表 面	$Ra3.2$(4 处)	18	Ra 值大 1 级无分				
工艺、程序	工艺与程序的有关规定	违反规定扣总分 1~5 分					
规范操作	数控车床规范操作的有关规定	违反规定扣总分 1~5 分					
安全文明生产	安全文明生产的有关规定	违反规定扣总分 1~50 分					
备 注	每处尺寸超差≥1 mm 酌情扣考件总分 5~10 分						

学生任务实施过程的小结及反馈：

教师点评：

附表 5－5－1　综合套类零件评分标准

考核项目	考核要求	配　分	评分标准	检测结果		扣　分	得　分
				尺寸精度	粗糙度		
外　圆	$\phi42_{-0.03}^{0}$	8	超差 0.01 扣 4 分				
	$\phi40_{-0.03}^{0}$	8	超差 0.01 扣 4 分				
	$\phi36_{-0.03}^{0}$	8	超差 0.01 扣 4 分				
内　孔	$\phi25_{0}^{+0.03}$	10	超差 0.01 扣 5 分				
	$\phi22_{0}^{+0.03}$	10	超差 0.01 扣 5 分				
内　锥		3	不合格无分				
内圆弧	$R3$	5	前后有明显接痕无分				
	$R1.5$	5	前后有明显接痕无分				
内　槽	4×2	5	不合格无分				
内螺纹	$M24\times1.5$	8	不合格无分				
	11	5	不合格无分				
长　度	50 ± 0.1	7	超差 0.1 扣 4 分				
表　面	$Ra3.2$(6 处)	18	Ra 值大 1 级无分				
工艺、程序	工艺与程序的有关规定		违反规定扣总分 1～5 分				
规范操作	数控车床规范操作的有关规定		违反规定扣总分 1～5 分				
安全文明生产	安全文明生产的有关规定		违反规定扣总分 1～50 分				
备　注			每处尺寸超差≥1 mm 酌情扣考件总分 5～10 分				

学生任务实施过程的小结及反馈：

教师点评：

附表 6-1-1　零件综合评分表

班级：＿＿＿＿＿＿　　姓名：＿＿＿＿＿＿　　学号：＿＿＿＿＿＿　　成绩：

检测项目		技术要求	配　分	评分标准	自检记录	交检记录	得　分
1	外圆	$\phi130$	3	超差无分			
2		$\phi120$	3	超差无分			
3		$\phi110$	3	超差无分			
4		$\phi100$	3	超差无分			
5	圆弧面	$\phi145$	3				
6		$\phi140$	3				
7		R25	5	超差无分			
8		R20	5	超差无分			
9	内孔	$\phi48$	4				
10		$\phi50$	4				
11		$\phi56$	4				
12		$\phi76$	4				
13		$\phi80$	4				
14	槽	3×2	4	超差无分			
15	长度	125	6	超差无分			
16		75	4	超差无分			
17		90	4				
18		65	8				
19		150	5				
20		25	5				
21		50	5	超差无分			
22		20	4				
23		10	4				
24	倒角 C1.5		3	超差无分			
25	安全文明操作		倒扣	违者每次扣2分			

学生任务实施过程的小结及反馈：

教师点评：

附表 6-2-1　初级零件综合评分表

班级:＿＿＿＿＿＿　姓名:＿＿＿＿＿＿　学号:＿＿＿＿＿＿　成绩:

检测项目		技术要求	配　分	评分标准	自检记录	交检记录	得　分
1	外　圆	$\phi30$	10	超差无分			
2		$\phi24$	10	超差无分			
3		$\phi20$	10	超差无分			
4		$R5$	10	超差无分			
5		锥度 1:5	10	超差无分			
6	长　度	70	10	超差无分			
7		25	10	超差无分			
8		20	10	超差无分			
9		15	10	超差无分			
10	倒角 C1		10	超差无分			
11	安全文明操作		倒扣	违者每次扣 2 分			

学生任务实施过程的小结及反馈:

教师点评:

附表 6 - 3 - 1　中级工零件综合评分表

班级：＿＿＿＿＿＿＿　姓名：＿＿＿＿＿＿＿　学号：＿＿＿＿＿＿＿　成绩：

检测项目		技术要求	配　分	评分标准	自检记录	交检记录	得　分
1	外圆	$\phi28$	5	超差无分			
2		$\phi24$	5	超差无分			
3		$\phi19$	5	超差无分			
4		$\phi16$	5	超差无分			
5		$R4$	5	超差无分			
6		锥度 1:4	5	超差无分			
7	螺纹	大径	5	超差无分			
8		中径	10	超差无分			
9		两侧 Ra	10	超差、降级无分			
10		牙型角	10	样板检查,超差无分			
11	槽	4×2	10	超差无分			
12	长度	64	10	超差无分			
13		24	5	超差无分			
14		16	5	超差无分			
15	倒角 $C2$		5	超差无分			
16	安全文明操作		倒扣	违者每次扣 2 分			

学生任务实施过程的小结及反馈：

教师点评：

附表 6 - 4 - 1　综合零件综合评分表

班级：＿＿＿＿＿＿　　姓名：＿＿＿＿＿＿　　学号：＿＿＿＿＿＿　　成绩：

检测项目		技术要求	配　分	评分标准	自检记录	交检记录	得　分
1	外圆	φ40	10	超差无分			
2		锥度	2×5	超差无分			
3		圆弧	3×5	超差无分			
4	螺纹	大径	5	超差无分			
5		中径	10	超差无分			
6		两侧 Ra	10	超差、降级无分			
7		牙型角	10	样板检查,超差无分			
8		φ24 宽 10	5	超差无分			
9		4×2.5	5	超差无分			
10		163	10	超差无分			
11		50	5	超差无分			
13	倒角 C2		5	超差无分			
14	安全文明操作		倒扣	违者每次扣 2 分			

学生任务实施过程的小结及反馈：

教师点评：

附表 6-5-1　复杂零件综合评分表

班级：＿＿＿＿＿＿　　姓名：＿＿＿＿＿＿　　学号：＿＿＿＿＿＿　　成绩：

检测项目		技术要求	配　分	评分标准	自检记录	交检记录	得　分
1	外轮廓	$\phi58$	5	超差无分			
2		$\phi46$	5	超差无分			
3		$\phi42$	5	超差无分			
4		$\phi32$	5	超差无分			
5		$R6$	5	超差无分			
6	内轮廓	$\phi32$	5	超差无分			
7		锥度 1：10	5	超差无分			
8		大　径	5	超差无分			
9		中　径	10	超差无分			
10		两侧 Ra	10	超差、降级无分			
11	长　度	牙型角	10	样板检查，超差无分			
12		62	10	超差无分			
13		37	10	超差无分			
14		20	5	超差无分			
15		倒角 C1.5	5	超差无分			
16		安全文明操作	倒　扣	违者每次扣 2 分			

学生任务实施过程的小结及反馈：

教师点评：

参考文献

[1]FANUC 公司. FANUC Series Oi Mate－TB/TC 操作说明书.

[2]华中数控. 华中世纪星操作说明书.

[3]CAXA 公司. CAXA 数控车 XP 软件使用说明书.

[4]崔昭国. 数控车床 Fanuc 系统编程与操作实训[M]. 北京:中国劳动社会保障出版社.

[5]金富昌. 车工(初级)[M]. 北京:机械工业出版社.

[6]沈建峰,虞俊. 数控车(高级)[M]. 北京:机械工业出版社.

[7]徐宏义. 车工(初级)[M]. 北京:中国劳动社会保障出版社.